口絵 1　自動プレスラインにおける矯正（本文 15 ページ，図 1.17）

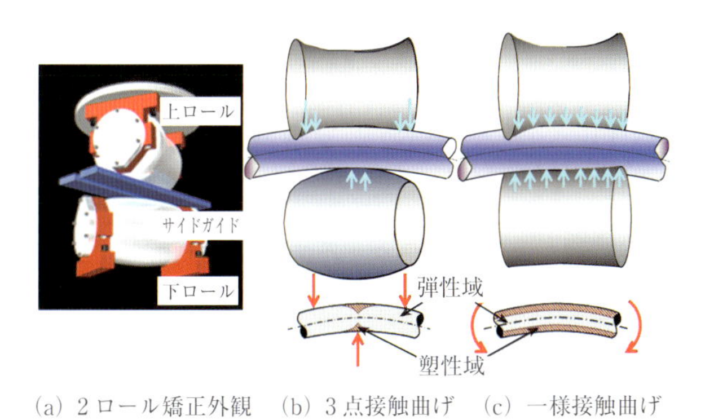

（a）2 ロール矯正外観　（b）3 点接触曲げ　（c）一様接触曲げ

口絵 2　3 点接触と一様接触方式の比較（本文 136 ページ，図 6.13）

ピッチ	回転角〔°〕	表層	L–断面方向	C–断面方向
0	0			
1/4	90			
2/4	180			
3/4	270			

〔MPa〕
2 000
1 200
400
−400
−1 200
−2 000

口絵 3　FEM シミュレーションによる繰返し曲げと応力分布変化（本文 137 ページ，図 6.14）

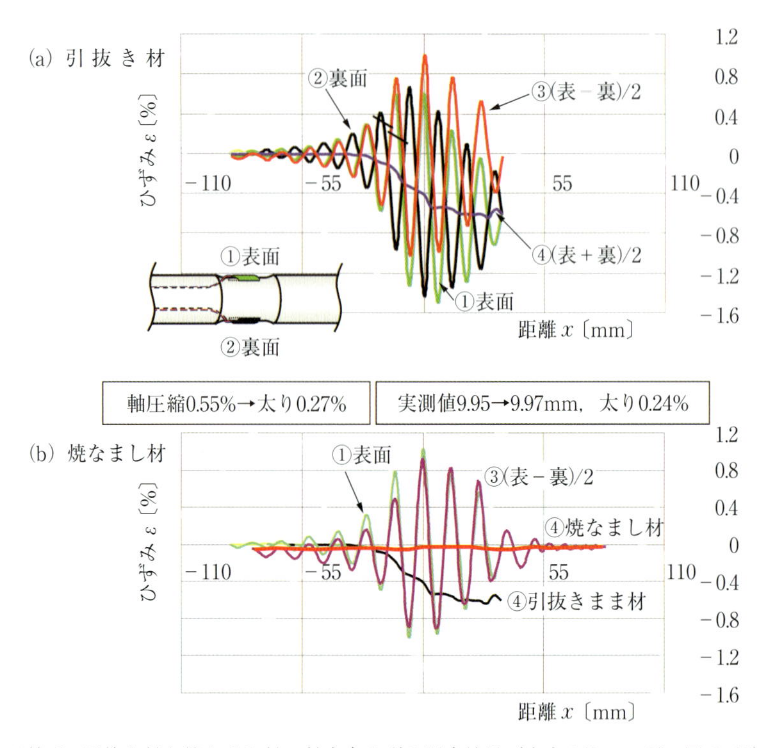

口絵 4　引抜き材と焼なまし材の軸方向ひずみ測定結果（本文 140 ページ，図 6.19）

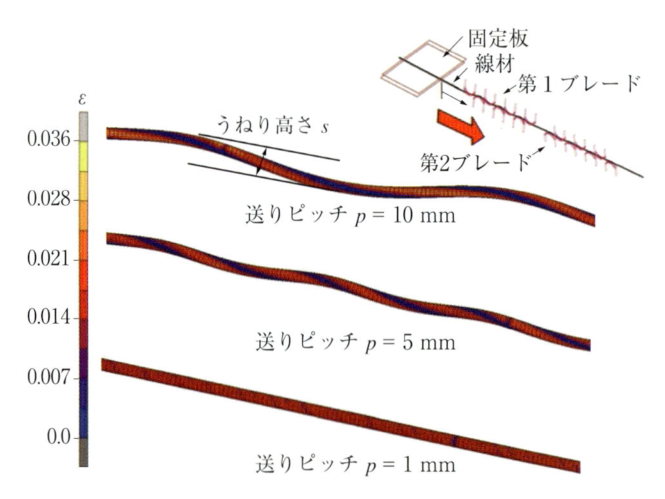

口絵 5　回転ブレード矯正の FEM シミュレーション（本文 156 ページ，図 6.41）

新塑性加工技術シリーズ　11

矯　正　加　工

―― 板・棒・線・形・管材矯正の基礎と応用 ――

日本塑性加工学会 編

コロナ社

刊行のことば

ものづくりの重要な基盤である塑性加工技術は，わが国ではいまや成熟し，新たな展開への時代を迎えている．

当学会編の「塑性加工技術シリーズ」全19巻は1990年に刊行され，わが国で初めて塑性加工の全分野を網羅し体系立てられたシリーズの専門書として，好評を博してきた．しかし，塑性加工の基礎は変わらないまでも，この四半世紀の間，周辺技術の発展に伴い塑性加工技術も進歩を遂げ，内容の見直しが必要となってきた．そこで，当学会では2014年より新塑性加工技術シリーズ出版部会を立ち上げ，本学会の会員を中心とした各分野の専門家からなる専門出版部会で本シリーズの改編に取り組むことになった．改編にあたって，各巻とも基本的には旧シリーズの特長を引き継ぎ，その後の発展と最新データを盛り込む方針としている．

新シリーズが，塑性加工とその関連分野に携わる技術者・研究者に，旧シリーズにも増して有益な技術書として活用されることを念じている．

2016年4月

日本塑性加工学会　第51期会長　真　鍋　健　一

（首都大学東京教授　工博）

■「矯正加工」 専門部会

部 会 長　　前　田　恭　志（株式会社神戸製鋼所）

■ 執筆者

前　田　恭　志（株式会社神戸製鋼所）　1，5.1節～5.3.6項，5.4節
木　村　幸　雄（JFEスチール株式会社）　2，3，7，8章
比　護　剛　志（新日鉄住金株式会社）　4章，付録
吉　田　総　仁（広島大学名誉教授）　5.3.7項
浅　川　基　男（早稲田大学名誉教授）　6.1節
黒　田　浩　一（新日鉄住金株式会社）　6.2節
青　山　　　亨（スチールプランテック株式会社）　9.1～9.3節
平　位　幸　治（スチールプランテック株式会社）　9.4節
丸　山　恭　彦（スチールプランテック株式会社）　9.5節

（2018年8月現在，執筆順）

江　藤　義　隆	古　堅　宗　勝
川　口　　　清	本　城　　　恒
杉　本　正　勝	益　居　　　健
高　倉　芳　生	的　場　　　哲
田　口　輝　彦	八　子　一　了
塚　本　頴　彦	山　本　啓　二
日比野　文　雄	渡　辺　敏　夫
藤　本　　　武	（五十音順）

まえがき

本書は，塑性加工技術シリーズ 15 『矯正加工』（1992 年 1 月 20 日初版第 1 刷発行）の新シリーズ版として発行されることとなった．前版の出版から 25 年以上の歳月が経ち，矯正加工の基礎から応用までの幅広い視点での改訂を目指した．

矯正加工は，変形量が小さく，弾性と塑性の境界近くの現象が問題となる．形状を修正するという意味では，微小な塑性変形を正確に加える必要があり，ほかの塑性加工とはやや趣を異にした問題となる．また，変形中の材料と工具の接触が限定的で，矯正加工中の材料はほとんど自由面での変形により塑性変形が進行するとの特徴がある．これらの変形の特性に関しても，各章で解説を行う．

矯正加工の目的は，平坦度，反り，曲がりなどの寸法精度を修正することにある．これらの形状は製品加工時の重要な特性であり，プレス成形時の成形精度，機械加工の寸法精度，二次加工の自動化ラインでのトラブル防止，溶接時の隙間管理など種々二次加工に影響を与える．このため，素材の一次製造メーカーの最終工程をはじめ，二次加工の前後工程としても広く矯正が行われている．

塑性加工における変形量が小さいため，ほかの圧延，鍛造と比較すると成形荷重が小さい．また，このため，矯正装置は比較的小型で，なおかつ精密な制御を行わなくても，寸法精度を満足するような構造が採用されていた．また，矯正後は平坦度，反り，曲がりは修正されるため，当時のオンラインセンサーでの計測精度では測定が困難であり，目視検査や抜き取り検査での評価に頼っていた．したがって，操業はオペレータによる手動設定やあらかじめ登録された矯正条件を自動設定し，矯正後の寸法を目視や採寸により矯正条件の修正を行うような操業が行われていた．理論的には，弾塑性変形による初等解法を用いて，その変形挙動や平坦度，反り，曲がりの矯正メカニズムが解説，予測されるようになっていた．本書でも，これらの矯正メカニズムや矯正装置に関して，旧版を踏襲して解説を行う．

上述のように，矯正加工は本来，ある程度の精度で矯正装置の設定を行うと，平坦度，反り，曲がり，機械的特性などが所定のスペックに収まるような加工であった．しかしながら，近年では形状に対する要求の厳格化，矯正が困難な高強度材の増加，外観上現れない内部残留応力低減への要求など，矯正加工への要求は高まっている．旧版以降，これらの要求に対して，初等解析からFEMを用いた解析が進むようになり，矯正中の変形挙動がより詳細に理解されるようになった．また，矯正装置においても，高精度なセッティングを行うために矯正装置の弾性変形を考慮したような自動制御が採用されるようになってきた．これらの最新の動向に関しても，本書ではなるべく解説する方針で改訂を行った．

矯正加工は，圧延や熱処理の後工程，プレス成形，鍛造，溶接などの前工程として，一次加工と二次加工の中間的な工程であり，変形量も小さく華やかな工程ではないが，一次加工の最終寸法や形状を決定する重要な工程であり，かつ二次加工の最終製品寸法や形状を決定する工程となる非常に重要なプロセスである．しかしながら，矯正加工の研究者が少なくなる中，できる限り最新の取組みを含んだ形で，矯正加工の全体感を把握できるように考慮した．本書を参考に，矯正加工に関する技術者には，未解決な問題への果敢な取組みを期待するとともに，高品位な製品の安定生産に寄与できることを期待する．

2018年8月

「矯正加工」専門部会長　　前田　恭志

目　　　次

1. 序　　　論

1.1　矯正の必要性と効果……………………………………………………1
1.1.1　矯 正 の 意 味……………………………………………………1
1.1.2　曲がり凹凸の発生メカニズム………………………………………1
1.1.3　形 状 へ の 要 求……………………………………………………6
1.1.4　矯正の状況（要求への対応）………………………………………8
1.1.5　矯 正 の 効 果……………………………………………………9
1.2　形状のひずみの表し方………………………………………………10
1.2.1　JIS 規格における表現………………………………………………10
1.2.2　解析のための表現……………………………………………………11
1.3　矯 正 の 方 法……………………………………………………13
1.3.1　矯　正　工　程……………………………………………………13
1.3.2　矯　正　方　法……………………………………………………16
1.4　矯正理論のための基礎方程式………………………………………18
1.4.1　弾塑性構成式………………………………………………………18
1.4.2　有限要素法による解析………………………………………………21
引用・参考文献……………………………………………………………21

2. プ レ ス 矯 正

2.1　プレス矯正とその使用 ……………………………… 23
　2.1.1　プレス矯正の概要 ……………………………… 23
　2.1.2　作　業　状　況 ……………………………… 24
2.2　曲げ戻しの解析 ……………………………… 25
　2.2.1　曲げ戻し後の弾性回復量 ……………………………… 25
　2.2.2　矯正後の残留応力 ……………………………… 27
引用・参考文献 ……………………………… 28

3. 引 張 矯 正

3.1　ストレッチャーを用いた引張矯正 ……………………………… 29
　3.1.1　ストレッチャーの概要 ……………………………… 29
　3.1.2　引張矯正法の特徴 ……………………………… 30
3.2　引張矯正の解析 ……………………………… 31
　3.2.1　矯　正　の　原　理 ……………………………… 31
　3.2.2　矯正後の残留応力 ……………………………… 33
引用・参考文献 ……………………………… 35

4. ローラーレベラー

4.1　ローラーレベラーによる矯正の概要 ……………………………… 36
　4.1.1　ローラーレベラーの形式 ……………………………… 36
　4.1.2　ロール噛込み量とロール押込み量 ……………………………… 36
　4.1.3　被矯正材の変形の特徴 ……………………………… 38
4.2　ローラーレベラーによる被矯正材の変形の基礎 ……………………………… 40
　4.2.1　1回の曲げによる変形 ……………………………… 40

4.2.2 繰返し曲げによる変形……44
4.2.3 ローラーレベラーによる反り矯正メカニズム……45
4.2.4 残留応力の板厚方向分布……45
4.2.5 ローラーレベラーの役割……47

4.3 ローラーレベラーによる被矯正材の変形の解析……48

4.3.1 ロール噛込み量と被矯正材に付与される曲率の実用算式……48
4.3.2 初 等 解 析……49
4.3.3 有限要素解析……51

4.4 ローラーレベラー矯正における負荷……52

4.4.1 矯 正 荷 重……52
4.4.2 矯 正 動 力……57
4.4.3 矯 正 ト ル ク……58

4.5 ローラーレベラーの矯正特性……60

4.5.1 長手方向反り矯正特性……60
4.5.2 伸び差率の矯正特性……62
4.5.3 形材の横断面形状変化……63
4.5.4 先尾端の非定常変形……64

4.6 ローラーレベラーによる矯正における注意点……64

4.6.1 ロール噛込み量の幅方向均一性……64
4.6.2 ローラーレベラーの剛性……66
4.6.3 被矯正材のバウシンガー効果……68
4.6.4 被矯正材の温度分布……68
4.6.5 平坦度矯正効果の評価……69

引用・参考文献……70

5. テンションレベラー

5.1 テンションレベラーの概要……72

5.2 矯正原理―張力下の曲げ変形……75

5.2.1 伸びの発生機構……75
5.2.2 実 験 的 検 証……77

5.3 変形過程の解析……78
5.3.1 矯正中の板の曲率……78
5.3.2 張力の変化—曽田の力学的考察……80
5.3.3 伸びの解析的算出法……84
5.3.4 解析的に見た矯正過程……91
5.3.5 張力下の板の変形状態の近似計算法……95
5.3.6 幅反りの発生とその防止……100
5.3.7 テンションレベラーの有限要素解析……109
5.4 矯 正 効 果……116
5.4.1 平坦度改善の効果……116
5.4.2 板 幅 の 縮 み……118
5.4.3 デスケール効果……120
5.4.4 板断面のプロフィルの変化……123
引用・参考文献……125

6. 棒線・管の矯正

6.1 棒 線 の 矯 正……127
6.1.1 矯 正 の 種 類……127
6.1.2 矯 正 の 力 学……128
6.1.3 棒線矯正に必要な材料の特性……132
6.1.4 2 ロ ー ル 矯 正……134
6.1.5 ローラーレベラー矯正……143
6.1.6 温 間 引 張 矯 正……147
6.1.7 細線の回転ブレード矯正……151
6.1.8 棒線矯正の要点……156
6.2 管 の 矯 正……157
6.2.1 管矯正機の概要……157
6.2.2 矯正時の変形状況—回転送り曲げ……159
6.2.3 管材矯正の解析……160
6.2.4 矯正におけるひずみと応力……167
6.2.5 矯正条件決定の考え方……169

6.2.6　管の矯正における寸法変化……171
引用・参考文献……172

7.　テンションアニーリング

7.1　矯正方法とその原理……175
7.1.1　矯正作業の概要……175
7.1.2　矯　正　の　原　理……176
7.2　処理条件と矯正効果……178
7.2.1　処理条件の影響……178
7.2.2　矯　正　効　果……179
引用・参考文献……181

8.　矯正と材料特性

8.1　スリッターひずみの除去……182
8.2　板　の　成　形　性……183
8.2.1　ストレッチャーストレインの防止……183
8.2.2　成形性への影響……185
8.3　高炭素鋼線の特性変化……186
8.3.1　ば　ね　用　鋼　線……186
8.3.2　温間矯正の効果……187
8.4　機械的性質の変化……188
8.5　残留応力の変化……190
8.5.1　残留応力の測定法……191
8.5.2　板材の残留応力……192
8.5.3　鋼管の残留応力……194
引用・参考文献……196

9.　矯正設備と作業

9.1　引　張　矯　正……198
9.1.1　ストレッチャーレベラー……198
9.1.2　トーションストレッチャー……200
9.2　厚　板　の　矯　正……200
9.2.1　厚板用矯正設備……200
9.2.2　厚板の矯正作業……207
9.3　薄　板　の　矯　正……210
9.3.1　薄板用矯正設備……210
9.3.2　薄板の矯正作業……217
9.3.3　近年の高強度材への対応……221
9.4　形　材　の　矯　正……222
9.4.1　ローラー矯正機の概要……222
9.4.2　ローラー矯正機の主要諸元……225
9.4.3　形材の矯正作業……227
9.5　丸棒と管材の矯正……229
引用・参考文献……233

付　　録……235
索　　引……240

1 序　　論

1.1 矯正の必要性と効果

1.1.1 矯 正 の 意 味

「矯」の字は，「矢」と「高い」からなり，矢の曲がりを真直ぐにし，高くすることから生まれたとされている．また「正」も真直ぐであることを表すものである．それで両者合わせて矯正という言葉は，曲がりを除いて真直ぐにする意味で使われる．しかしこの言葉は，悪いことを正しく改めること，あるいは目的にかなうよう直すことにも使われる．

本書で扱う「矯正」は，板，棒，線，形，管などの金属製品を「真直ぐにする」，あるいは「平らにする」ことを指しており，「矯」および「正」の両方の意味をもつ．ただし，実際には，厳密な意味での直線や平面は困難であるので，工業的に求められる許容の範囲内への曲がりや凹凸の矯正を目指す．なお，英語では，straightening，leveling，flattening が用いられており，矯正の結果，得られた形状（平坦度，曲がりなど）が強く意識されている．

1.1.2 曲がり凹凸の発生メカニズム

前述したように，一般の製品は厳密な直線，平面とは異なる．**図 1.1** に板材の曲がり（反り）の例を示す．この場合には，直線からのずれとして 100 μ strain（この値は弾性限界ひずみの 1/10 ～ 1/20 の微小なひずみである）のひずみ差が生じている．

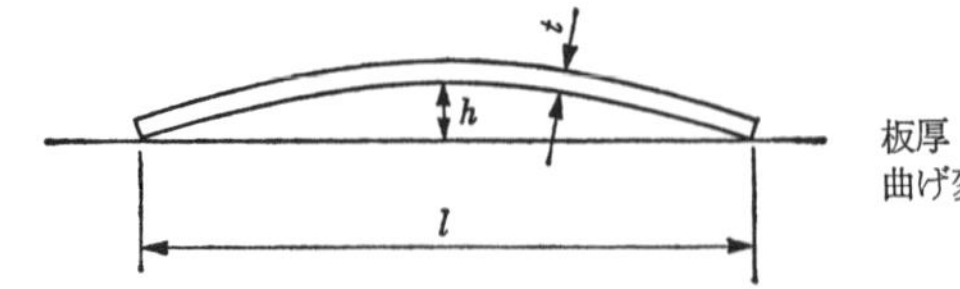

図 1.1　表裏のひずみ差と曲がり

図 1.2 は圧延された薄板の凹凸形状の三次元測定結果と，これにより求められる板に沿った長さから算出した伸び率の幅方向分布である[1)†]．伸び率の分布幅 0.05％は，圧延で生じた厚さ分布に起因すると考えると，その差は 0.1 μm 未満であり，板厚として測定困難なきわめて小さなものである．しかしながら，このような微小な差が凹凸形状（以下平坦度と記す）には拡大されて現れてくる．

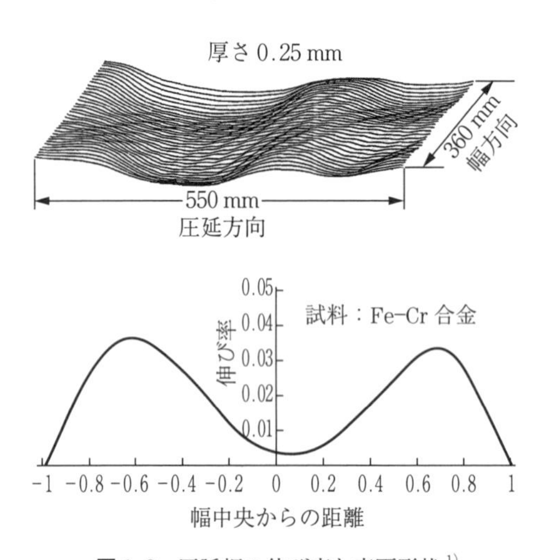

図 1.2　圧延板の伸び率と表面形状[1)]

上述のような板材の反り，平坦度は弾性範囲内であり，外力（曲がりの凸面から押す，平行な面で挟むなど）を加えると，理想的な直線，平面へ変形可能である．この場合，板材には板厚方向あるいは幅方向で弾性応力分布が発生する．外力を除去すると，弾性復元あるいは弾性座屈が生じ，反り，平坦度として現れる．**図 1.3** に，平坦度に関する模式図を示す．板端が波打っているような平坦度を考える．このとき，板を長手方向に条切りすると，板端の条が長くなるような長さ分布が生じる．この状態で，再度条の端面を揃えると，条切り長さが長い部

† 肩付き数字は，章末の引用・参考文献番号を表す．

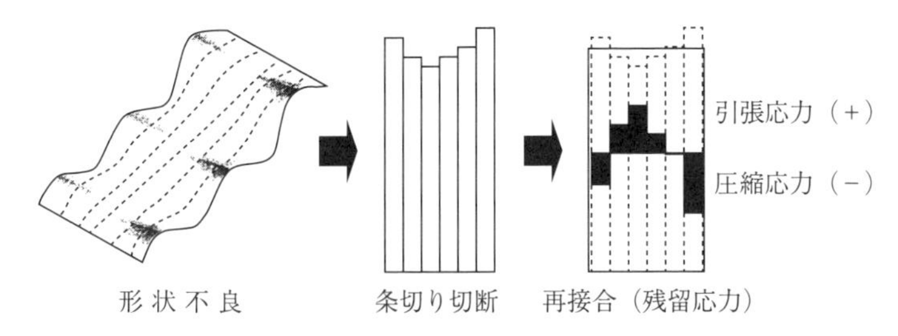

図 1.3　形状と残留応力の関係

分には圧縮応力が，短い部分には引張応力が作用する．逆に，このような残留応力が存在したため，板が弾性座屈を起こして初期の形状になっていると考えられる．

波形状（波ピッチ L，波高さ h：**図 1.4**）と伸び率（$\Delta\varepsilon$）および応力（$\Delta\sigma$）の関係は波形状を sin 波で近似すると以下のような関係が成立する．ただし，$\Delta\varepsilon_i$ は幅方向の i 番目の伸び率，$\Delta\sigma_i$ は i 番目の応力，$\langle\Delta\varepsilon\rangle$ は幅方向の平均伸び率を示す．

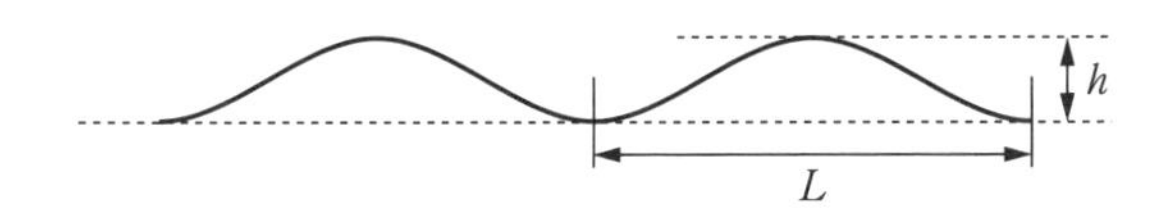

図 1.4　波形状の模式図

また，伸び率は非常に小さいため，I-unit の単位が用いられ，1.0 I-unit＝10^{-5} の伸び（ひずみ）である．

$$\text{急峻度}\,\lambda\,〔\%〕=\frac{h}{L}\times 100 \tag{1.1}$$

$$\Delta\varepsilon=\left(\frac{h}{L}\times\frac{\pi}{2}\right)^2 \tag{1.2}$$

$$\Delta\sigma_i=E\times(\langle\Delta\varepsilon\rangle-\Delta\varepsilon_i) \tag{1.3}$$

なお，上記のような考え方で弾性復元や座屈を起こしても，あるいは矯正により平坦になったとしても，板，棒，線，形，管は剛性を有しているため，内部に残留応力が残っている．このように，残留応力は材料の一部を機械加工などで除去すると再度顕在化し，曲がりや平坦度の悪化が生じる場合がある．近年では，このような素材としては顕在化しない内部残留応力の除去（無害化）も矯正に課せられた課題である．

また，上記のような微小な反りや平坦度を超えて，弾性限界以上の大きな変位を有している場合，残留応力への変換は伸び差率（$\langle \varDelta\varepsilon \rangle - \varDelta\varepsilon_j$）に縦弾性係数$E$を単純に乗じてはいけない（式（1.3）参照）．

以下，問題となるような残留応力分布（あるいは不均一なひずみ分布）が生じる事例を示す．

〔1〕 塑性変形の影響

板，棒，線，形，管など長尺素材は寸法を作り込むために，押出し，引抜き，伸線，圧延などの塑性変形を活用した連続ラインで製造される．これらの塑性変形は最終工程でも数～数十％の大きな変形が加わる．上記の反りや平坦度が問題となる変形に対して，数十～数千倍の変形量である．この塑性変形が均一に行われなければ，なんらかの残留応力やひずみ分布が残存する．例えば，前述の薄板圧延の場合に，板幅方向にサブミクロンの寸法でロールギャップを制御することは困難であり，圧延機の上下の対称性（潤滑油の供給量やロール粗さ，ロール速度）や材料の対称性（表裏面の温度，素材硬さ）が崩れると上下非対称な応力・ひずみ状態となってしまう．

〔2〕 巻取りの影響

圧延や引抜きで作られる長尺の板材，棒材は，取扱いの必要から張力下で巻取りが行われる．このためコイル材には普通，巻ぐせが残っている．**図1.5**に平面ひずみ変形を仮定して，この巻ぐせ発生を解析的に示す．引張＋曲げの弾性応力が板表面で降伏応力に到達するために生じる巻ぐせの発生限界は，材料の降伏応力，コイル内径，巻取り張力により影響を受ける．

また，熱間の線材圧延の出側では無張力であるが，高温なため変形抵抗が小さく容易に塑性変形を起こし，線材コイルにおいても巻ぐせが残る．また，コイル焼なましなどの場合には弾性範囲にあっても，焼なましによって応力が解放されると，巻ぐせが発生する．

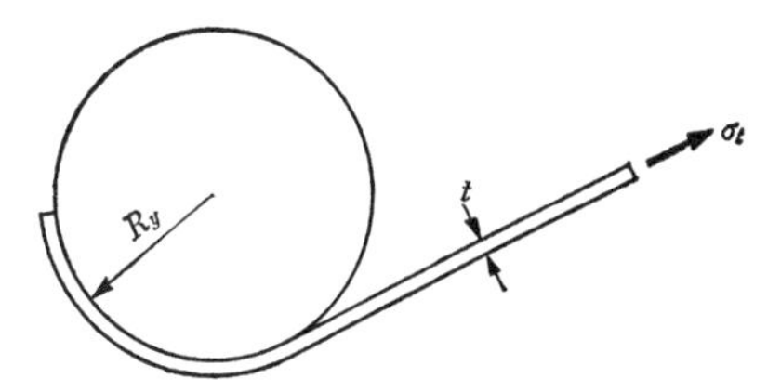

$$R_y = \frac{Et}{2(1-\nu^2)} \Big/ \left(\frac{Y}{\sqrt{1-\nu+\nu^2}} - \sigma_t \right)$$

ν：材料のポアソン比
E：材料の縦弾性係数
Y：材料の単軸引張降伏応力
t：材料の厚さ
σ_t：材料の張力

図 1.5　巻ぐせ発生半径 R_y [2)]

〔3〕 熱 的 影 響

加熱あるいは冷却による材料内部の温度の不均一（加熱や抜熱の不均一）が生じると，熱ひずみによる不均一ひずみ（ときとして変態ひずみも影響を及ぼす）が発生する．このひずみが弾性範囲内であれば，常温になったときに問題はないが，不均一ひずみが塑性域に達すると曲がりや平坦度不良となって現れることもある．近年，高強度材の製造が広がっており，強度を上げるために材料の高冷却速度が望まれている．しかしながら，冷却速度を上げるに従い，冷却の不均一に起因した反り，平坦度の問題が顕在化している．

〔4〕 切 断 の 影 響

打抜き加工においても反りが発生する．せん断に必要な力が同時に曲げモーメントとなって加わるためである．**図 1.6** はその一例である．小さくすることはできても，反りは避けられない性質のものである．

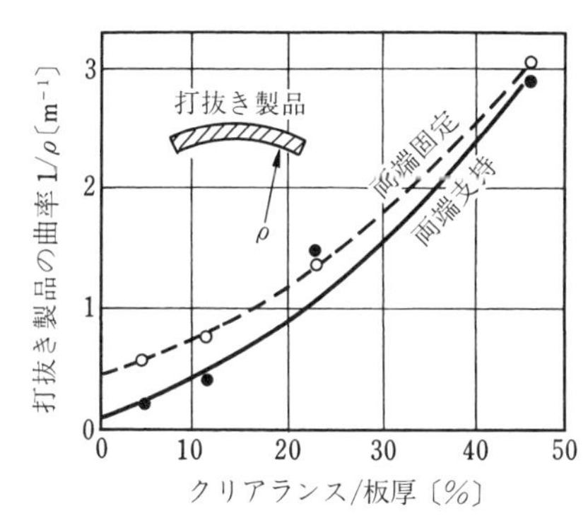

試料：板厚 1.6 mm 軟鋼板
平行直線刃による両面せん断

図 1.6　打抜き製品の湾曲とクリアランス [3)]

同様の現象はスリッターでも生じており，反りやねじれとなって現れる．また，ガス切断のような入熱量の大きな切断では熱影響による反りや曲がりが生じる場合もある．

1.1.3 形状への要求

形状への要求は用途に応じたものである．しかし板材，棒材，管材などの主要な金属素材では，形状のよいことが必要である．このため JIS には金属材料の平坦度あるいは真直度などの許容される値が規定されている．以下にまずそのいくつかを見ることにする．

表1.1（a）は，標準厚さ 0.4～3.2 mm の冷間圧延鋼板に対する JIS 規格である[4]．形状のひずみを定盤上に置いた板の凸部の高さで表し，その形状が全面（反り，波）か板幅縁部（耳伸び）か，あるいは板幅中央部（中伸び）かで許容値を変えている．表（b）は軸受鋼材に対する曲がりの許容値で，棒両端を結ぶ線からの曲がりで規定している．表（c）はシリンダー用炭素鋼管に関するもので，同様に曲がりの値で限界を決めている．表（d）は熱間圧延形鋼の曲がりに関する規格で，全長に対する比率で許容値を与えている．

以上の値は規格として広く用いられているが，用途によっては形状にさらに高い要求が課せられる．例えばデッドフラット（deadflat）として定盤上に密着するような平坦さが薄板で要求される．しかし上例の一般的といえる場合でも，材料製造段階では統計的分布値の上限をその許容値とするため，普通その数分の 1 が品質目標値となっている．

特に板材では，その平坦性は圧延技術上の大きな関心事項になっている．面の凹凸の発生が板厚のきわめてわずかな違いによるからである．さらに板としての利用を考えると，その平坦性は重要な品質特性である．それで表1.1（a）あるいはそれに類似する内容が，普通ほとんどの板材に課される．それで板の平坦度の達成あるいは改善は，矯正技術の中の大切な事項になる．

また部品では要求内容は多様になる[8),9)]．薄板部品で定盤上での反りが 0.01 mm 以下を必要とするものがあるし，また高速回転する自動車用のシャ

表 1.1　JIS 規格の形状変形量規定（抜粋）

（a）　冷間圧延鋼板および鋼帯[4]

変形量の種類 / 呼び幅による区分	平坦度A〔mm〕			平坦度B〔mm〕		
	反り，波	耳伸び	中伸び	反り，波	耳伸び	中伸び
1 000 未満	12	8	6	2	2	2
1 000 以上 1 250 未満	15	10	8	3	2	2
1 250 以上 1 600 未満	15	12	9	4	3	2
1 600 以上	20	14	10	5	4	2

備考：平坦度Aは定盤上に置いて測定し，その値は，変形量の最大値から鋼板の呼び厚さを引いたもので，鋼板の上側の面に適用する．
平坦度Bは，原則としてストレッチャーレベラー仕上げ鋼板に適用する．

（b）　高炭素クロム軸受鋼鋼材[5]

冷間引抜き棒鋼		熱間圧延棒鋼	
径	曲がり	径	曲がり
30 mm 以下	1 000 mm につき 1.0 mm 以下，全長に対しては 1.0 mm ×全長〔mm〕/1 000 mm 以下	100 mm 以下	1 000 mm につき 1.5 mm 以下，全長に対しては 1.5 mm ×全長〔mm〕/1 000 mm 以下
		（以下省略）	

（c）　シリンダーチューブ用炭素鋼鋼管[6]

管の曲がりは両管端 300 mm を除いて，任意の 1 m 当り 0.8 mm 以下

（d）　熱間圧延形鋼の形状例[7]

曲がり	I 形鋼および T 形鋼	長さの 0.20%以下	上下，左右の大曲がりに適用
	I 形鋼および T 形鋼を除く形鋼	長さの 0.30%以下	

フト類のように，回転時の振れ幅が 0.02 mm 以下であることが要求される場合もある．そうした部品では部品に合わせた方法で加工後に矯正が行われる．しかし部品になってから矯正するものでも，加工精度に影響するので，加工前の素材の真直性や平坦性のよいことが，やはり大きな前提になる．部品矯正のためにも，素材の矯正が重要だといえる．

1.1.4 矯正の状況（要求への対応）

以下鉄鋼を代表に矯正の行われている状況を見ることにする.

〔1〕 棒 鋼，線 材

一般的には製造段階で棒鋼に生じる曲がりは通常1m当り3mm以下なので，そのままで役立つ場合が多く，80%程度が矯正されずに扱われている．**図1.7**は棒鋼の矯正による真直度の改善の具体例である[10)]．必要に応じ図のように矯正し，改善する．鉄筋コンクリート異形棒鋼では全量無矯正である．コイル状となった棒線は二次加工工程で矯正されるので，製造段階では特に矯正していない.

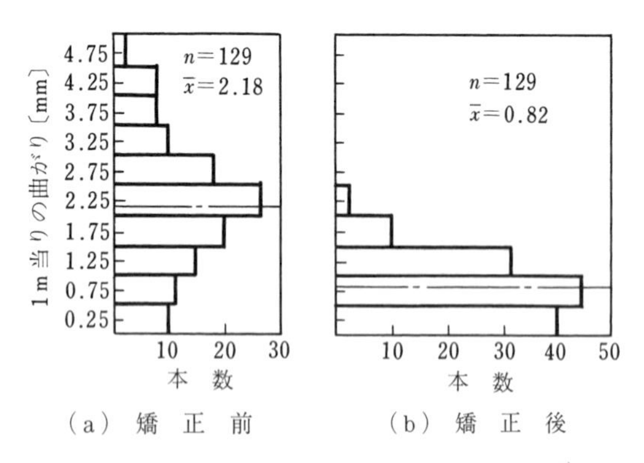

図1.7 棒鋼の真直度改善事例（32 mm 丸鋼）[10)]

〔2〕 管　　　　材

継目なし鋼管はすべて矯正される．成形のままでは真直性に欠けているからである．ただ電縫鋼管とスパイラル溶接鋼管ならびに厚肉の押出鋼管では矯正しないものもある.

〔3〕 形　　　　材

そのすべてが矯正されている．表1.1に示した曲がり以外に，断面形状からの要求がその際加わってくる.

〔4〕 熱間圧延鋼板

コイルとしない厚鋼板は，大部分が熱間で矯正される．しかし薄鋼板はコイルのまま出荷され，二次加工の段階で矯正される．

〔5〕 冷間圧延薄板

その多くは，定尺材とするためのシヤーライン（shearline），あるいはコイル材のままで扱うリコイリングライン（recoilingline）で矯正される．これらラインを通さないコイル材も部品加工段階で矯正後使用されるのが普通である．

1.1.5 矯正の効果

矯正は素材の形状のほか，その機械的性質にも影響する．以下矯正とそれに伴う効果について見てみる．

〔1〕 コイル材使用による自動加工

コイル材を使う自動機では矯正を必要とする場合が多い．歴史的には自動化のため，素材のコイル化と矯正技術の確立が進められてきている．

〔2〕 コイル化による生産性の向上

熱間圧延鋼板は以前は圧延後も平坦な板のまま扱われていた．現在では矯正技術の進歩をもとに[11)] 生産性向上の観点から，製造段階ではいったんコイルにして，後で矯正し定尺の切り板にすることが普通になっている．

〔3〕 部品精度の向上

部品の加工精度には素材の形状が影響する．矯正により加工前の素材のひずみを除き，形状を均一にすることが役に立つ．

〔4〕 機械的性質と残留応力の均一化

対象とする素材の全長に一様な変形を与える矯正法では，矯正に伴い力学的性質の均一化も形状の改善に付随して起きる．特に，このときに残留応力を均一化することによる，条切り後の変形（曲がり，反り）の改善は部品精度の向上にもつながっている．

〔5〕 ストレッチャーストレインの防止

板材に使われる矯正機（ローラーレベラー）では，矯正により軟鋼などで発生するストレッチャーストレイン防止の効果がある．ときにはこのことが目的で矯正機が使われる．

〔6〕 スケールブレーク効果

矯正時に素材に繰返し曲げひずみを与える矯正機（ローラーレベラーおよびテンションレベラー）では，そのひずみが熱間加工で生じた表面酸化層（スケール）に割れを与える．これにより，その後に行う酸洗い効果を高められる．

1.2 形状のひずみの表し方

1.2.1 JIS 規格における表現

〔1〕 板 の 平 坦 度

平坦度は定盤上で測定されるが，定盤面からの高さそのもので表すものと，表 1.1（a）にあるようにその値から板厚を引いて表すものとがある．また非鉄では**図 1.8** に見られるように，鉄鋼とその方法がやや違っている．さらに**図 1.9** のように鋼帯の幅方向の測定を規定したものと，**図 1.10** のように凸部のこう配で表すものがある．これらは各分野の永年の慣習を表したものであろう．

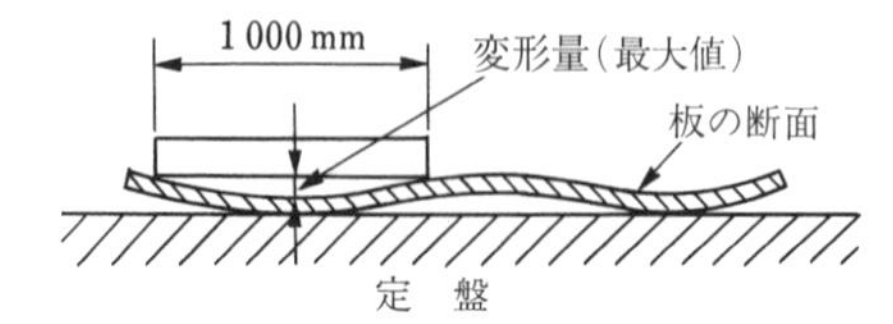

図 1.8　非鉄圧延板の形状変形量[12]

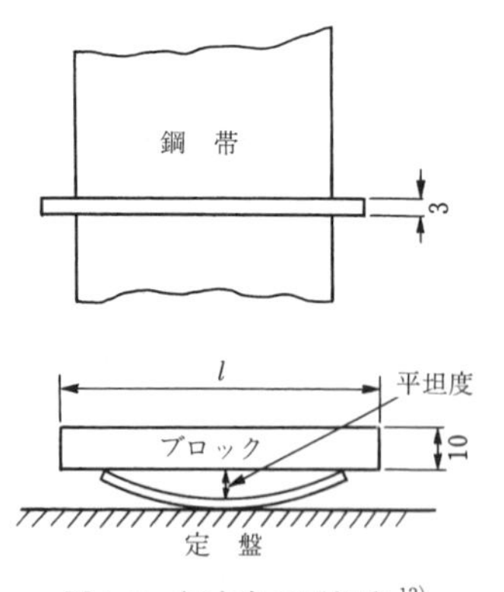

図 1.9　幅方向の平坦度[13]

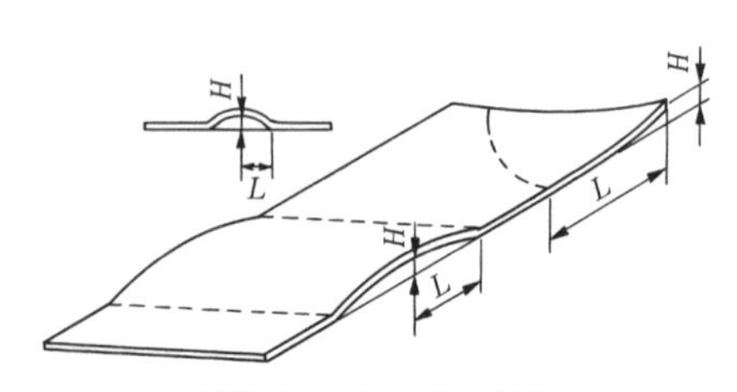

平坦度$=H/L\times100$〔%〕
H：板の底面と平坦面との最大間隔
L：平坦面の接線と板の最大高さとの最小距離

図 1.10　モリブデン板の平坦度[14]

〔2〕 **棒線・形・管材の真直度**

鉄鋼では「実用的に真直ぐ…」としたものが多い．**図 1.11** は決め方が鉄鋼より具体的な非鉄の場合である．そこでは全長あるいは規定長さに対する弧の高さをもって曲がりとしている．さらに全長に対する値によるときは図（a），所定の長さ（例えば 300 mm あるいは 1 m）当りの換算値で見るときは自重の影響を避けた図（b）によるものとしている[15]．なお鉄鋼の形材では全長に対する曲がりの百分率で評価する．

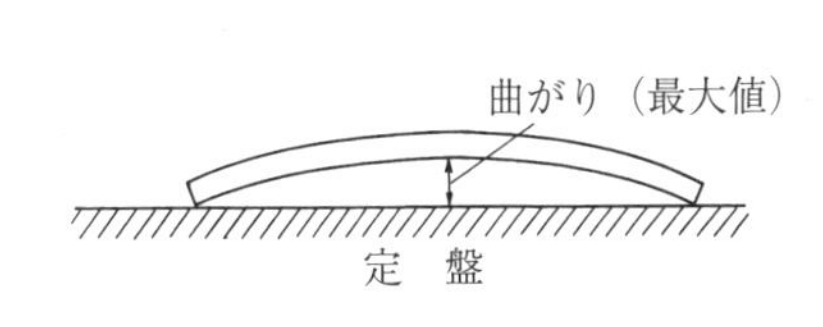

（a） 全長の曲がり量で表示する場合（管材が中心）

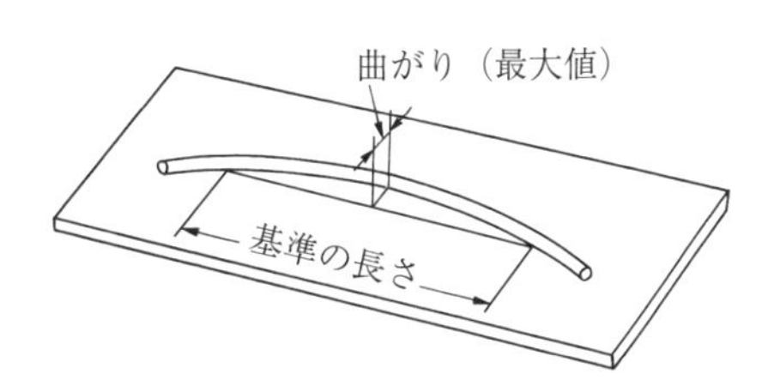

（b） 基準長さ換算値で表示する場合（自重の影響考慮）

図 1.11　棒・形・管材の曲がり表示と測定法[15]

1.2.2　解析のための表現

実用上からは上記の JIS 規格あるいはそれに準じる内容で取り扱えばよいが，しかしそれらはいずれも状態を表すためだけであって，形状改善を進めるための量にはならない．仮に測定物の各部のひずみが均一であっても，定盤上の高さや曲がりは測定物の大きさによって異なり，単位長さ当りの曲がりについてもそれを算出する元の長さによって変わる．よって，形状改善のための解析では単なる高さや曲がりとは異なる別の量が必要になる．以下に挙げたものはこれまでに使われているものである．

〔1〕 **急　峻　度**

図 1.4 に示したように，弧の高さ（h）をその弦（L）で割った値で板面の形状のひずみを表し，これを急峻度と名付けている．板の凹凸は圧延による伸びが板幅位置で違うために生じ，また弦に対する弧の伸び率と結び付くので，

この急峻度が形状改善の指標となっている．しかしながら，この凹凸形状は，先に述べたように板の座屈形状である．板厚が薄い場合は重力の影響を受け座屈形状が変化し，板と定盤の接触位置が変化すると座屈形状も変化する．このため，図 1.2 で示したような一定の長さの板の凹凸を測定し，線長から伸び率（幅方向の伸び差率）を求めている．また，オンラインでの測定技術も進んでおり，光切断法と呼ばれる直線光源（あるいはレーザー光）などを画像処理して凹凸形状を測定する方法が実用化されている．さらに，薄板では圧延中は張力が掛かっているため凹凸形状が測定できない．このため，圧延板に幅方向に数個に分割されたロールを接触させてその面圧や反力から板に掛かる張力分布を推定し，伸び差率を算出する形状計が広く用いられている．しかしながら，これらの形状計は圧延形状としては実用されているが，矯正後は平坦度が著しく改善されるため，オンラインの形状測定には課題が多い．

〔2〕 曲率と曲げひずみ

図 1.12 に示すように，円弧では，その半径と曲がりを表す弧の高さおよび弦の長さの間には幾何学的な関係が存在する．また矯正法によっては，その効果を対象材に沿って場所ごとに見た方が適切である．そうした場合には，図のようにその場所の曲率の値がとられる．ただその曲率の値そのものでは，素材寸法でその意味が違い汎用的ではない．よって，その素材の寸法に関係するもので無次元化することが解析的扱いでは必要になる．その一つは弾性限曲率に

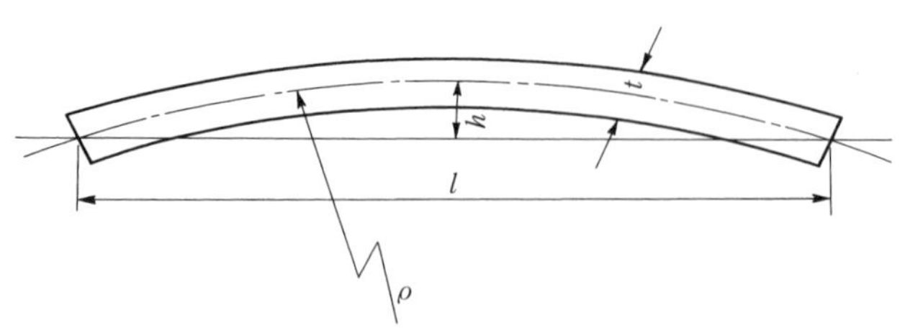

板厚 t，弧の長さ l，曲がり量 h，曲率半径 ρ
曲率 $\kappa=1/\rho=8h/l^2$
曲率係数 $K=\kappa/\kappa_e=\rho_e/\rho$（ただし κ_e と ρ_e は弾性限度の値とする）
表面曲げひずみ $\varepsilon_s=(t/2)/\rho=(t/2)\kappa$

図 1.12　形状ひずみの表示（曲率と表面曲げひずみ）

よる無次元化で（以下これを曲率係数と呼ぶ），ほかは表面の曲げひずみである．両者の関係は図中に示す通りで，物理的意味合いはまったく同じである．しかし実測を考えたときには，曲率より表面ひずみの方が便利といえよう．

1.3 矯 正 の 方 法

1.3.1 矯 正 工 程

〔1〕 素材製造段階

図 1.13 は圧延製品の製造の流れを示すものである．**図 1.14** は，そのうちの薄板の圧延以後の製造段階での矯正作業を例示したものである，図中にローラーレベラーおよびテンションレベラーとあるのが，形状の矯正に使われてる

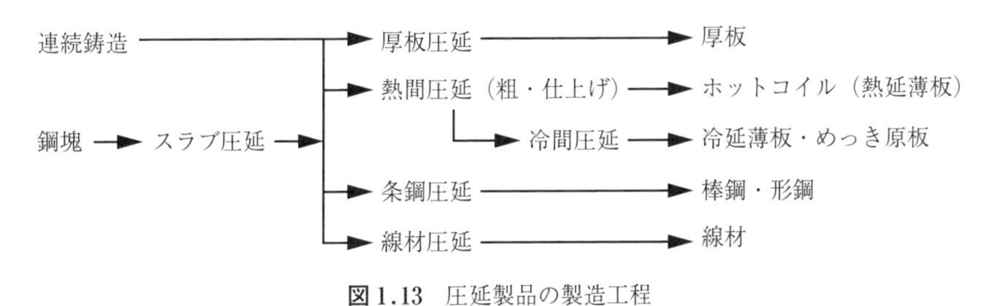

図 1.13　圧延製品の製造工程

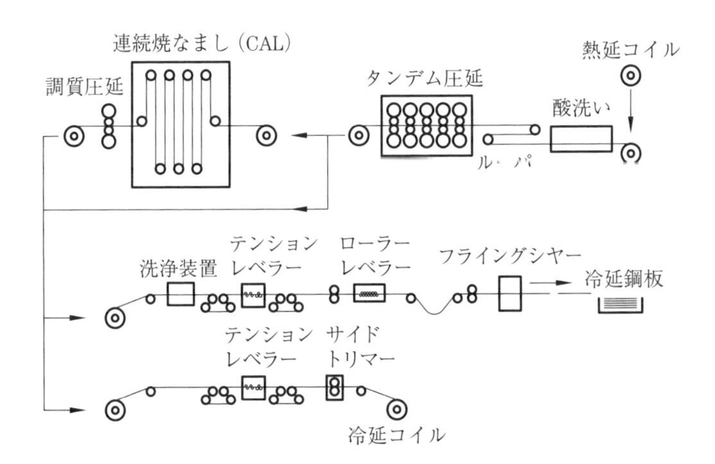

図 1.14　薄板の矯正工程

矯正機の名称である．厚板製品でもローラーレベラーによる矯正が熱間圧延に続いて行われる．またブルーム圧延後の各種断面の形鋼に対しても製造の一環として同様の矯正が行われる．

図1.15 は例として挙げた2種類の鋼管製造工程である．ここでは製品が円形断面なので，ロータリストレートナーが矯正機として使われる．この矯正機中では被矯正材となる管材や棒材は回転する．なお板材を素材にした図（b）の工程では，初期の段階でローラーレベラーも使われる．コイルとなっている板を伸ばして管状の断面に成形する必要からである．以上は鉄鋼の製造をもとに見たものであるが，素材製造の過程は非鉄もこれに類似している．

〔2〕 部品加工段階

板，棒などを素材にする二次加工においても，その加工の前あるいは後に必要に応じて矯正が行われる．ときには，その目的が，矯正に伴う材質改善を重

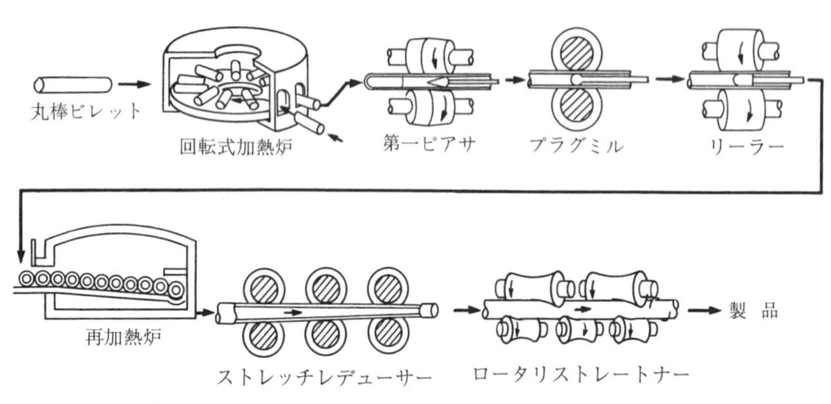

（a） 継目なし鋼管

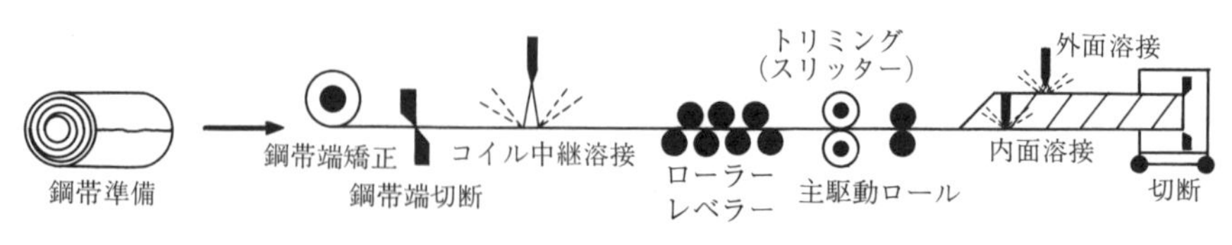

（b） スパイラル鋼管

図1.15 鋼管製造における矯正工程

点とする場合もある．

図 1.16 はアルミニウム押出し製品の製造工程である．ここでは押出し時に発生する曲がりやねじれをストレッチャーで除いている．建材などの長尺の各種異形断面材の製造では，全数矯正が欠くことのできない工程となっている．

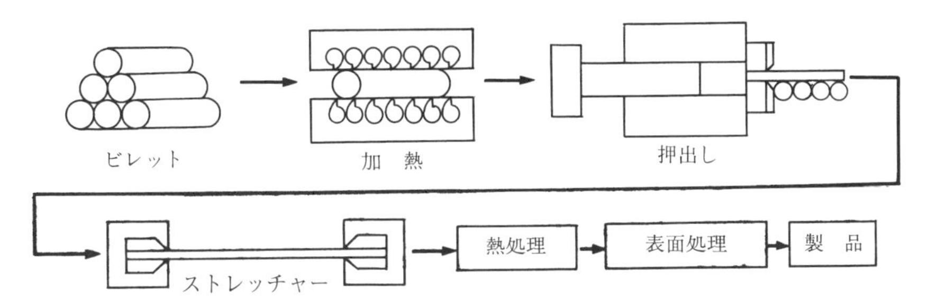

図 1.16 アルミニウム形材製造における矯正工程

図 1.17 自動プレスラインにおける矯正

図 1.17（口絵 1 参照）はコイル材使用の自動プレスラインである．コイル材を平板としてから加工が行われる．その目的でローラーレベラーが設備の一部となっている．

図 1.18 はコイルとなった棒線材から鍛造部品を作る設備に付属した矯正装

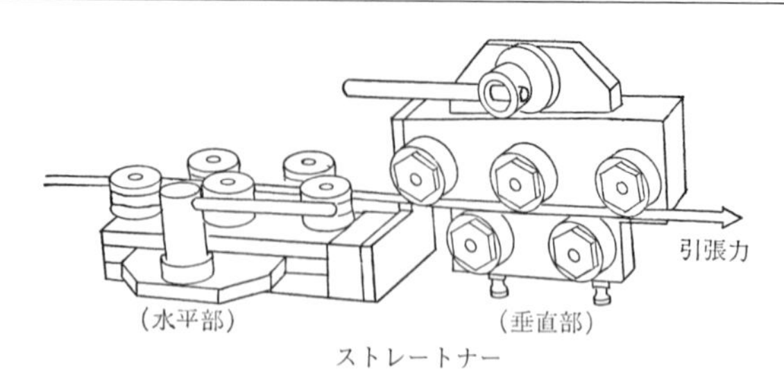

図 1.18　棒線材使用の自動加工機における矯正装置

置である．比較的細い線材を使うコイルばね製造用の自動機でも，ほぼこれと同じ矯正装置が付属していることが多い．

1.3.2 矯　正　方　法

以下では，前項に出てきたものを含め，素材製造過程で一般的に使われている矯正装置と矯正方法の概略を見ることにする．**図 1.19** は板・棒・線・形・管材に対するものである．

（**a**）**矯正プレス**　弾性回復量を見込んで逆方向に曲げ戻す矯正法で，ほかの矯正機には向かない比較的数の少ない大断面材の手動矯正から，量産する各種軸類の部品加工後の自動曲がり直しまで，広い範囲にわたって使われている．

（**b**）**ローラーレベラー**　千鳥状に配列されたロールに材料を通過させて矯正する方法で，素材各部は連続的に交互の曲げ変形を受ける．その間に各部の変形状態の均一化が図られて矯正される仕組みとなっている．板材矯正法の中心となっているが，形材でもロール形状をその断面形状に合わせたものが使用されている．棒材や線材の矯正にも同様にして使用されるが，この場合矯正機を 2 連にして水平直角 2 方向の矯正とすることが多い（図 1.18 参照）．

（**c**）**ロータリストレートナー**　円形断面の棒材や管材の矯正に使用される．この矯正では，斜交したロール群が素材に曲げと回転送りを与える．これで曲げ変形が表面のらせんに沿って進み，その作用で各方向の曲がりが除かれて真直ぐになる仕組みとなっている．ロール本数による種々の形式がある．

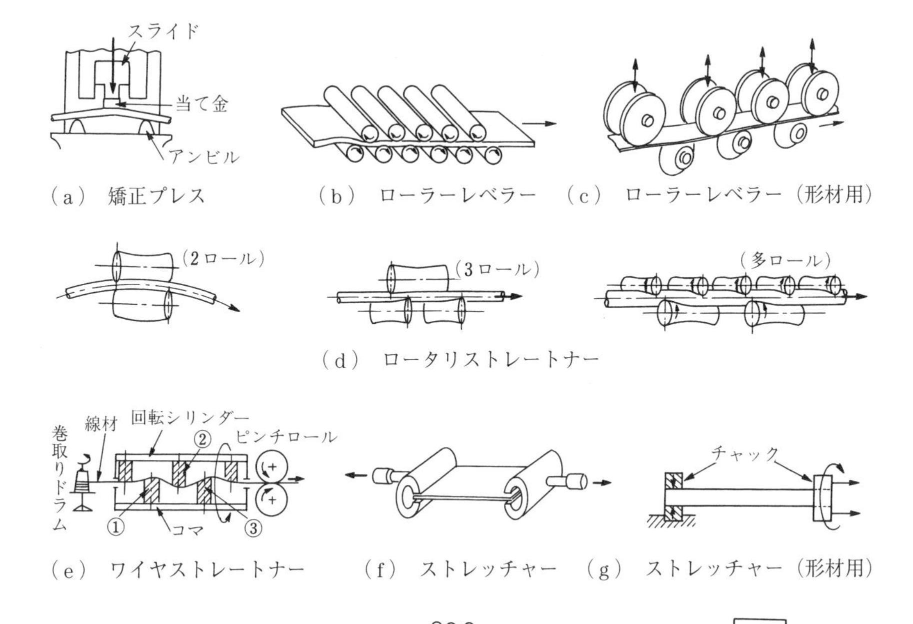

（a） 矯正プレス　（b） ローラーレベラー　（c） ローラーレベラー（形材用）

（d） ロータリストレートナー

（e） ワイヤストレートナー　（f） ストレッチャー　（g） ストレッチャー（形材用）

（h） 連続式ストレッチャーレベラー　（i） テンションレベラー　（j） テンションアニーリング

図 1.19　板・線・棒・形・管材の矯正方法

（**d**） **回転ブレード矯正（ワイヤストレートナー）**　細いワイヤの連続的な矯正に使用される．そこではロールで送るワイヤの周囲に矯正工具を回転させている．

（**e**） **ストレッチャー**　引張りによる塑性変形で曲がりやねじれを除き平坦あるいは真直ぐにしようとするものである．引張りとねじりを同時に与えるものも形材には使われている．

（**f**） **連続式ストレッチャーレベラー**　（e）のストレッチャーでは矯正の都度拘束することが必要である．このことを避けるために二つのロール間で張力を加え，通過するコイル材に伸びひずみを与え，連続的に矯正する考え方であり，実用化された方法である．

（**g**） **テンションレベラー**　　ストレッチャーでは矯正のための伸びひずみを与えるのに大きな張力が必要である．しかし張力作用下の曲げ変形では小さい力で素材は伸びる．このことを利用し，コイル材に張力を与えてロールを通過させて曲げを与え，連続的に矯正する方法である．

（**h**） **テンションアニーリング**　　張力を加えてコイル材を巻取りながら炉内を通過させる．素材は加熱によりクリープ変形が生じる．矯正はこの作用によっている．なおこの加熱は，素材表面の酸化を防ぐ雰囲気の中で行われている．

1.4　矯正理論のための基礎方程式

1.4.1　弾塑性構成式

通常の塑性加工に比べて，矯正加工の大きな違いは，その加工量が小さいことである．このため，矯正理論を定量的に議論するためには，降伏点近傍の弾塑性変形が重要になる．また，引張変形だけで降伏点近傍の伸びを与えると，不安定となるため，矯正には曲げ変形が広く利用されている（プレス矯正，ローラーレベラー，テンションレベラーなど）．このような曲げ変形は，一般的に材料と工具（ロール）が点接触（板材などは幅方向線接触）して変形しており，実際に塑性変形している部分の多くは工具とは非接触となっている．ロールの押込み量（インターメッシュ）が大きくなると，ロールと材料が面で接触し，材料の加工半径はロール半径に一致し一定となる．このロールと材料が面で接触するまでは，ロール押込み量により材料の加工半径は変化する．

また，ローラーレベラーやテンションレベラーは，材料は連続的に通板されており，曲げが生じる領域近傍での応力状態はそれまでの加工履歴を受ける変形挙動を示す．つまり，材料の加工硬化挙動（バウシンガー効果を含む）が重要になってくる．

図 1.20（a）に，矯正の基本原理を示す．図（b）が初期残留応力を有する材料を条切りした場合の条の長さ，図（c）がそれを一体としたときの応力

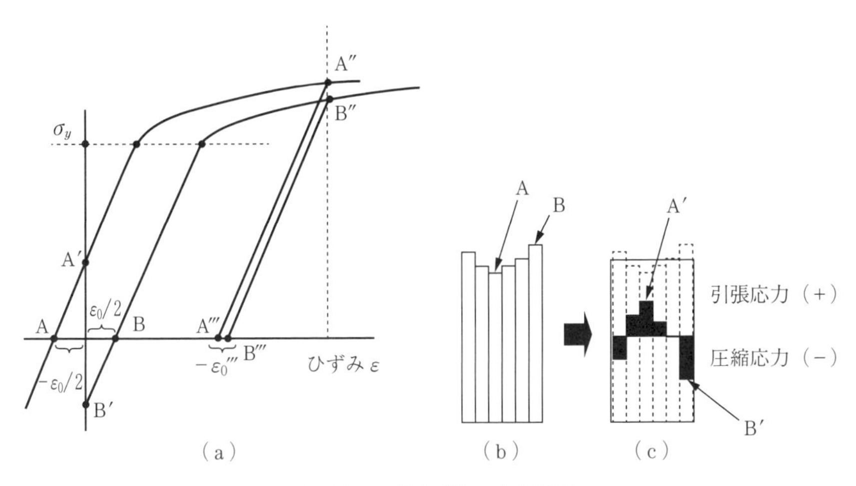

図 1.20　一様ひずみによる矯正

状態を示す．条切りした状態で図（b）のA，Bのように長さが異なる．これを一体化すると，残留応力として図（c）の点A′，B′となる．この状態にひずみεを付与すると，点A″，B″の状態になる．この状態から除荷を行うと点A‴，B‴へ移動する．これにより，初期伸び差がε_0であったものが，ε_0'''へ大幅に低減している．ここで付与するひずみεは，塑性領域まで変形させなければならない．ただし，あまりにも大きな塑性変形を付与してしまうと寸法変化が起こり，矯正加工としては望ましくない．

つぎに，曲げによる応力変化を**図 1.21**に示す．ここでは，初期に曲がっていた（残留応力がない）状態から（図（a）），真直ぐになるような力を与え，さらにその力を増し，適切な塑性変形を与えると，除荷により表層側に作用する曲げモーメントと裏層側に作用する曲げモーメントが釣合い，材料は真直ぐな状態となる（図（b））．このことからも，最終的に真直ぐにするには初期の曲がりを打ち消すようなモーメントを塑性変形により作る必要がある（答えは一点しかない）．これを安定的に操業できるように考えられたのが，ローラーレベラーのような繰返し曲げにより徐々に必要な曲げ量を減少させる方法である．これにより安定的に曲がりを修正することが可能である．

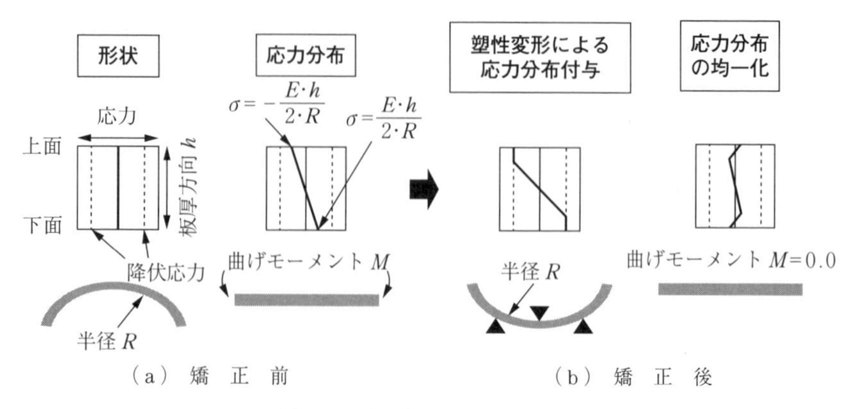

図 1.21　曲げ加工による反り矯正

曲げるときに，張力（引張・圧縮）を付与すると，材料には曲げひずみによる曲げ応力に加えて張力が作用する．曲げ応力自身は，曲げの外側で引張，曲げの内側で圧縮であり，板厚中心に対して点対称の形となる．この曲げ応力に加えて張力が作用すると，応力がゼロとなる曲げの中立点が移動（張力（もしくは軸力）が引張の場合は中立点は曲げの内側へ，張力（もしくは軸力）が圧縮の場合は曲げの外側へ）し，引張張力が掛かると曲げ外側で引張による降伏が起こり材料は全体的に伸びる．他方，圧縮張力が掛かると曲げ内側で圧縮による降伏が起こり材料は全体的に縮む．板材の伸び差率（平坦度）の幅方向分布は，残留応力の幅方向分布と同等であるため，単純な曲げ変形であっても，入側で伸びている部分（圧縮応力として作用）は，曲げにより縮むため，圧縮応力は低下し，伸び差も減少する．逆に，入側で引張の残留応力が存在する部分は，曲げにより伸び，引張残留応力が減少し，伸び差も減少する．この効果により，曲げしか与えないローラーレベラーにおいても伸び差の改善が起こる．

これらの定性的な現象説明を定量的に評価するためには，弾塑性構成方程式による定式化が必要である．板材の矯正を考えて，二次元平面ひずみを仮定した初等解法として，長手方向 x 軸，幅方向 y 軸に関して，以下の弾塑性方程式が成り立つ．

構成方程式：$d\sigma_x = G_x \cdot d\varepsilon_x,\ \ d\sigma_y = G_y \cdot d\varepsilon_x$

弾性域（フックの法則）：$G_x = \dfrac{E}{1-\nu^2},\ \ G_y = \dfrac{\nu \cdot E}{1-\nu^2}$

塑性域（Prandtl-Reuss の関係式で von Mises の降伏条件から）：

$$G_x(\sigma_x, \sigma_y) = \frac{4 \cdot F \cdot \bar{\sigma}^2 + \{2 \cdot \sigma_y - \sigma_x\}^2 \cdot E}{4 \cdot F \cdot \bar{\sigma}^2 \cdot (1-\nu^2)/E + \{2 \cdot \sigma_x - \sigma_y\}^2 + \{2 \cdot \sigma_y - \sigma_x\}^2 + 2 \cdot \nu \cdot \{2 \cdot \sigma_x - \sigma_y\} \cdot \{2 \cdot \sigma_y - \sigma_x\}}$$

$$G_y(\sigma_x, \sigma_y) = \frac{4 \cdot F \cdot \bar{\sigma}^2 \cdot \nu - \{2 \cdot \sigma_x - \sigma_y\} \cdot \{2 \cdot \sigma_y - \sigma_x\} \cdot E}{4 \cdot F \cdot \bar{\sigma}^2 \cdot (1-\nu^2)/E + \{2 \cdot \sigma_x - \sigma_y\}^2 + \{2 \cdot \sigma_y - \sigma_x\}^2 + 2 \cdot \nu \cdot \{2 \cdot \sigma_x - \sigma_y\} \cdot \{2 \cdot \sigma_y - \sigma_x\}}$$

なお，E は材料のヤング率，ν はポアソン比，F は加工硬化係数である．これらの方程式にひずみ量 $d\varepsilon_x$ を与えることにより応力状態の解析が可能である．$d\varepsilon_x$ は，板厚方向 Z に対して，曲げ曲率に比例し Z 方向に変化する曲げひずみ成分と，中立点の移動により生じる板厚方向に均一な伸び（縮み）成分からなっている．

1.4.2　有限要素法による解析

近年では計算機能力の向上と汎用コードの能力向上から，初等解法によらない矯正加工の FEM 解析も適用されつつある．膜要素（シェル要素）やソリッド要素を用いた解析をはじめ，線形加工硬化則によらない解析，繰返し曲げにおいて重要となるバウシンガー効果などを考慮した解析が適用されつつある．個別の適用結果などについては，各章で解説する．

引用・参考文献

1）日比野文雄：塑性と加工，**36**-416（1995），930.
2）藤沢寛二・小松俊悦：塑性と加工，**5**-41（1964），427.
3）前田禎三：塑性加工，（1972），231，誠文堂新光社.
4）日本工業規格：JIS G 3141.
5）日本工業規格：JIS G 4805.
6）日本工業規格：JIS G 3473.
7）日本工業規格：JIS G 3192.

8）曽田長一郎：精密機械，**44**-4（1978），481.
9）日比野文雄：塑性と加工，**25**-276（1984），2.
10）日本鉄鋼協会編：鉄鋼便覧，**3**-2（1980），886，丸善.
11）日本塑性加工学会：日本の塑性加工，（1975），166，日本塑性加工学会.
12）例えば，日本工業規格：JIS H 3100.
13）日本工業規格：JIS G 4313.
14）日本工業規格：JIS H 4483.
15）例えば，日本工業規格：JIS H 3510.

2 プレス矯正

2.1 プレス矯正とその使用

2.1.1 プレス矯正の概要

プレス矯正とは材料を曲げ戻して真直ぐあるいは平らにする矯正法で，小物の部品などでは手作業で行われることもある．しかし丸や角の棒材，厚板材，各種断面の形材，管材などの工業用素材では，その曲がりを除くのに専用プレスを使う．

それらは外観的には汎用プレス機に似ているものが多い．プレスのベッド上で**図 2.1** のようにして曲げ戻しが行われるが，機械としては変形が鉛直面内の縦型と水平面内の横型とがある．縦型は短尺物に，横型は長尺物に適している．なお機械装置としては素材を回転させる代わりに，縦型と横型とを一つにまとめたものもある．駆動方式としては機械式クランクプレスと液圧プレスとがある．対象とする素材の状態を見て与える押込み量を変えるが，機械式はストロークが一定なのでスペーサーを使用し，その高さによって調整する．また両支点間の距離も簡単に調節固定できる構造になっている．

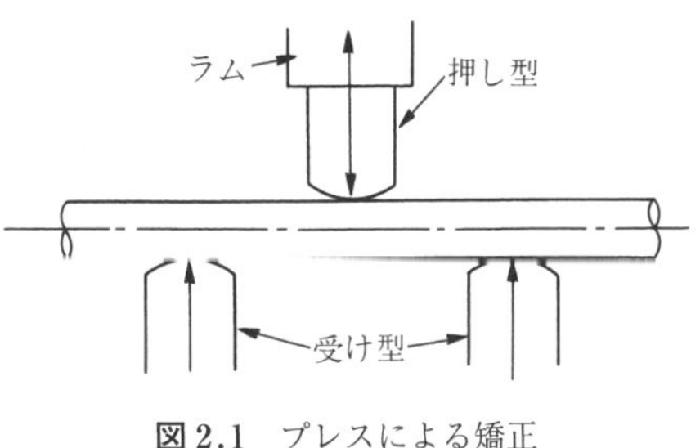

図 2.1　プレスによる矯正

2.1.2 作 業 状 況

簡単な方法なので，工業用材料の製造から部品としての仕上げまで，その利用範囲は広くまた多様である．部品の矯正は後述することにして，主要な工業材料である板，棒，形，管などの製造段階での利用の概略を，以下に記そう．

① ほかの方法との並列的使用（汎用性があるため）

② ほかの方法がその設備能力から使えない場合

例 1：板厚 50 mm 程度以上の厚板で著しく平坦度が悪い鋼板[1)]

例 2：大寸法の形鋼や鋼管

例 3：大曲がり品，両端部分の曲がり除去あるいは予備矯正

例 4：高硬度品

③ 危険防止のための予備矯正

例：ロータリストレートナーのための棒材，管材の大曲がり除去

④ 汎用矯正機では精度不足の場合（プレス矯正では計測しながら作業できる）

⑤ 熱処理（焼入れ）ひずみ除去のため

例：高硬度（HRC 60 ～ 61）を必要とするステンレス継目なし鋼管の焼入れ後の冷却過程における矯正[2)]

⑥ その他（ロータリストレートナーが不適当の場合）

例 1：溶接管で溶接ビードが障害になる場合

例 2：矯正時に生じる表面らせん模様を避けるため

例 3：矯正後の棒材，管材の長さ変化を避けるため

矯正の作業はベッドに取り付けた両支点の受け型で素材を支え，その中央をラムに付けた押し型で曲げ戻して行われる．**図 2.2** は受け型と押し型の例である．素材の断面形状に合わせることになるが，管材ではその断面を崩さないよう押し型は素材外径に近い半円筒溝とされる．その形状の影響も検討されている．また大径薄肉管では矯正の際，中央と両端の内側にプラグを挿入することも行われる．

硬いためほかの方法では矯正できない高張力鋼やステンレス鋼も，硬度が

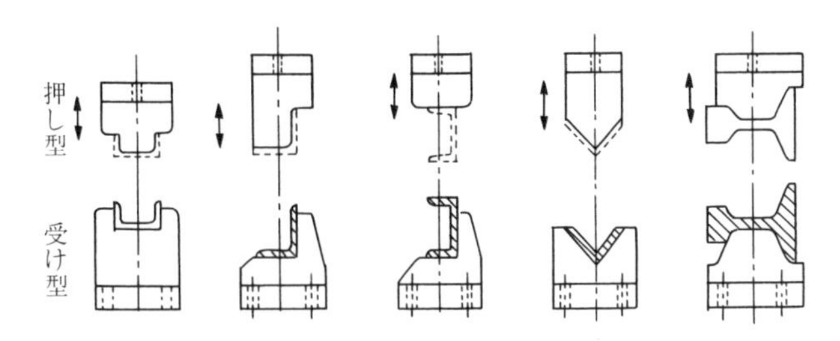

図 2.2 矯正用工具（受け型と押し型）

HRC 40 以下であれば対象になる．一般にこの矯正法は，対象とする素材の残留応力状態が多様であるので，曲げ戻しを行うスパン，ラムの押込み量などの選定をはじめ，矯正の品質や操業の能率は，作業者の経験と勘に依存する面が大きい．

2.2 曲げ戻しの解析

2.2.1 曲げ戻し後の弾性回復量

矯正のための曲げ戻しは，除荷時に生じる弾性回復を見込んで行う必要がある（**図 2.3**）．**図 2.4** は実験的に初期の曲がりと弾性回復量との関係を見たものである[3]．曲がりが大きいほど弾性回復量も大きくなる．しかしその変化はわずかである．

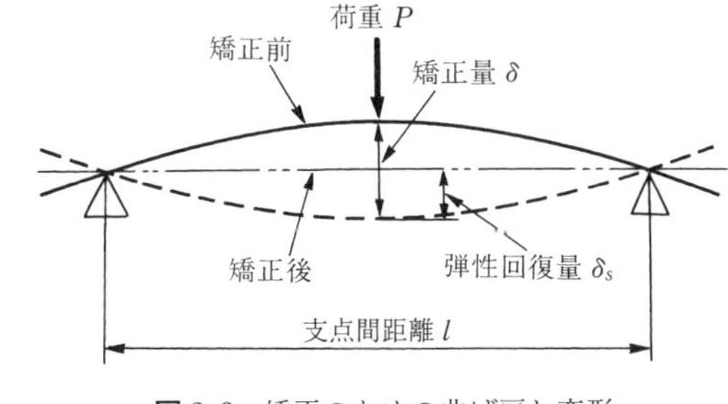

図 2.3 矯正のための曲げ戻し変形

この弾性回復量 δ_s は，**図 2.5** に示すように真直はりの場合と近似的に等しいと仮定するとき，次式が得られる．

$$\delta_s \fallingdotseq \frac{P}{P_e}\delta_e \fallingdotseq \frac{M}{M_e}\delta_e \tag{2.1}$$

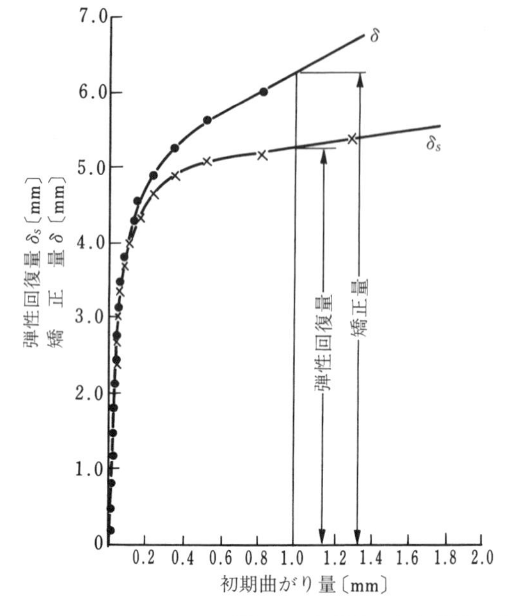

図 2.4　初期曲がりと弾性回復量[3)]

ここで，P_e と δ_e は荷重と変形の弾性限界の値をそれぞれ示し

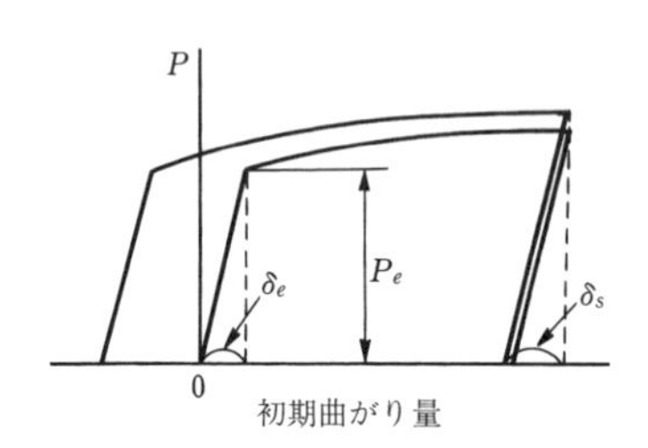

図 2.5　近似弾性回復量の算定

$$M_e = \frac{P_e l}{4}, \quad \delta_e = \frac{P_e l^3}{6EI}$$

である．ただし E はヤング率，I は断面二次モーメントを示す．

図 2.6 は弾完全塑性体はりの負荷に伴う中央断面の塑性域の発達の影響を示したものである．素材の断面形状による P/P_e すなわち M/M_e の極限値がこれからわかる．

このような考え方に基づいて，鋼管の曲がりを矯正するための自動制御方法が示されている[4)]．図 2.5 の弾性範囲内での負荷過程における荷重と変位の関係から δ_e/P_e を推定し，式（2.1）のように δ_s/P に等しいと近似することで，目標とする残留変位となるまで油圧シリンダーに対する負荷指令を与える方式である．実用設備としては，センサーによって計測された鋼管の曲がり量に応じて，矯正シリンダーの押込み量を設定しながら自動運転による管端矯正が行われている[5)]．また，棒材や形材についても曲がりを矯正する自動制御が適用されている．ただし，鋼管や形材などの複雑な断面形状を有する材料では，荷重を加えることによって曲げ変形だけでなく断面形状の変化を伴う変形が生じるため，厳密には負荷時のδ_e/P_eと除荷時のδ_s/Pは異なることも知られている．このような場合には負荷と除荷を繰り返す試し曲げによって除荷時のδ_s/Pを精度よく推定する方法も提案されている[6)]．

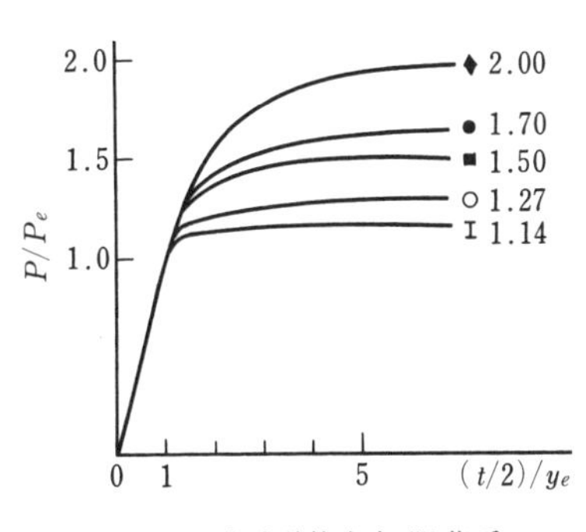

図 2.6 断面形状と極限荷重（t，y_e は図 2.7 参照）

2.2.2 矯正後の残留応力

図 2.7（a）は負荷中のはり断面におけるひずみと応力の分布である．矯正後にこの断面に働いている曲げモーメントMが除かれ，断面が平面を保って戻るとすれば，残留応力は次式となり，図（b）に見られるように分布する．

$$\sigma' = \sigma - \frac{M}{I} y \tag{2.2}$$

ここで，yは中立面からの距離，σとσ'はy層の負荷時と除荷後の応力を示す．

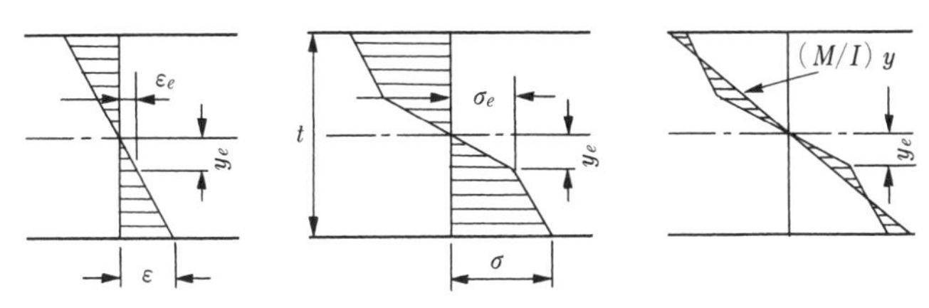

（a） 曲げ断面内の応力とひずみ分布　　（b） 残留応力分布

図 2.7 プレス矯正後の残留応力分布

図 2.8 は丸棒のプレス矯正後における中央負荷断面の表面残留応力の実測結果である[7]．解析から予想される形となっている．荷重点近傍の局部的変形の影響を除くと，素材が初期に内部応力をもたなければ，一般的にも解析と類似の結果を示すと考えられる．

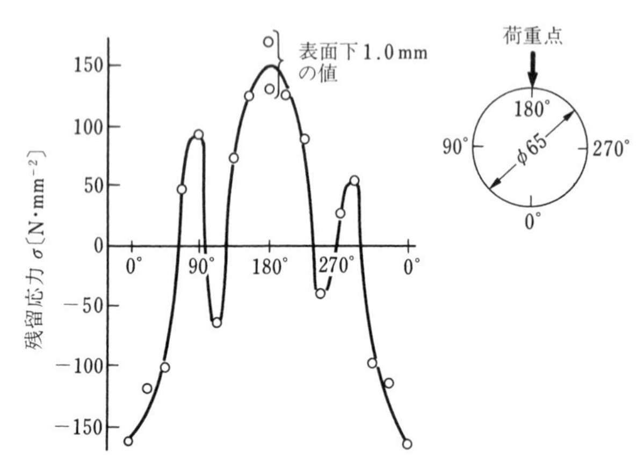

試料：S 45 C 焼ならし，直径 65 mm，長さ 2 000 mm
焼ならし後の残留応力：24.5 N/mm²
測定位置：中央矯正部表面

図 2.8　矯正後の残留応力 X 線実測例[7]

引用・参考文献

1）日本鉄鋼協会編：第 5 版鉄鋼便覧，**2**（2014），96，日本鉄鋼協会.
2）American Society for Metals：Metals Handbook（8th Edition），**4**（1969），330，American Society for Metals.
3）三瀬真作・白瀬禎男：塑性と加工，**5**–41（1964），367–376.
4）加藤高明・蒲田瑛三・中西実・山崎一男：日本機械学会論文集（C 編），**56**–526（1990），1626–1631.
5）山崎一男・藤井浩：NKK 技報，127（1989），161–163.
6）杉森良明・山田将之・古堅宗勝・福留哲郎・中西廉平・鵜原正巳：鉄と鋼，**73**–4（1987），S304.
7）後藤徹ほか：第 9 回応力・ひずみ測定シンポジウム（1977）.

3 引張矯正

3.1 ストレッチャーを用いた引張矯正

3.1.1 ストレッチャーの概要

引張矯正とは，真直ぐあるいは平坦になるまで素材に引張力を加えて塑性変形させ，形状のひずみを除こうとする方法であり，そのための装置をストレッチャーと呼ぶ．**図 3.1** はストレッチャーの一例である．工具および保守の費用は安く，操作は単純で，矯正は通常一度の作業で終わる．ただ素材両端のグリップ部分は切り落とさなければならず，切断装置がその付帯設備として必要になる．素材を固定する両ヘッドの一つは素材長さに合わせてその位置が調整でき，もう一端のヘッドは油圧で引張力が負荷される仕組みになっている．そのヘッドは，棒材や形材用ではねじれを直すために回転することもできる．

対象とする素材に応じ引張力は 100 kN 程度から数 MN と変化する．また矯正長さは数 m 程度までが普通である．しかし押出し材用では両ヘッド間が

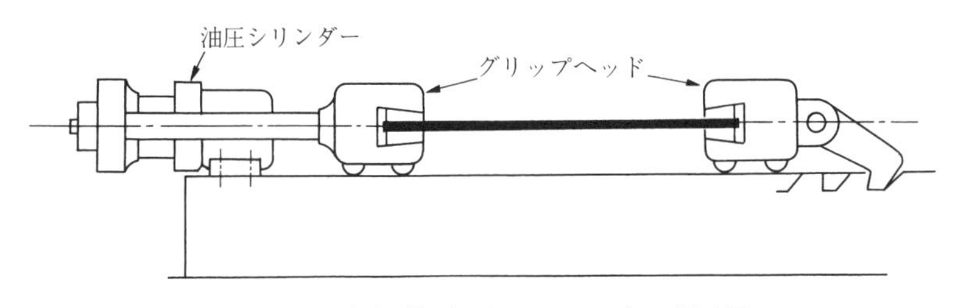

図 3.1　引張矯正機（ストレッチャー）の概略図

50 m になる設備もある.

板材用はストレッチャーレベラーと呼ばれることもあり，普通，長さ 1.5 m くらいから 5 m 程度までの板が処理される．高い平坦度の定尺板を作るための設備として古くから使用されている．なお，コイル材に引張力を加えた状態で巻取り，連続的に引張矯正する連続式ストレッチャーレベラーと呼ばれる方法がある[1)]．しかし引張力を与えるロールを通るときに変形が生じる状態を考えると，同じ原理とはいえないとの指摘もある[2)]．それからすれば後述のテンションレベラーの一種とするのが適当といえよう．

3.1.2 引張矯正法の特徴

この矯正法は，板材，棒材のほか，管材や押出し材などを対象に古くから使われている．その断面形状が長手方向に一様であることが必要とされるが，さらに引張力の働きで 1 ～ 3% 程度伸びる特性が要求される．そのため素材は材質の点からも制約される．例えば高炭素鋼材やマルテンサイト系ステンレス鋼材では矯正前に焼なます必要がある．またストレッチャーストレインの生じる軟鋼板では，その防止のためあらかじめ調質圧延しておく必要がある．

板材に対してはほかの方法では出せない高い平坦度が，この引張矯正法で得られる（表 1.1 参照）．ただし厚さに比べ幅が大きいことによる制約もある．機械的性質が幅位置で違えば除荷時の戻りも異なるため平坦度が低下するし，また厚さが不均一なら両端の拘束が一様にならず，引張りの作用も不均一になる．材料が硬くなると除荷の戻り量が大きくなるほか，両端の拘束が不十分になり，作業も難しくなる．

板厚が薄くなれば幅方向に座屈し，縦しわが発生する．限界の板厚は実用的には 0.6 ～ 0.7 mm で，これより薄い板では 2 ～ 4 枚重ねて同時に引張矯正する場合もある．この縦しわについては，塩化ビニル膜をモデルに発生条件の検討がなされている[3)]．

3.2 引張矯正の解析

3.2.1 矯 正 の 原 理

図3.2 は与える引張ひずみに伴う反り変化の実測例である．試料はいずれも板幅の狭い薄板材である．こうした例に見られる反りの矯正は以下のように解析されている[3)]．すなわちはじめの反った状態が**図3.3** の x_0–O–x_0' で，これが引張力でまず x_1–O–x_1' になり，その結果，板の表裏のひずみが ε_0 あるいは $-\varepsilon_0$ になったとする．ついで平坦になって ε_1 伸ばされれば，はじめの反りの内側は $\varepsilon_1+\varepsilon_0$，外側は $\varepsilon_1-\varepsilon_0$ のひずみ状態にあり，これは**図3.4** の応力–ひずみ曲線上では点Bと点Cになる．そして引張力が除かれればそれぞれ点B′と点C′とへ向かう．こうした弾性回復で生じた表裏のひずみの差 $2\Delta\varepsilon$ は E をヤング率として次式から求められる．

$$\Delta\varepsilon=\frac{\varepsilon_0}{E}\cdot\frac{d\sigma}{d\varepsilon} \tag{3.1}$$

はじめの曲率を $1/\rho_0$，引張り後の曲率を $1/\rho_s$ とすれば

$$\varepsilon_0=\frac{t/2}{\rho_0},\quad \frac{1}{\rho_s}=\frac{d\sigma/d\varepsilon}{E\rho_0} \tag{3.2}$$

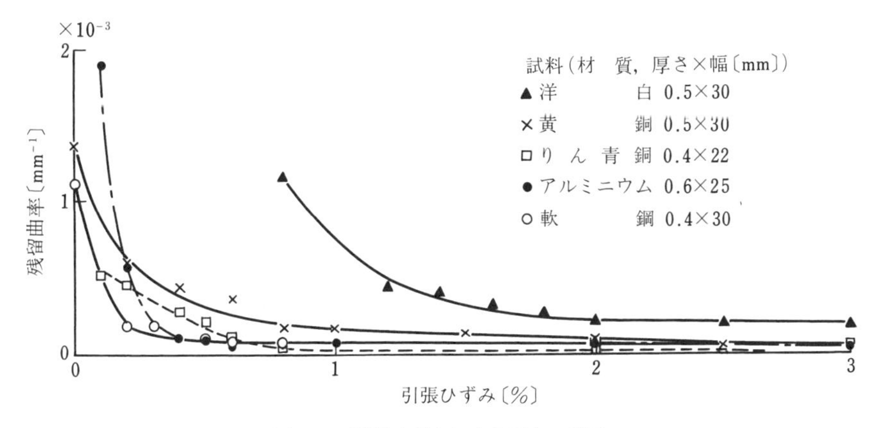

図3.2　引張ひずみによる反りの変化

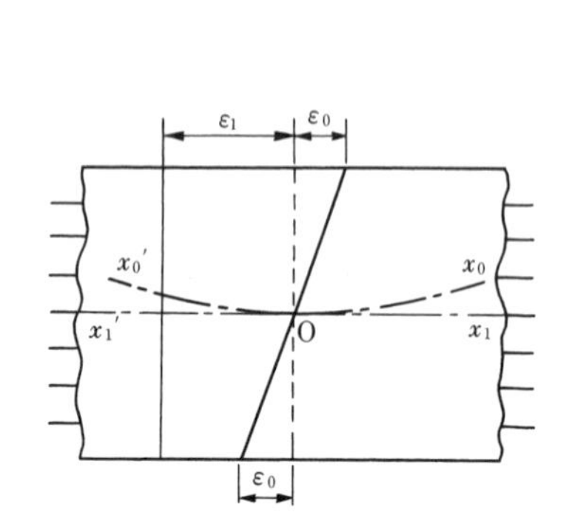

図 3.3　引張変形と断面内ひずみ

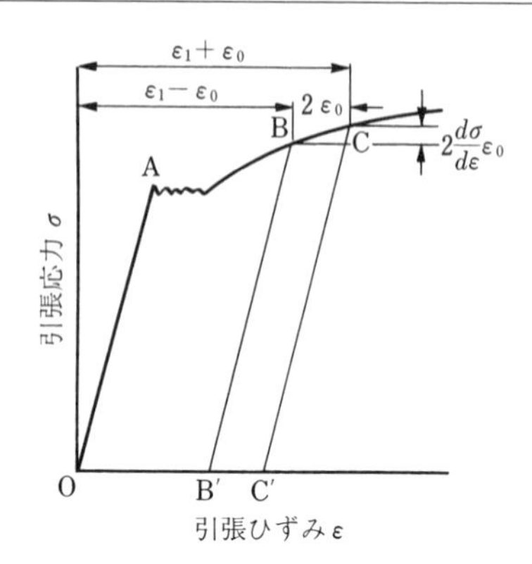

図 3.4　反り除去と応力–ひずみ関係[3)]

である．付与されたひずみ量領域での素材の応力–ひずみ曲線のこう配が影響し，それが平らであれば矯正効果がよいと判断できる．

以上は板をもとにしているが，その他の棒材や形材でも引張力の効果は同じとみることができる（6.1.6 項参照）．

板幅のあるものでは矯正で面の凹凸を除くことも目的になる．**図 3.5**（a）の凹凸状態に対する引張力の作用は，図（b）の応力–ひずみ曲線上でその影響を考えることができる[4)]．すなわち長さの短い B–B が平坦になった後にそれに比べ余長のある C–C が遅れて伸びて平坦になり，図 3.4 と同様に除荷後

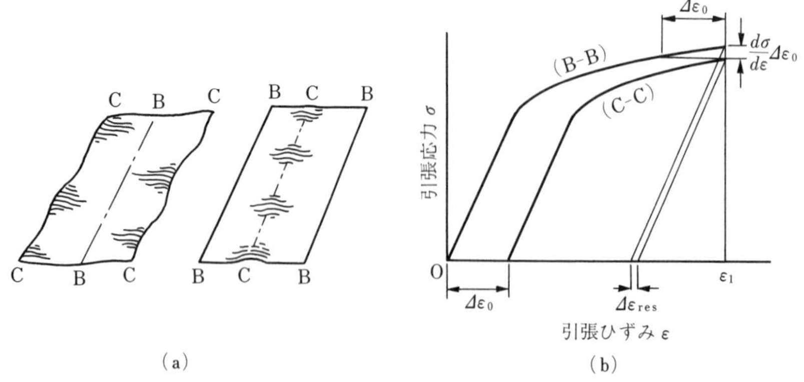

$\Delta\varepsilon_0$：B–B と C–C の伸び差率，$\Delta\varepsilon_{res}$：引張り後の伸び差率，ε_1：引張ひずみ 1 ～ 3%

図 3.5　面の凹凸除去と応力–ひずみ関係[4)]

に両者の差が減少するとみてよい．また応力–ひずみ曲線のこう配が影響することも同じである．なおこの際，板厚内部では図3.3と同じ現象が生じている場合がある．

ここでB–BとC–Cのひずみの差をもとに，引張りによる面の凹凸の変化を急峻度λで表すと[5)]

$$\frac{\lambda}{\lambda_0}=\left(\frac{\Delta\varepsilon_{\mathrm{res}}}{\Delta\varepsilon_0}\right)^{1/2}=\left(\frac{d\sigma/d\varepsilon}{E}\right)^{1/2} \tag{3.3}$$

なお，ここで諸記号は図3.5にある通りで，λ_0ははじめの急峻度とする．

広幅の薄板材では，中伸び発生防止のためはじめの形状に応じて，**図3.6**のようにグリップを変え2度引張ることが適当と報告されている[5)]．板厚6 mm程度以下のアルミニウム材で薄いほど中伸び気味になる現象があり，それは両端のグリップの影響として解析的に説明される．グリップ部の幅方向の拘束による変形の不均一と，薄くなればそれにより座屈しやすくなることから，グリップの影響の仕方は大きな考慮事項である．

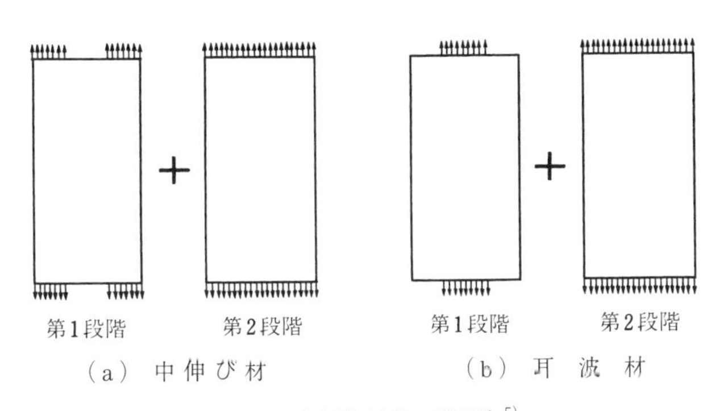

図3.6 広幅薄板材の矯正法[5)]

3.2.2 矯正後の残留応力

上述の通りはじめにあった不均一なひずみ分布の幅が，与えた引張変形のため除荷後には減少する．これにより内部ひずみの不均一に起因する残留応力分布の幅も当然減少する．矯正のために与えるひずみの値が大きくなればはじめの違いが薄まるので，残留応力分布の幅も小さくなっていく．

図3.7と**図3.8**はこうした引張矯正の特徴を表す実測例である．図3.7は引抜き棒材の残留応力分布の，応力-ひずみ曲線上のどの位置まで変形させたかによる違いをみたものである[6]．図3.8は分布の幅が与えるひずみでどう変化するかを示している[7]．

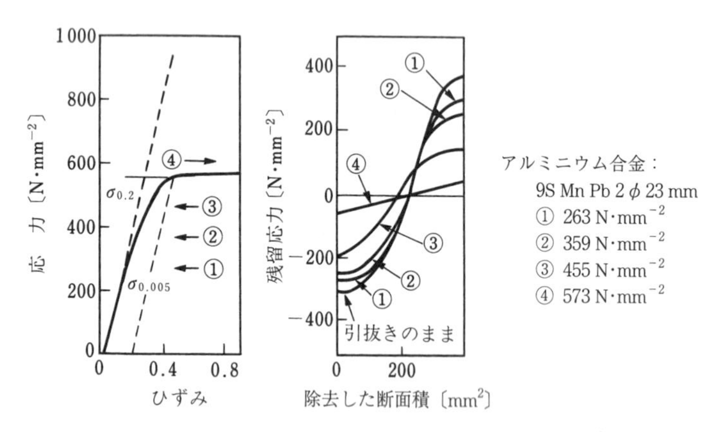

図3.7　引張変形による引抜き棒材の残留応力変化例[6]

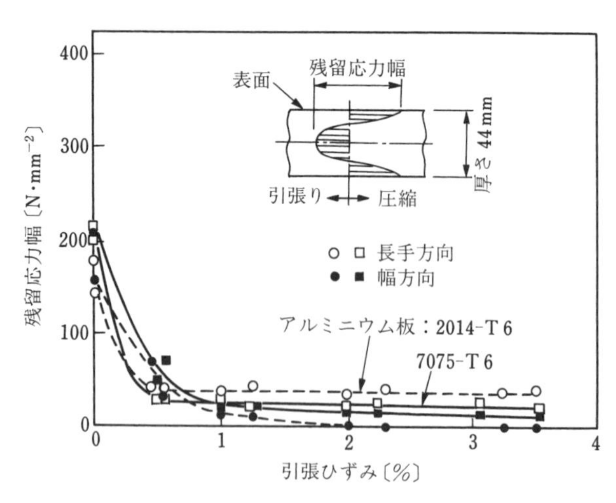

図3.8　引張りによる残留応力分布の緩和[7]

引張矯正による残留応力の変化の様子は，定性的にはいずれもそのひずみ変化から予想できる．形状改善のためにはある程度以上のひずみを与える必要があるものの，残留応力の面からも与えるひずみの大きさを考える必要がある．

引用・参考文献

1）Bell, R. J. & Vassily, G. R.：Iron Steel Engr., **44**–5（1967）, 109–116.
2）曽田長一郎：塑性と加工，**10**–107（1969），853–862.
3）徳永春雄：塑性と加工，**5**–41（1964），439–444.
4）日本鉄鋼協会編：第3版鉄鋼便覧，**3**–1（1980），70，丸善.
5）吉永彰一：住友軽金属技報，**21**–3（1980），181–194.
6）Peiter, A.：Z. Metallkde., **57**–1（1966）, 1–8.
7）Barker, R. S. & Sutton, J. G.：Aluminum, **III**（1967）, 374, American Society for Metals.

4 ローラーレベラー

4.1 ローラーレベラーによる矯正の概要

4.1.1 ローラーレベラーの形式

図 4.1 に主要なローラーレベラーのロール配列，構造概要を示す．個々の上ロール位置を調整できる図（a）や，一体となった上ロール群の入出側位置を調整できる図（b）が挙げられる．なお，上ロール本数よりも下ロール本数の方が多い形式，位置調整を下ロール（群）にて行う形式，また，入出側にピンチロールや個別昇降ロールなどが配された形式もある．

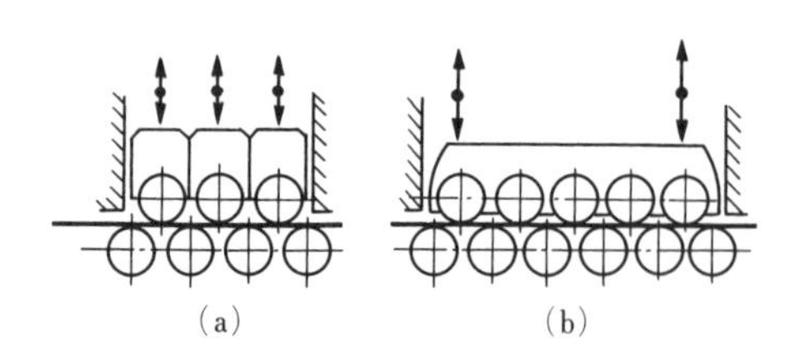

図 4.1　ローラーレベラーの形式例

4.1.2 ロール噛込み量とロール押込み量

ローラーレベラーを使用して矯正する場合，そのロール噛込み量の設定，調整で，所望の矯正効果を得る．本章ではロール噛込み量 δ を**図 4.2** に示すように定義する．つまり，ロール噛込み量 δ は，隣接する下ロール直上を結ぶ直線上に上ロール直下が位置する（上下ロール間隙がゼロとなる）図（b）を

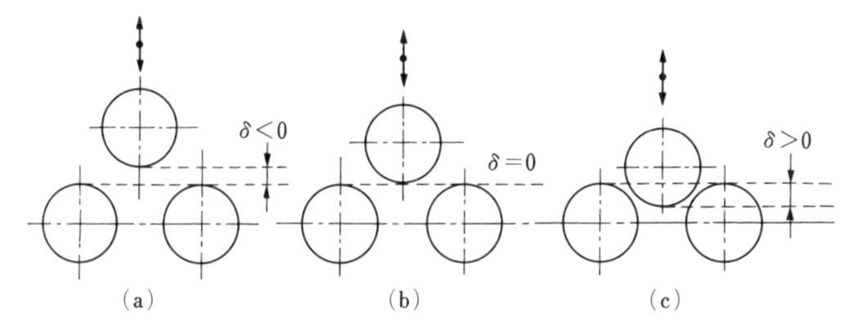

図 4.2　本章におけるロール噛込み量 δ の定義

ゼロ，それよりも上方に位置する図（a）を負，下方に位置する図（c）を正と定義する．

一方，**図 4.3** に示すように，本章ではロール押込み量 s を上下ロール間隙が被矯正材の厚みに一致する点を基準に定義する．すなわち，同一のロール噛込み（押込み）位置設定では，ロール押込み量 s とロール噛込み量 δ との間には被矯正材の厚み分だけの差がある．なお，ここに述べたロール噛込み量 δ，ロール押込み量 s の定義は，他文献も含めて統一されたものではない点（例えば，本章で定義されるロール噛込み量をロール押込み量と呼ぶ場合もあること）に読者は注意されたい．

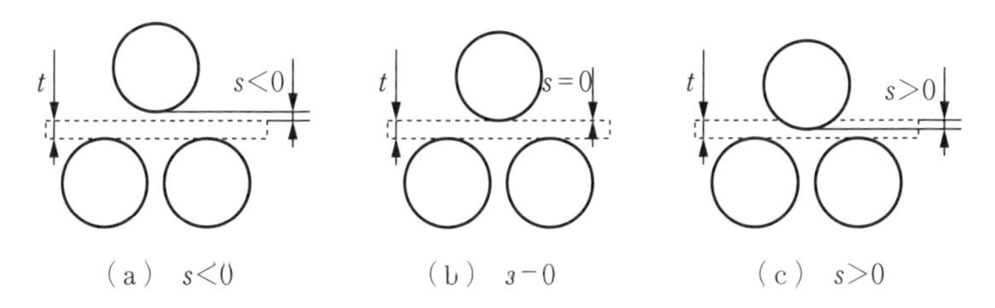

図 4.3　本章におけるロール押込み量 s の定義

ローラーレベラーのロール噛込み量（押込み量）は入側で大きく，出側で小さく設定されることが多い．ただし，その値はローラーレベラーの仕様（ロール径，ロールピッチ†，ロール本数など）はもちろん，被矯正材の機械特性（弾性係数，強度など），寸法（厚さ，幅，断面形状）に加え，ときには被矯正

† 本章ではロールピッチは隣接する上ロール同士（あるいは下ロール同士）の間隔を指す．

材の矯正前あるいは目標とする平坦度レベルに応じて，適宜，変更，調整する必要がある．

4.1.3　被矯正材の変形の特徴

ローラーレベラーによる被矯正材の変形の様子を被矯正材表面に貼り付けたひずみゲージにより観察した実験結果[1)]を**図 4.4** に示す．上下に千鳥状に配されたロールにより，ローラーレベラー内で被矯正材は正負交互の曲げ変形を受ける．また，本実験に用いたローラーレベラーは図 4.1（b）に示した形式であり，入側のロール噛込み量を出側のロール噛込み量よりも大きく設定したので，入側に近いロール（No.3 ロールあるいは No.4 ロール）で最も強い曲げが加えられ，その後のロールで付与される曲げの大きさは漸減している．

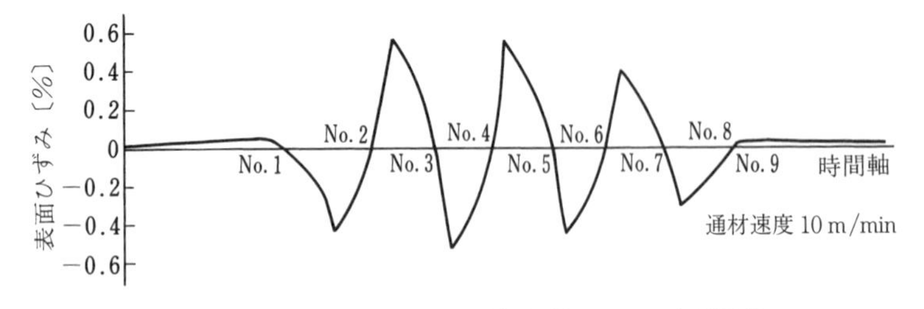

厚板用ローラーレベラー
　ロール直径：150 mm
　ロールピッチ：160 mm
　ロール幅：2 250 mm

試料材質：SS400（平坦材）
寸　　法：板厚 9 mm× 幅 1 830 mm
測 定 器：動ひずみ測定器
　　　　　直記式電磁オシログラフ

図 4.4　ローラーレベラーにより被矯正材が受けるひずみの測定例[1)]

ここで，ローラーレベラーによる被矯正材の変形はロールによる送り曲げによってなされている点に注意が必要である．3 本ロール曲げを例に，その変形の概念図を**図 4.5** に示す．図（a）に示すように，ローラーレベラーを通材することで変形を受ける被矯正材は，そのロールの上流側では弾性変形から塑性変形へと移行していく負荷過程となる一方，その下流側では除荷過程となる．つまり，静止する被矯正材にロールを押し込んだ場合（図（b））のような左右対称な変形とはならない．加えて，ロールによる送り曲げという特徴から，

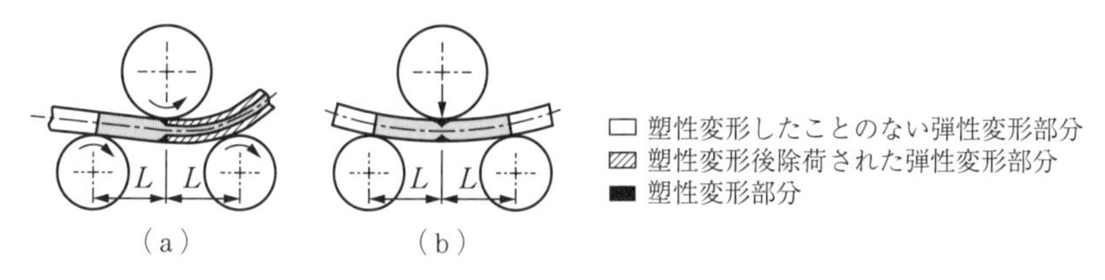

図 4.5 曲げ方式の違い[2)]

被矯正材とロールとの接触位置はロール直上（直下）から少しずれる点にも注意が必要である.

両者の違いを定量的に確認した結果を**図 4.6** に示す[2)]. ロール噛込み量 δ が大きくなると, 同一のロール噛込み量であっても被矯正材に加えられる曲率は送り曲げと押込み曲げとでは大きく異なる. よって, ローラーレベラーによる被矯正材の変形は, ロールによる送り曲げという特徴を考慮した検討が重要である.

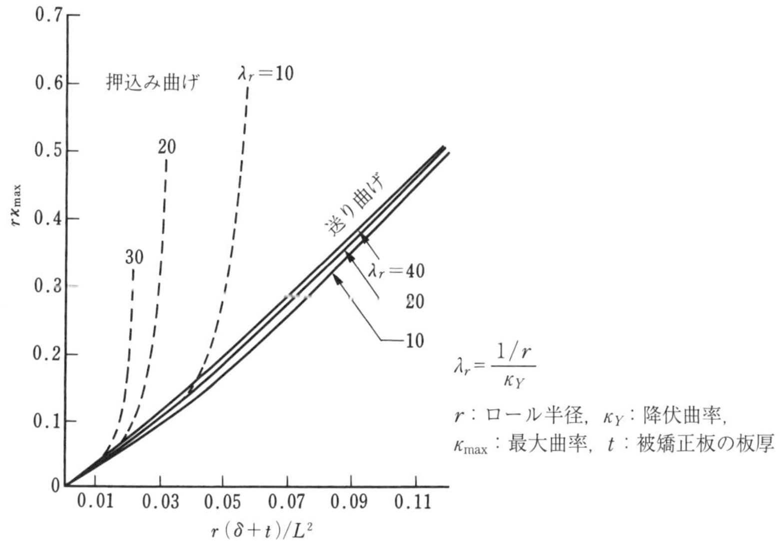

図 4.6 送り曲げと押込み曲げとの比較[2)]

4.2 ローラーレベラーによる被矯正材の変形の基礎

4.2.1 1回の曲げによる変形[3)]

ローラーレベラーによる被矯正材の変形の様子を定量的に把握するため，さまざまな数値解析がなされている．ここでは，まず単純曲げ理論に基づく数値解析を通じてローラーレベラーによる被矯正材の変形挙動に対する理解を深めよう．なお，簡単化のために，被矯正材は弾完全塑性体からなる等方（引張方向と圧縮方向とで変形特性が等しい）かつ均質な板材であると仮定する．ここで，縦弾性係数E，降伏応力σ_Yの弾完全塑性体の応力σとひずみεとの関係を**図4.7**に示す．

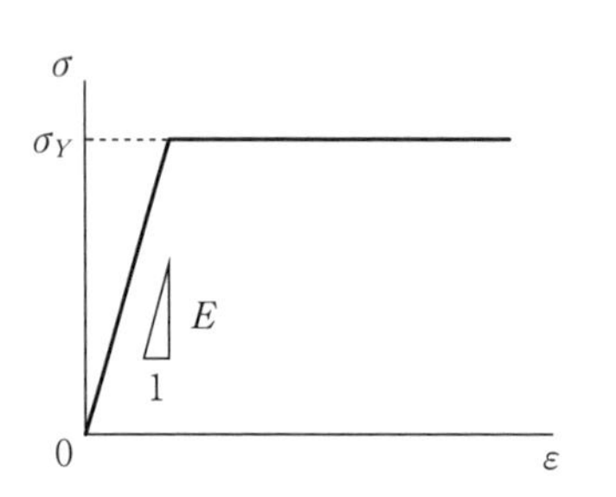

図4.7　弾完全塑性体の応力σ–ひずみε関係

単純曲げ理論では，以下の仮定を置く．

- 被矯正材の横断面は変形中，その平面形状を維持し，さらに被矯正材の横断面の図心を長手方向に結んだ中心線に直交する（Bernoulli–Eulerの仮定）．
- 被矯正材の応力として長手方向に作用する垂直応力のみを考え，それに対応する長手方向ひずみとの関係は被矯正材の単軸応力ひずみ関係と同じとする．

このとき，曲げ曲率κと長手方向ひずみの板厚方向分布$\varepsilon(\eta)$とを式（4.1）で関係付ける．

$$\varepsilon(\eta)=\kappa\cdot\eta+\varepsilon_C \tag{4.1}$$

ここで，**図4.8**に示すように，ηは板厚方向座標であり，板厚中心（$\eta=0$）における曲率がκ，長手方向ひずみがε_Cである．ここでは，被矯正材が板材（横断面形状が表裏対称）かつ等方・均質なこと，ローラーレベラーでは一般に付与されるひずみ量が小さく，かつ，長手方向の軸力を付加しない点を考えれば，板厚中心における長手方向ひずみ ε_C はゼロと考えてよい．

このように，曲げにおいては曲げの外表面ほど大きな引張ひずみ，内表面ほど大きな圧縮ひずみが付与される．また，板厚中心における長手方向ひずみ ε_C はゼロとみなせるので，外表面の長手方向ひずみと内表面の長手方向ひずみとの大きさは等しく，向きは逆となる．最表面が降伏するときの曲率を降伏曲率 κ_Y といい，式 (4.2) で得られる[†]．ここで，t は被矯正板の板厚である．

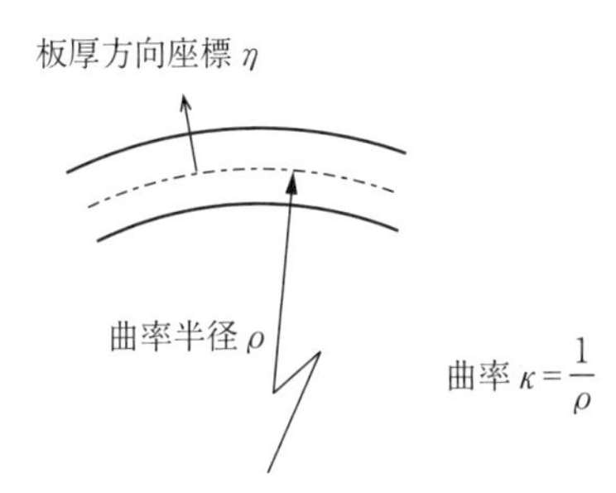

図 4.8 曲げを受ける板材の曲率半径 ρ，曲率 κ と，板厚方向座標 η

$$\kappa_Y=\frac{2\sigma_Y}{t\cdot E} \tag{4.2}$$

板厚 t が薄いほど，縦弾性係数 E が小さいほど，降伏応力 σ_Y が高いほど，被矯正板を降伏させるためには強い曲げが必要なことがわかる．ここで，板厚 t，縦弾性係数 E，降伏応力 σ_Y が異なる被矯正板に与えられた曲率の大小を統一的に議論するために，曲率 κ をその降伏曲率 κ_Y で無次元化した曲率係数 K (1.2.2 項参照)，もしくは，被矯正板厚に占める塑性域の割合として式 (4.3) で定義される塑性率 ξ を用いることが有効である．なお，η_Y は板厚中心から弾塑性境界までの板厚方向距離である (**図 4.9** 参照)．**図 4.10** に示すように，曲率係数 K の増加に伴って塑性率 ξ は 1 に漸近する．

$$\xi=1-\frac{\eta_Y}{t/2}=1-\frac{1}{K} \tag{4.3}$$

さて，真直な被矯正板に曲率 κ の曲げを付与した場合の曲げ応力の板厚方向分布 $\sigma(\eta)$ は，曲率 κ が弾性範囲であれば式 (4.4)，降伏曲率 κ_Y を超えれば式 (4.5) で得られる．

† 降伏応力 σ_Y の代わりに弾性限応力 σ_E を用いる場合もある．このとき，降伏曲率 κ_Y に相当する値は弾性限曲率 κ_E と呼ばれる．

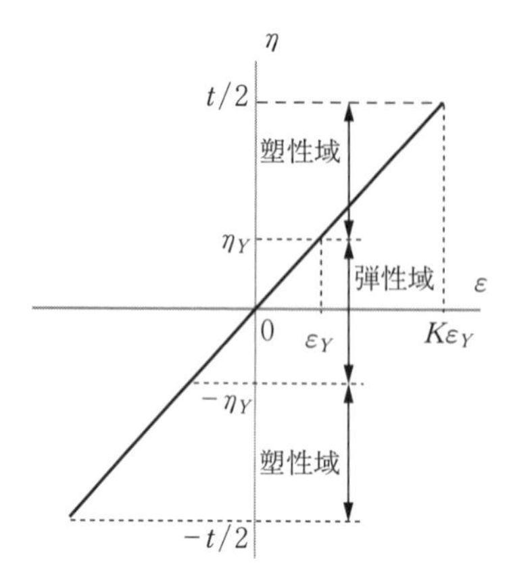

図 4.9　曲げひずみの板厚方向分布

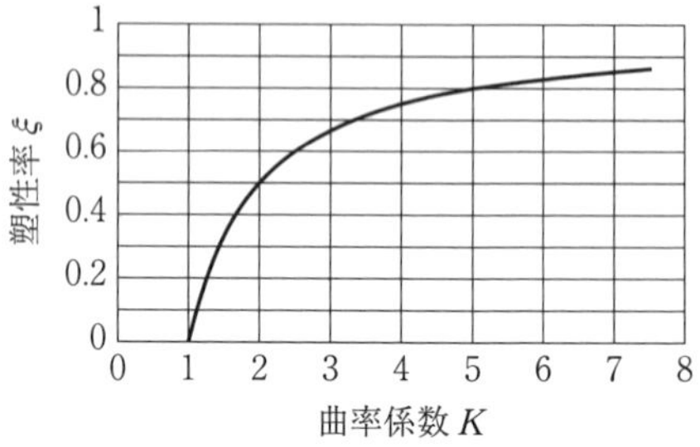

図 4.10　曲率係数 K と塑性率 ξ との関係

$$
\begin{aligned}
\sigma(\eta) &= E\cdot\varepsilon(\eta) \\
&= E\cdot\kappa\cdot\eta
\end{aligned}
\tag{4.4}
$$

$$
\sigma(\eta) = \begin{cases} \sigma_Y & (\eta_Y < \eta \leqq t/2) \\ E\cdot\kappa\cdot\eta & (-\eta_Y < \eta \leqq \eta_Y) \\ -\sigma_Y & (-t/2 \leqq \eta \leqq -\eta_Y) \end{cases}
\tag{4.5}
$$

なお，ここでは，表層側が引張，裏層側が圧縮を受ける場合の曲率および曲げモーメントを正と定義した．

さらに，真直な被矯正板に曲率 κ の曲げを付与した場合の曲げモーメント M は式（4.6）で求められる．ここで被矯正板の板幅は w で表している．

$$
M = w\int_{-t/2}^{t/2} \sigma(\eta)\cdot\eta\cdot d\eta
\tag{4.6}
$$

例えば，曲率 κ が弾性範囲であれば，式（4.6）に式（4.4）を代入することで

$$
\begin{aligned}
M &= w\int_{-t/2}^{t/2} E\cdot\varepsilon(\eta)\cdot\eta\cdot d\eta \\
&= w\int_{-t/2}^{t/2} E\cdot\kappa\cdot\eta\cdot\eta\cdot d\eta \\
&= \kappa\cdot\frac{E\cdot w\cdot t^3}{12}
\end{aligned}
\tag{4.7}
$$

これより，曲率κが降伏曲率がκ_Yに達した際の曲げモーメントを降伏曲げモーメントM_Yと定義すれば

$$M_Y = \frac{w \cdot t^2 \cdot \sigma_Y}{6} \tag{4.8}$$

曲率κが降伏曲率κ_Yを超えれば，式（4.6）に式（4.5）を代入することで

$$\begin{aligned} M &= w\int_{-t/2}^{t/2} \sigma(\eta) \cdot \eta \cdot d\eta \\ &= w \cdot \left\{ \int_{-t/2}^{-\eta_Y} (-\sigma_Y) \cdot \eta \cdot d\eta + \int_{-\eta_Y}^{\eta_Y} E \cdot \kappa \cdot \eta \cdot \eta \cdot d\eta + \int_{\eta_Y}^{t/2} \sigma_Y \cdot \eta \cdot d\eta \right\} \\ &= \left\{ \frac{3}{2} - 2\left(\frac{\eta_Y}{t}\right)^2 \right\} \cdot \frac{w \cdot t^2 \cdot \sigma_Y}{6} \end{aligned} \tag{4.9}$$

ここで，曲率κをその降伏曲率κ_Yで無次元化した曲率係数K，ならびに，曲げモーメントMをその降伏曲げモーメントM_Yで無次元化した無次元化曲げモーメントmを導入することで，式（4.6）～（4.9）は次式のように表すことができる．

$$\text{弾性範囲：} m = K \qquad (0 \leqq K < 1) \tag{4.10}$$

$$\text{塑性範囲：} m = \frac{3}{2} - \frac{1}{2K^2} \qquad (1 \leqq K) \tag{4.11}$$

式（4.10）～（4.11）より，真直な被矯正板に曲げを付与した場合の曲げモーメントと曲率との関係は，**図 4.11** のようになる．つまり，弾性範囲では曲げモーメントは曲率に比例して変化するが，塑性変形が開始すると曲率の増加に対する曲げモーメントの増加が小さくなっていき，降伏曲げモーメントM_Yの 1.5 倍に漸近していく．

また，ある曲率を加えたうえで除荷する場合を考える．このとき，曲げモーメントがゼロになったときの曲率が残留曲率に相当するので，弾性範囲の曲げモーメント–曲率関係と等しいこう配で曲げモーメント，曲率が減じると考えると，除荷後の残留曲率係数K'（同様に，降伏曲率κ_Yで無次元化）は式（4.12）で与えられる[4]．

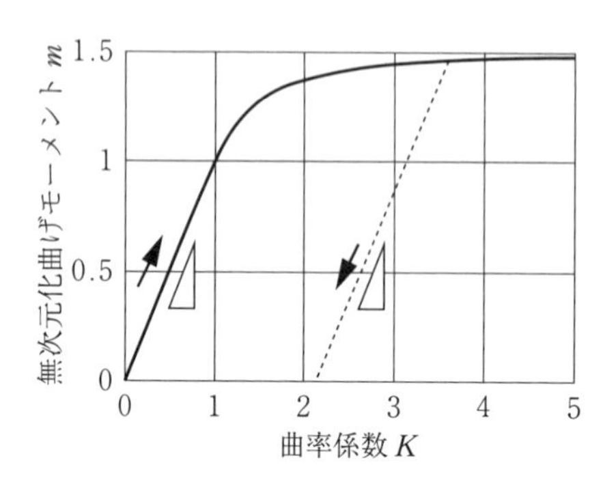

図 4.11　弾完全塑性体の曲げモーメント–曲率関係

$$K' = K - \frac{3}{2} + \frac{1}{2K^2} \tag{4.12}$$

4.2.2　繰返し曲げによる変形[4),5)]

初期曲率係数 K_0 を有する板に式 (4.13) で示されるような正負交互の漸減曲げ

$$|K_1| \geqq |K_2| \geqq \cdots \geqq |K_{n-1}| \geqq |K_n| \geqq 1 \tag{4.13}$$

が付与された場合（第 n 段目までの曲げがすべて塑性的に行われた場合），これに対応する無次元化曲げモーメント m_n は式（4.14）で求められる．

$$m_n = (-1)^{n-1} \cdot \frac{3}{2} + \frac{1}{2(K_1 - K_0)^2} + \sum_{i=1}^{n-1} (-1)^i \frac{4}{(K_{i+1} - K_i)^2} \tag{4.14}$$

また，除荷後の残留曲率係数 K'_n は式（4.15）で与えられる．

$$\begin{aligned} K'_s &= K_n - m_n \\ &= K_n - (-1)^{n-1} \cdot \frac{3}{2} + \frac{1}{2(K_1 - K_0)^2} + \sum_{i=1}^{n-1} (-1)^i \frac{4}{(K_{i+1} - K_i)^2} \end{aligned} \tag{4.15}$$

式（4.14），（4.15）の導出は巻末の付録を参照されたい．

4.2.3　ローラーレベラーによる反り矯正メカニズム

伸び差率（長手方向伸びの板幅方向偏差）を有する板材の引張矯正メカニズム（図3.5）のアナロジーで，ローラーレベラーによる反り矯正メカニズムを考えよう．つまり，引張矯正における引張力と伸びとの関係を，ローラーレベラーによる反り矯正の曲げモーメントと曲率との関係に置き換えて考えよう．さて，矯正前の被矯正板が上反り，平坦，下反りを有する場合をそれぞれ考える．これに一律の強い曲げを付与した後に除荷すると，**図4.12**に示すように残留曲率の差は小さくなる．このようにして，ローラーレベラーによる矯正では，まず，一律の強い曲げを付与することで，被矯正材の矯正前の曲率のばらつきの均一化が図られる．ただし，このままでは大きな残留曲率を有するため，その後の漸減曲げで残留曲率をゼロに近付け，被矯正材を平坦化していく．

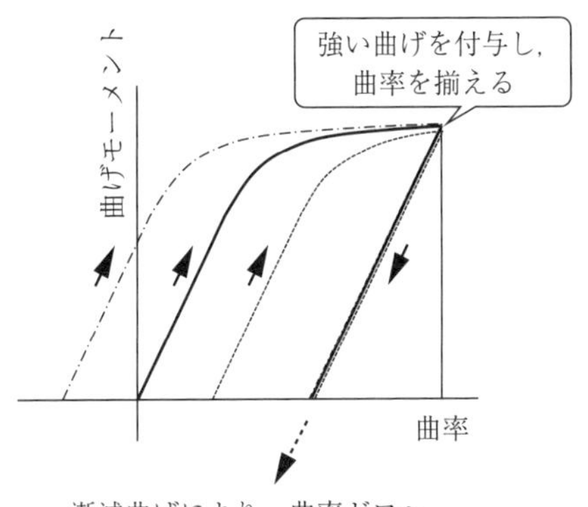

図4.12　曲げモーメント-曲率関係に基づく反り矯正メカニズム

4.2.4　残留応力の板厚方向分布[5)]

曲率係数 K_1 の曲げを与えられた真直板を除荷した後の残留応力 σ'_1 の板厚方向分布は式（4.16）で表され，**図4.13**（a）のような折れ線状の分布を示す．なお，板厚方向位置 u は板厚中心（中立面）からの距離であり，その表面で1，裏面で−1となるように無次元化している．

$$\sigma'_1(u)=\begin{cases} K'_1\cdot u\cdot\sigma_Y & \left(0\leqq u\leqq\dfrac{1}{K_1}\right) \\ \{1+(K'_1-K_1)\cdot u\}\cdot\sigma_Y & \left(\dfrac{1}{K_1}< u\leqq 1\right)\end{cases}\tag{4.16}$$

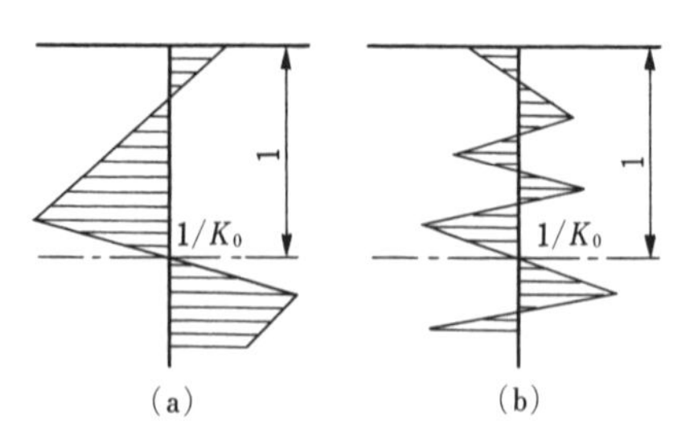

図 4.13　残留応力の厚さ方向分布

また，初期曲率係数 K_0 を有する板に式（4.13）のような繰返しの漸減曲げを加えると，残留応力 σ'_n の板厚方向分布は式（4.17）で表され，図（b）のように細分化される．なお，式（4.17）の導出は巻末の付録を参照されたい．

$$\sigma'_n(u) = \begin{cases} (K'_n - K_0)\cdot u\cdot\sigma_Y & \left(0 \leqq u \leqq \dfrac{1}{K_1 - K_0}\right) \\ \{1 + (K'_n - K_1)\cdot u\}\cdot\sigma_Y & \left(\dfrac{1}{K_1 - K_0} \leqq u \leqq -\dfrac{2}{K_2 - K_1}\right) \\ \vdots & \\ \{(-1)^{n-1} + (K'_n - K_n)\cdot u\}\cdot\sigma_Y & \\ & \left((-1)^{n-1}\dfrac{2}{K_n - K_{n-1}} \leqq u \leqq 1\right) \end{cases} \tag{4.17}$$

このように，ローラーレベラーによる矯正では，繰返しの漸減曲げにより残留応力の厚さ方向分布を細分化する効果も得られる．

図 4.14 は，初期曲率が正負それぞれ無限大の被矯正板に対し，同一の漸減曲げを与えた場合に，残留応力の板厚方向分布がどのように変化していくかを上記の方法で計算したものである[6]．繰返しの漸減曲げにより残留応力の板厚方向分布が細分化されること，また，板表裏面近傍における残留応力の板厚方向分布は初期曲率によらず同様になっていくことがわかる．これらから，ロール本数が多いほど，曲率を緩やかに漸減していくほど，残留応力の板厚方向分布がより細分化されることもわかる．

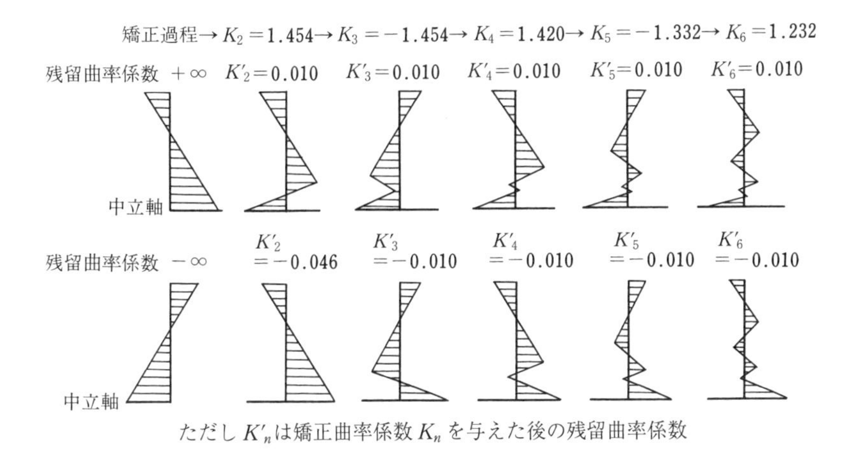

図 4.14 残留応力の板厚方向分布の変化状況[6)]

4.2.5 ローラーレベラーの役割

以上から，ローラーレベラーが被矯正材の矯正において果たす役割は**図 4.15** のようにまとめられる[6)]．すなわち

① 強い曲げの付与により，被矯正材の曲率を均一に揃える（初期曲率の影響を消去する）．

② 繰返しの漸減曲げにより，残留応力の厚さ方向分布を細分化する．

③ 繰返しの漸減曲げにより，被矯正材の残留曲率をゼロ（平坦）に近付ける．

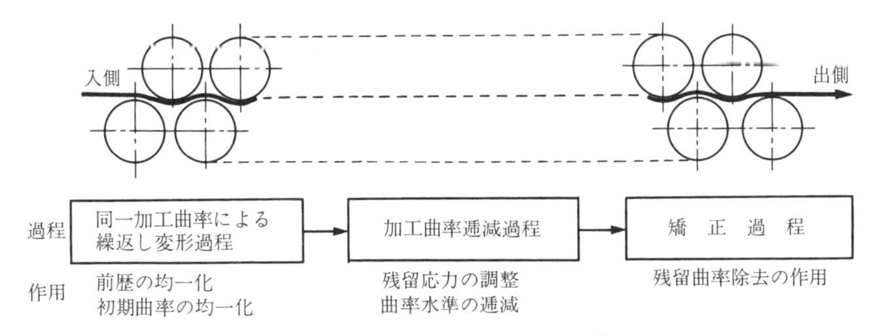

図 4.15 ローラーレベラーの役割[6)]

4.3 ローラーレベラーによる被矯正材の変形の解析

4.3.1 ロール噛込み量と被矯正材に付与される曲率の実用算式

ここまでの説明で，ローラーレベラーでの矯正効果は被矯正材に付与される曲率の大小に左右されることがわかったが，ローラーレベラーで直接的に設定，調整できるのはロール噛込み量である．そのため，ロール噛込み量と被矯正材に付与される曲率との関係の把握が重要である．ローラーレベラーにおける被矯正材の変形の力学的解析から導かれた相似則[7]に基づき，日比野は板材を対象とするロール噛込み量 δ と被矯正板の曲率 κ との関係が式（4.18）で表されることを示した[8]．

$$\kappa = \alpha \frac{\delta + t}{L^2} \tag{4.18}$$

ここで，t は被矯正板の板厚，L はロール半ピッチ，α は比例定数である．ロール径，ロール押込み条件，被矯正板の種類，被矯正板の板厚を変えた数多くの実験から，**図 4.16** に示すように比例定数 α の値は入出側 2 本のロールを除け

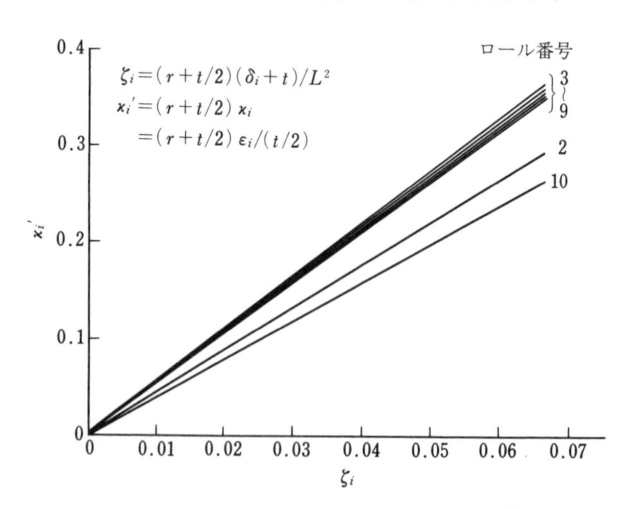

図 4.16 比例定数 α 同定のための実験結果[8]

ばほぼ変わらず，実用的には$\alpha=6$（変動範囲5～7）とすればよいことが確認されている．式（4.18）はローラーレベラーにおいて被矯正板に付与される最大曲げの曲率を簡便に推定できるので，広く用いられている．

式（4.2）において，板厚tが薄いほど，縦弾性係数Eが小さいほど，降伏応力σ_Yが高いほど，被矯正板を塑性変形させるためには強い曲げが必要となるが，そのためには，式（4.18）よりロール噛込み量δを大きくすること，ロールピッチ$2L$を狭くすることが有効なことがわかる．

4.3.2 初 等 解 析

式（4.18）は引数が少ないので簡便であるが，被矯正材が板材に限定されるだけでなく，被矯正材の機械特性や初期曲率が被矯正材に付与される曲率に及ぼす影響を無視している点，入出側2本のロールによる曲率を求めるうえでは比例定数αを適切に設定する必要がある点などの課題もある．そのため，ロール噛込み量から被矯正材の変形挙動を推定するための初等解析方法として，曽田・大島の解析[9]，荒木の解析[10),11]，門田・前田の解析[12]などが提案されている．本書では，中島・松本の解析[13]をベースとする比護・松本・小川の解析[14]について紹介する．

比護・松本・小川の解析では，単純曲げの仮定に加え，初等解析では広く用いられている以下の仮定を置いている．

- 定常状態とし，被矯正材の横断面形状や残留応力などは長手方向で均一とする．
- 長手方向応力を被矯正材の横断面全体にわたって積分して得られる長手方向外力はつねにゼロとする．
- 被矯正材とロールは点接触する（巻付かない）．
- 被矯正材に働く曲げモーメントは，被矯正材とロールの接触点で極値をとり，接触点間で直線分布する．
- 被矯正材に働く重力および慣性力は無視する．

比護・松本・小川の解析はこのような仮定のもと，ローラーレベラー内での被矯正材の軌跡と各ロールとが満たすべき幾何学的条件，ならびに，被矯正材に作用する力学的条件とを両立する収束解を求めるものであり，**図 4.17** に示すフローで計算される．ここで，ローラーレベラー内における被矯正材の曲率の長手方向分布 $\kappa(x)$ とその軌跡（x, y）とを式（4.19）で結び付けている．

$$\frac{d^2y}{dx^2}=\kappa(x) \tag{4.19}$$

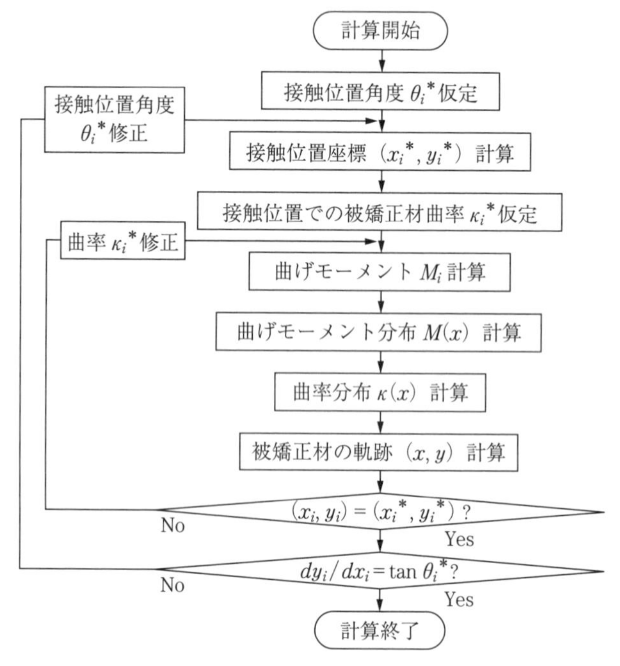

図 4.17　計算フロー [15)]

ロール直径 280 mm，ロールピッチ 300 mm，ロール本数 9 本のローラーレベラーにより板厚 20 mm の普通鋼板を矯正したときの被矯正板の変形挙動の計算結果を**図 4.18** に示す [15)]．それぞれ，被矯正板の曲げモーメント M（図（a）），曲率 κ の長手方向分布（図（b）），および，軌跡 y（図（c））であり，ロールと被矯正板との接触点を○で示している．前記仮定に基づき，接触点間で曲げモーメント M は直線分布している一方，送り曲げ効果，ならびに，塑

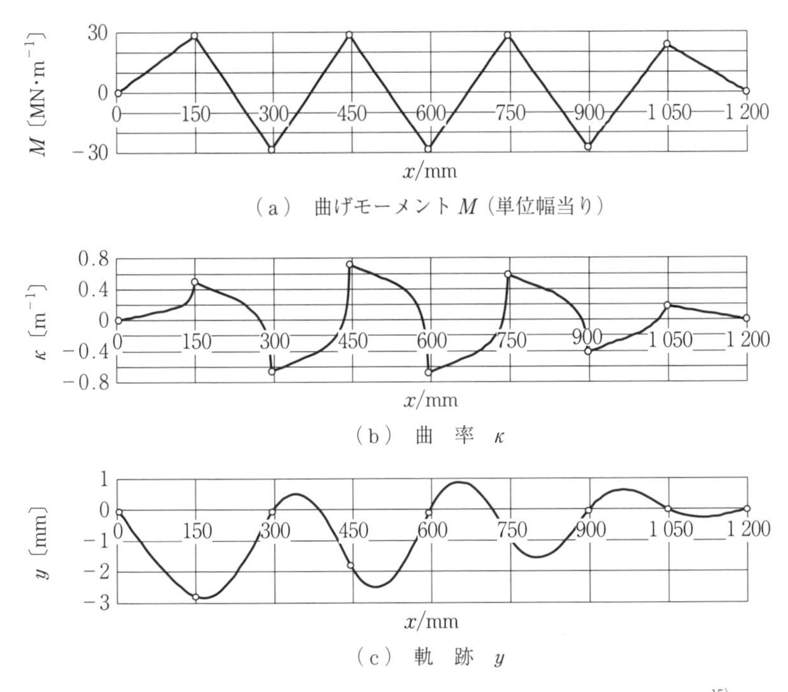

図 4.18　曲げモーメント，曲率の長手方向分布，および被矯正板の軌跡 [15]

性領域での曲げモーメント–曲率関係の非線形性により，被矯正板とロールが接する直前で被矯正板の曲率が急変している．そのため，ローラーレベラーにおける被矯正板の変形挙動の高精度解析には，長手方向の要素分割を細かくする必要があること [16] が指摘されている．この指摘はつぎに述べる有限要素解析を行ううえでも留意する必要があろう．

4.3.3　有限要素解析

高度計算技術の汎用化に伴い，**図 4.19** に示すように，有限要素法を用いてローラーレベラーおよび被矯正材をモデル化することで，被矯正材の変形挙動の数値解析が数多くなされるようになった [17)~23)]．有限要素法には，汎用コードを適用できる，定常部のみならず先尾端部も含めた全長非定常変形挙動を解析できる，三次元的な変形挙動を解析できるなどの利点があるので，今後ます

図 4.19　有限要素法によるモデル化[17)]

ます適用が拡大していくと予想される.

4.4　ローラーレベラー矯正における負荷

4.4.1　矯　正　荷　重

矯正時のロール荷重はローラーレベラー設計上の重要な因子である. ロール荷重は被矯正材の変形の解析からも得られるが, ここでは, 簡便な矯正荷重の算出法[24)]を紹介する. ここで, 通常の矯正条件ではロール押込み量がロールピッチに比べて小さいので近似的に取り扱う. またここでは材料は弾完全塑性体とする.

ローラーレベラーの上下流での材料の拘束はなく, 板の送り方向には張力, 圧縮力も働いていないとする. ロールと板はロール直下の一点で線接触するとし, ロール荷重 P は垂直成分だけを考える.

図 4.20 において, 添字 i はロール番号で, n 本よりなるローラーレベラーを考える. 下ロールは一直線に並んでいるとして, この直線を x 軸に, それに垂直な方向を y 軸にとる. No.i ロールの位置, 荷重, 曲げモーメントをそれぞれ x_i, P_i, M_i とする. ローラーレベラー上下流で材料の拘束がないとしているので, $M_1=M_n=0$ である.

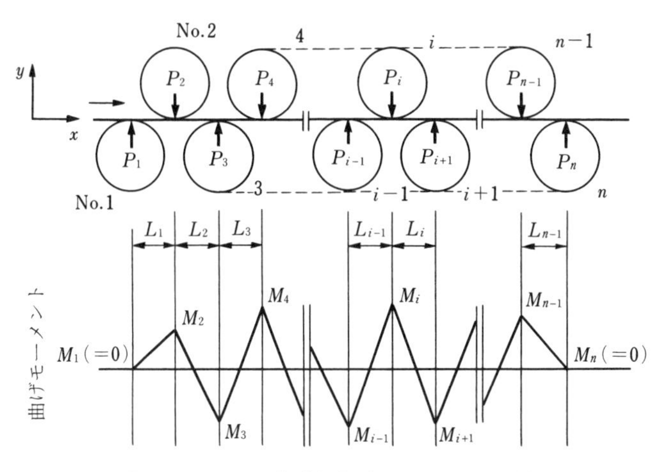

図 4.20　ロール荷重と曲げモーメントの関係

このときの曲げモーメント M と荷重 P の関係は，連続はりの理論[25]からつぎのように求められる．

$$P_1=\frac{M_2}{L_1},\quad P_n=\frac{M_{n-1}}{L_{n-1}}$$

$$P_i=\frac{M_{i-1}-M_i}{L_{i-1}}+\frac{M_{i+1}-M_i}{L_i}\qquad(i=2,\ \cdots,\ n-1)\tag{4.20}$$

ここで，$L_i=x_{i+1}-x_i$ である．

通常のローラーレベラーではロール半ピッチ L_i は一定値であるので，それを L とし，曲げモーメント，ロール荷重を絶対値で表すと，つぎのように書ける．

$$|P_1|=\frac{|M_2|}{L},\quad |P_n|=\frac{|M_{n-1}|}{L}$$

$$|P_i|=\frac{|M_{i-1}|+2|M_i|+|M_{i+1}|}{L}\qquad(i=2,\ \cdots,\ n-1)\tag{4.21}$$

ローラーレベラー全体の矯正反力 P_t は式（4.21）で，P_i のうち添字 i について奇数もしくは偶数の荷重だけを加算して得られる．結果を整理すると

$$P_t = \frac{2}{L}\sum_{i=2}^{n-1}|M_i| \tag{4.22}$$

さて，矯正曲率が無限大となった極限では，板の全断面積が降伏する曲げモーメント M_{Pl} に，最入出側ロール以外の全ロールの曲げモーメントが近付き

$$|M_i| = M_{Pl} = \lambda M_Y$$

となる．ここで，λ は断面形状から決まる定数である（**表 4.1** 参照）．

表 4.1　断面形状と形状係数 λ（円形，長方形以外は幾何形状で変化）

円　形	長方形	溝　形	I　形	山　形	軌　条
●	▬	⊔	⊢⊣	∧	I
1.7	1.5	～1.7～	1.3～1.7	1.3～1.6	1.3～1.4

式（4.21）より，ロール荷重の最大値 $P_{\max}$ として，次式が得られる．

$$P_{\max} = \frac{4M_{Pl}}{L} = \frac{4\lambda M_Y}{L} \tag{4.23}$$

ローラーレベラー全体の矯正反力の最大値 P_{t-m}（全断面積が降伏する条件で，これ以上大きくなれない限界荷重）は，式（4.22）の M_i を M_{Pl} として

$$P_{t-m} = 2\lambda(n-2)\frac{M_Y}{L} \tag{4.24}$$

と計算される．

式（4.23），（4.24）はロール荷重，ローラーレベラー全体の矯正反力のおおよその最大値を表しているので，設備仕様の検討や，厚物，高強度材のローラーレベラーでの矯正可否の検討に使用できよう．

こうした上限的なものではない実作業時の荷重の推定が曲げモーメント分布を仮定することで行われている[24]．例えば，曲げモーメント（絶対値）の分

布をNo.3，No.4ロールで最大，No.5ロールから出側2本目まで直線的に減少する**図4.21**に示すような分布を仮定した場合，ロール本数$n \geqq 6$とすると

$$M_1 = M_n = 0, \quad M_2 = M_{n-1} = M_Y, \quad M_3 = M_4 = \lambda M_Y$$

$$M_i = \left\{\lambda - (i-4)\frac{\lambda - 1}{n-5}\right\} M_Y \qquad (i = 5, \ \cdots, \ n-1) \tag{4.25}$$

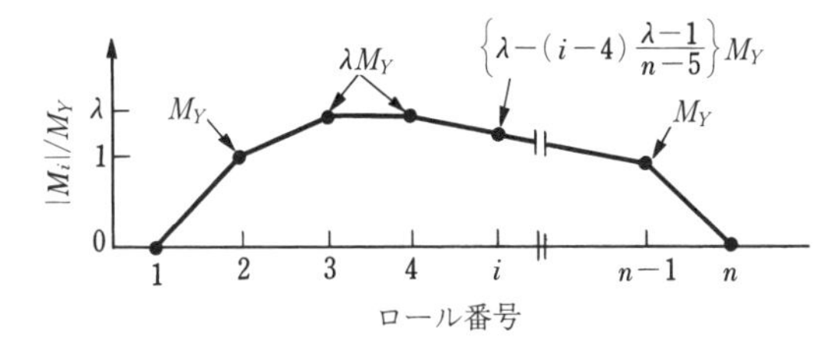

図4.21　仮定した曲げモーメント分布

ここで，λは表4.1に示した値でλM_Yは最大曲げモーメントである．このとき，No.4ロールの荷重P_4が最大荷重となり

$$P_4 = \left(4\lambda - \frac{\lambda - 1}{n-5}\right)\frac{M_Y}{L} \tag{4.26}$$

また，ローラーレベラー全体の矯正反力P_tは

$$P_t = (1+\lambda)(n-2)\frac{M_Y}{L} \tag{4.27}$$

これらそれぞれを，ローラーレベラー内で板の全断面が降伏するときの最大ロール荷重$P_{\max}$とローラーレベラー全体の矯正反力の最大値$P_{t-\mathrm{m}}$で無次元化すると

$$\frac{P_4}{P_{\max}} = 1 - \frac{\lambda - 1}{4\lambda(n-5)} \tag{4.28}$$

$$\frac{P_t}{P_{t-m}} = \frac{1+\lambda}{3\lambda} \tag{4.29}$$

以上の方法では，曲げモーメント分布を与えて荷重を求めているが，矯正曲率の分布を仮定して荷重を推定することも可能である．

図 4.22 に示すように，No.3 ロールの曲率 κ_3 を最大値で与え，最出側ロールの曲率 $\kappa_n=0$ まで，直線的に曲率が小さくなるとしたときのロール荷重，全矯正反力を求めてみる．κ_i の具体的な値は

$$\kappa_1=\kappa_n=0, \quad \kappa_2=\frac{\kappa_3}{2}, \quad \kappa_3=K_3\kappa_Y$$

$$\kappa_i=K_3\kappa_Y\left(1-\frac{i-3}{n-3}\right) \qquad (i=4,\ 5,\ \cdots,\ n) \tag{4.30}$$

ここで，曲率 κ_3 は降伏曲率 κ_Y の K_3 倍として与えられる．

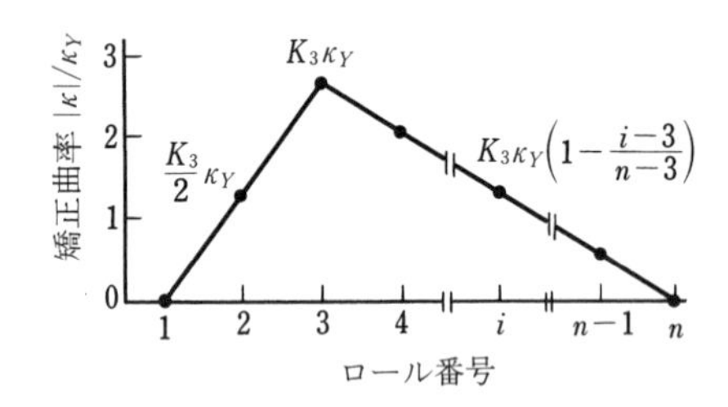

図 4.22　ロール荷重計算のための曲率分布の仮定

板材（$\lambda=1.5$）に対する曲率と曲げモーメントの関係は式（4.10），（4.11）に示したが，断面形状に応じ**図 4.23** のように示される[26]．

この曲げモーメントを式（4.21），（4.22）に代入し，No.3 ロールに与えた曲率とロール荷重，全矯正反力の関係を求めれば，**図 4.24** となる．

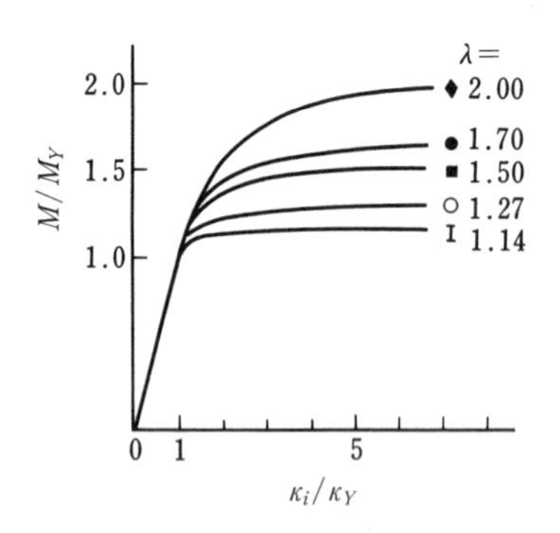

図 4.23　弾完全塑性体の曲げモーメント-曲率関係[26]

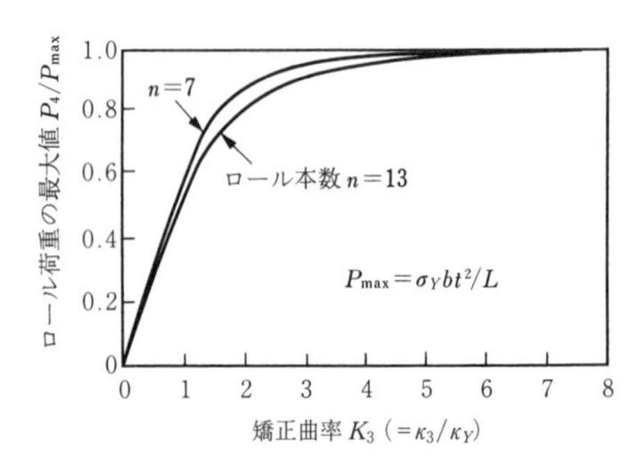

図 4.24　曲率の設定値を変えたときのロール荷重

ロール荷重はNo.4ロールが最大となる．K_3が大きくなるにつれて，最大ロール荷重P_{max}に近付く．$K_3=3$程度以上曲率が大きい領域では全矯正荷重が飽和してきて，$P_{t-\mathrm{m}}$に漸近する．

4.4.2　矯　正　動　力

ローラー矯正において，被矯正材に繰返し曲げを与えるための仕事は，**図4.25**に示すように曲げモーメント–曲率関係のヒステリシスで囲まれる面積として算出できる．これより，正味動力も求められる．

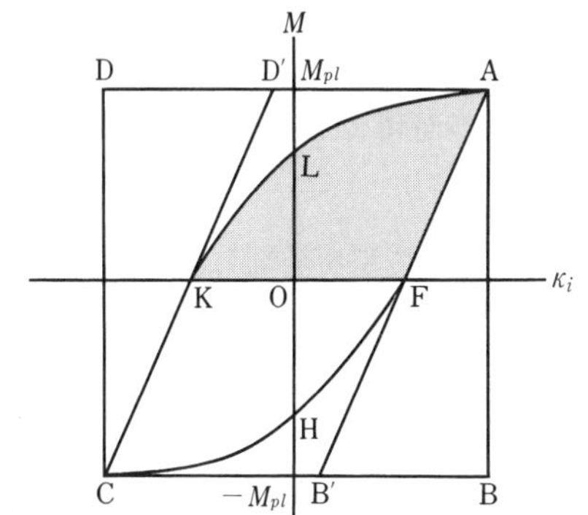

ABCD：剛完全塑性体の履歴曲線
κ_i：曲率
M：曲げモーメント
M_{pl}：極限曲げモーメント（$=\kappa M_Y$）

図4.25　曲げ変形仕事（面積AFKLA）

被矯正材が弾完全塑性板の場合，正味動力は式（4.31）で求められる[27)]．

$$N=\frac{w\cdot t\cdot \sigma_Y{}^2}{1\,000E}\cdot v\cdot\sum_{i=1}^{n}\frac{(K_i-1)^2}{K_i} \tag{4.31}$$

ここで，Nは正味矯正動力〔kW〕，Eは被矯正材の縦弾性係数〔MPa〕，σ_Yは被矯正材の降伏応力〔MPa〕，wは被矯正材の板幅〔mm〕，tは被矯正材の板厚〔mm〕，vは矯正速度〔m/s〕，K_iは各ロールで被矯正材に付与されている曲率係数，nはローラーレベラーのロール本数を示す．

また，被矯正板の曲率分布を仮定することで，正味動力を求めるための実用算式が提案されている．代表的なものを以下に紹介する．

〔1〕 **梶 原 の 式** [28]

$$N=\frac{w\cdot t\cdot \sigma_Y^2(n-2)}{1\,000E}\left\{\frac{\xi_0}{2(1-\xi_0)}+\frac{1}{2}(1-\xi_0)+\frac{1-\xi_0}{3\xi_0}\ln\frac{1}{1-\xi_0}+0.75\right\}v \tag{4.32}$$

ここで，ξ_0 は塑性率を示す．

〔2〕 **徳永の式** [24] **（形材用）**

$$N=\frac{v}{1\,000}\cdot\sum\eta_c\cdot\frac{2M_{Pl}}{\rho_i}\left(1-\lambda\frac{\varepsilon_Y}{\varepsilon_{\max}}\right) \tag{4.33}$$

ここで，ρ_i はロール直上（下）での素材中立面の曲げ半径〔m〕，λ は形状係数（表 4.1 参照），M_{Pl}（$=\lambda M_Y$）は極限曲げモーメント，ε_Y は降伏ひずみ，$\varepsilon_{\max}$ は断面内の最大ひずみ，η_c は図 4.25 の面積 AFHCKLA と面積 AB′CD′A の比，Σ は各ロールでの計算値の総和を示す．

ただし，実際に必要な動力は，正味動力に摩擦損失や動力伝達損失などを加味する必要がある．各ロール軸受部での摩擦損失は式（4.34）で求められる．

$$N_f=\frac{1}{1\,000}P_t\cdot\mu\cdot\frac{d}{D}\cdot v \tag{4.34}$$

ここで，N_f は摩擦損失動力〔kW〕，D はロール直径〔m〕，d はロール軸受の直径〔m〕，μ は軸受部の滑り摩擦係数，P_t は総矯正荷重〔N〕を示す．

4.4.3 矯 正 ト ル ク

図 4.26 は各ロールトルクの実測結果である．これより，各ロールに作用するトルクの最大値は次式で表される [6]．

$$T_{\max}\fallingdotseq(n-2)\frac{\sigma_Y wt^2}{4} \tag{4.35}$$

しかしながら，これは各ロール押込み量を一定とした条件下での測定例である．入側から出側に向けて押込み量を減じる通常のロール押込み条件では，各ロールでの被矯正材の曲率はロールごとに異なるので，各ロールに作用する矯正トルクも異なる．しかも，ローラーレベラーの各ロールに作用するトルク

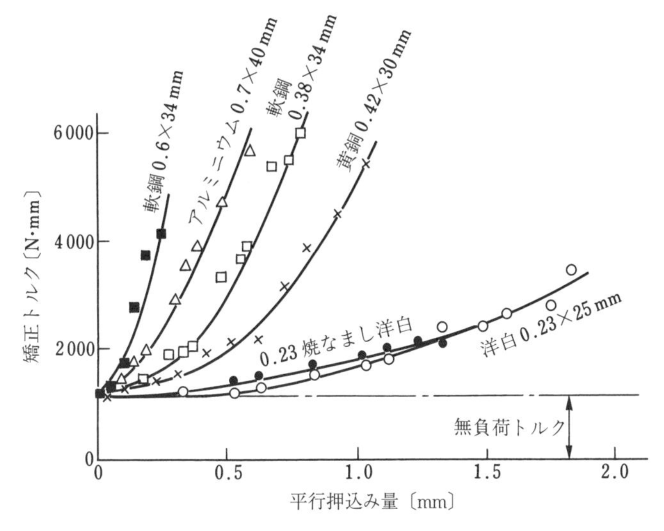

図 4.26　ロール押込み量と矯正トルク

は，被矯正材や駆動系，補強ロールを通じて相互に作用し合うので，その値を推定することは難しい．事実，特定のロールへのトルク集中や，負のトルク発生が確認されている[27),29)]．これはトルク循環と呼ばれる現象である．トルク循環の発生機構を**図 4.27** を用いて説明する．被矯正材全長にわたって一定である被矯正材中心位置での速度（通材速度 V）に対し，曲げが強くなるほど被矯正材内表面（ロールとの接触点）の速度 V_S は遅くなる．しかしながら，特に古いローラーレベラーは1台の電動機で各ロールを同回転数で駆動するものが主流であったため，各ロール周速 V_R は等しい．それゆえ，被矯正材内表面の速度 V_S は，曲げの強いロールとの接触点では各ロール周速 V_R よりも遅くなる一方，曲げの弱いロールとの接触点では各ロール周速 V_R よりも速くなる[24),27)]．この相対滑りに伴って発生する摩擦力による付加トルクが，曲げの強いロールでは正，曲げ

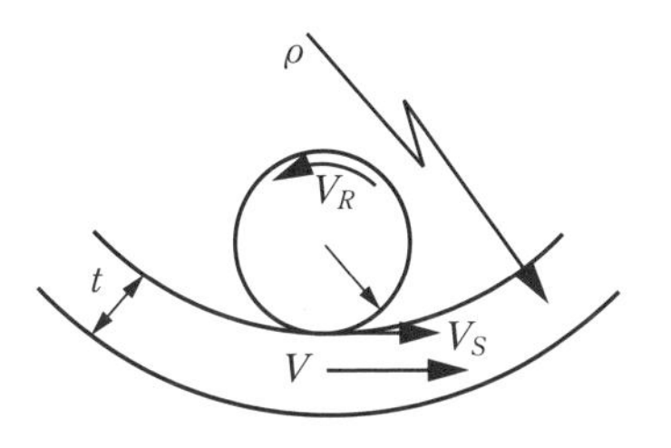

図 4.27　トルク循環の発生機構（概念図）

の弱いロールでは負となって作用することによるものである．トルク循環現象を抑制するため，2000 年代になると複数のロール群ごとに電動機を配した分割駆動，あるいは，各ロールに電動機を配した個別駆動が主流となっている[30]．

4.5 ローラーレベラーの矯正特性

4.5.1 長手方向反り矯正特性

長手方向に一様な初期曲率を有する被矯正材に対し，どれくらい強い曲げを与えれば曲率を均一化できるか，等振幅の繰返し曲げによる基礎実験がなされており，**図 4.28** に示すように繰返し数が多いほど，また，付与する曲げが強いほど，初期曲率の違いが消えることが示されている[9]．

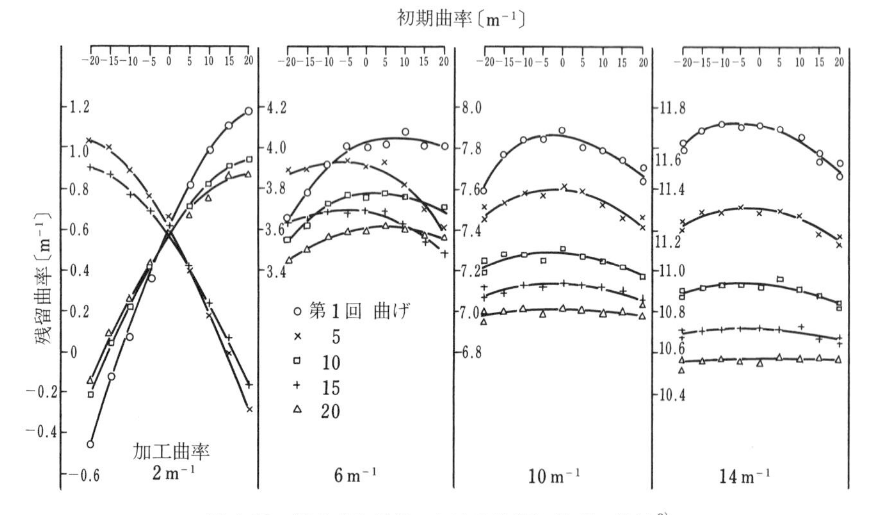

図 4.28　等ひずみ振幅における繰返し曲げの効果[9]

しかしながら，初等解析モデルを用いた検討では異なる結果が示されている[31]．**図 4.29** に示すように，初期曲率の変動範囲が狭いほど残留曲率の変動範囲は狭くなるものの，初期曲率の変動範囲によって残留曲率の変動範囲を最小化できる曲率係数の最大値は異なり，曲率係数の最大値が過大になると残留

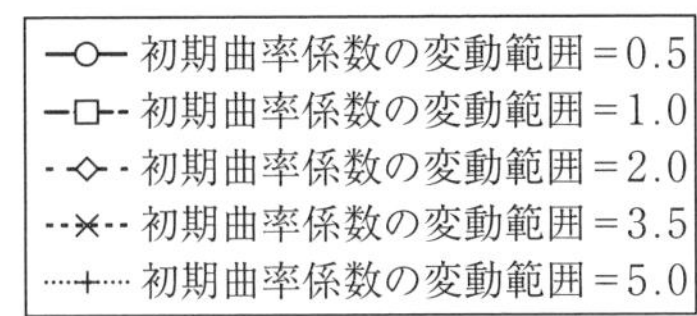

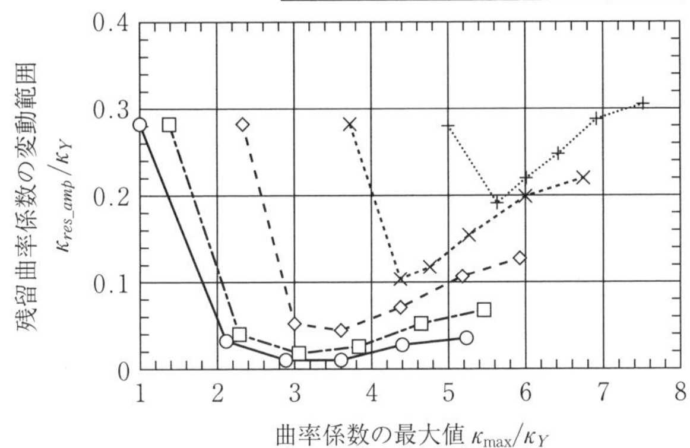

図 4.29　初期曲率の変動範囲，曲率係数の最大値と残留曲率の変動範囲[31)]

曲率の変動範囲が拡大している．これは，実際のローラーレベラーでは等ひずみ振幅での繰返し曲げは１～２回しか付与できない点に加え，同一のロール押込み条件であっても初期曲率の大きさによってローラーレベラーにより被矯正材に与えられる曲率自体も変化する点や，曲率係数の最大値が大きいと被矯正材に与えられる曲率の変化が残留曲率に及ぼす影響が大きくなる点[15)]が原因と考えられよう．

一方，腰折れと呼ばれる局所的な長手方向反りを有する被矯正材の変形挙動が実験および有限要素解析により観察されており，腰折れの曲率が強いほどその平坦化が難しいことが確認されている[23),32)]．**図 4.30** に有限要素解析の一例を示す．一定値以上の塑性ひずみが付与されている領域が灰色の中に黒色で示されているが，腰折れがない場合は被矯正材の表裏面近傍のみが塑性変形しているのに対し，腰折れ部近傍ではその先行部分において塑性変形が板厚中心部にも及んでおり，この板厚中心部への塑性変形により，腰折れ部が小波と呼ばれる局所的な反りに変化して残留している[23)]．

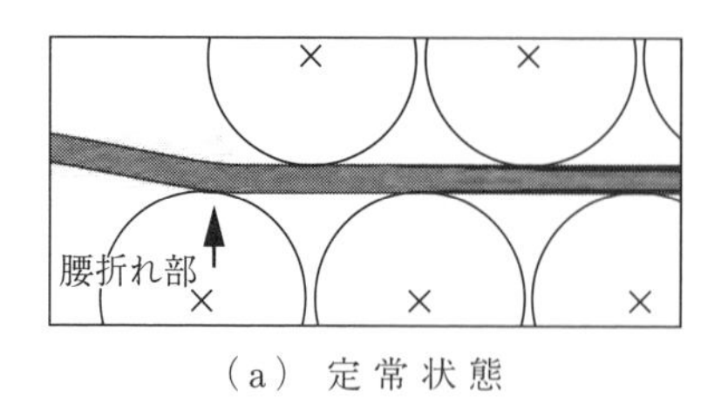

（a）定常状態

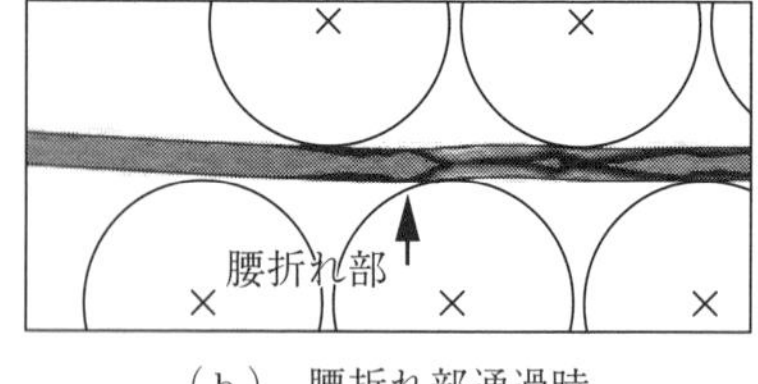

（b）腰折れ部通過時

図 4.30　腰折れ部のローラー矯正の変形解析 [23)]

なお，ローラーレベラーには長手方向反り矯正効果だけでなく，幅方向反りの矯正効果も期待される．これまでにも幅方向反り矯正効果についての検討はなされているが，まだ定量的な評価にまでは至っていないようである．

4.5.2　伸び差率の矯正特性

ローラーレベラーでは反りだけでなく，耳波や中伸びと呼ばれる伸び差率（残留応力の板幅方向分布に起因する平坦度不良）を矯正する効果も有している．**図 4.31** は，耳波を有する被矯正板に対し，出側ロール押込み量を固定したうえで入側ロール押込み量を変化させた場合の平坦度矯正効果を数値解析した結果である [33)]．縦軸は耳波による長手方向残留応力の板幅方向分布をその偏差の自乗平均で表したものであるが，縦軸の値が小さいほど被矯正材の耳波が小さくなる，つまり，被矯正材の伸び差率が矯正される．入側ロール押込み量を強くするほど耳波が平坦化されること，塑性率 85％で比較すると矯正前の耳波の大小に関わらず，残留応力はその初期値に対し 21 ～ 22％に低減できることが示されている．

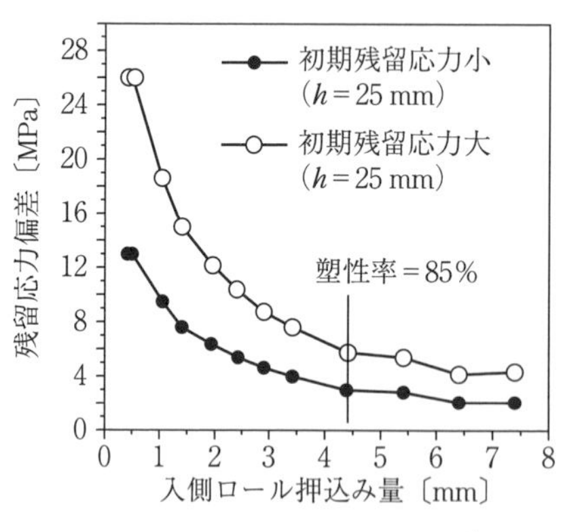

図 4.31　伸び差率の矯正特性 [33)]

4.5.3　形材の横断面形状変化

形材に長手方向曲げを加えると，その横断面形状が変化する．例えば，H 形鋼では**図 4.32** に示すような断面形状変化が生じる．この変形は変形エネルギーが最小となるように定まるか，または剛性の小さな部分に集中して起こる．このような断面形状変化により曲げ剛性も変化するので，形材がローラーレベラーにより受ける曲げ変形の大きさにも影響する．長手方向曲げによる H 形鋼の横断面形状変化特性を実験的に求め，これを関数形で表して H 形鋼のローラーレベラーでの変形挙動に反映した初等解析事例もある[34]が，現在では，このような横断面形状変化を考慮した解析は有限要素法を用いる[21),22]のが効果的と考えられる．ローラーレベラーによる H 形鋼の変形の有限要素解析例を**図 4.33** に示す[22]．フランジ部とウェブ部との接続部位周辺に大きな塑性ひずみが加わっている点，ロールとの接触部においてウェブが変形している点，フランジとウェブとの直交度がローラーレベラー矯正により変化している点などがわかる．ローラーレベラー通材によるこのような断面形状変化が問題となる場合もあるので，注意が必要である．

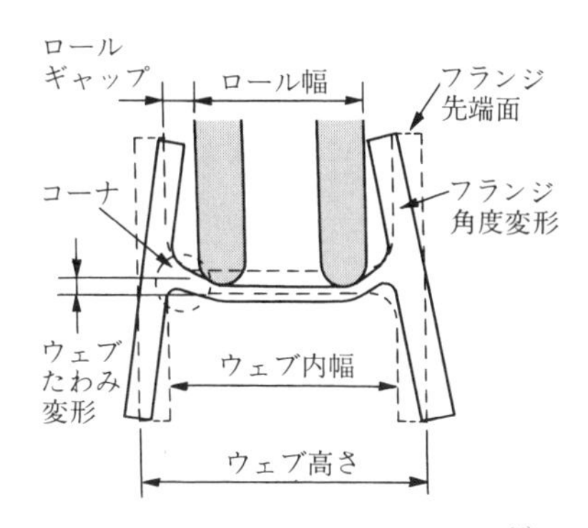

図 4.32　H 形鋼の横断面形状変化[34]

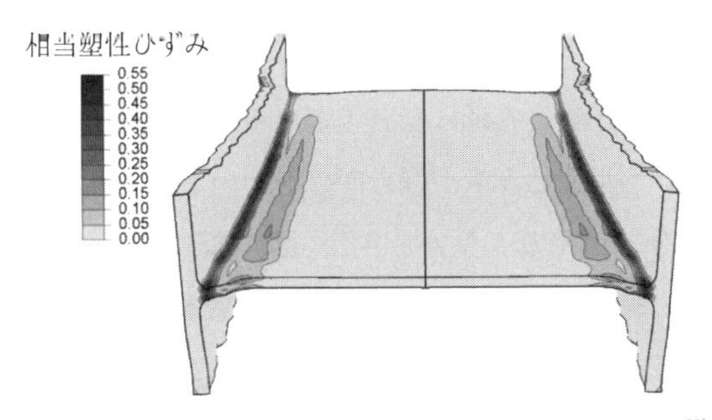

図 4.33　ローラー矯正後の H 形鋼の相当塑性ひずみ分布[22]

4.5.4　先尾端の非定常変形

ミドル部（定常部）と先尾端部（非定常部）では，ローラーレベラーにより被矯正材が受ける変形は異なる．板材を対象に実験的に調査された結果，非定常変形域の長さはロールピッチ（隣接する下ロール軸芯の間隔）の1.5倍程度までであることが確認されている[35]．ただし，定常部と非定常部との変形の違い[20]についてはまだまだ十分な検討がなされておらず，今後の検討が待たれる．

4.6　ローラーレベラーによる矯正における注意点

4.6.1　ロール噛込み量の幅方向均一性

図4.34に示すように，ロール噛込み量に左右差があると，ローラーレベラー矯正後の被矯正板は平坦であっても，条切断変形が生じることが実験的に確認されている[36]．

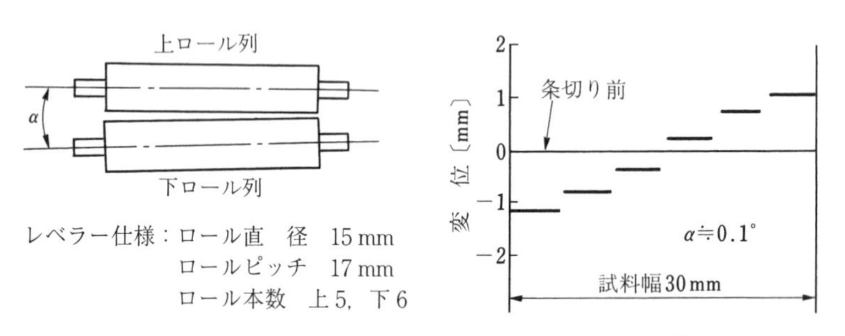

図4.34　ロール噛込み量の左右差による条切断変形[36]

また，たとえロール噛込み量に左右差がなくとも，ロールクラウンやロールたわみがあるとロール噛込み量が幅方向に不均一となり，ローラーレベラー矯正後の被矯正板を平坦化できない[37)~39]．**図4.35**はロールクラウン量がローラーレベラー後の被矯正板の平坦度に及ぼす影響を実験的に調査した結果で，板幅中央部よりも板幅端部のロール押込みが強まる（ロールベンディング量Crが負になる）と耳波が発生してしまい，逆に弱まる（ロールベンディング

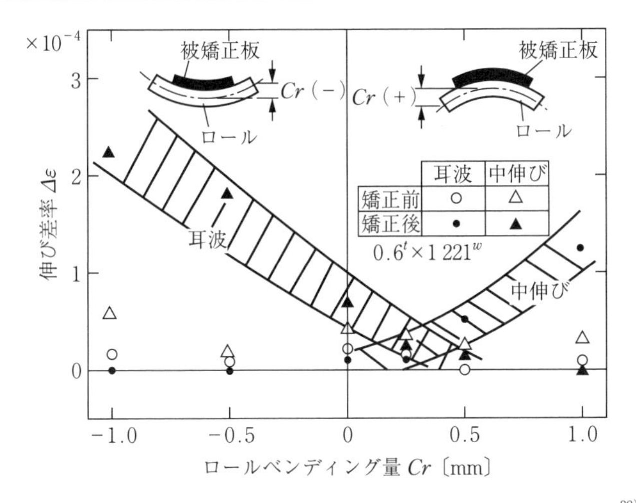

図 4.35 ロール噛込み量の板幅方向分布と矯正後の板平坦度との関係[38]

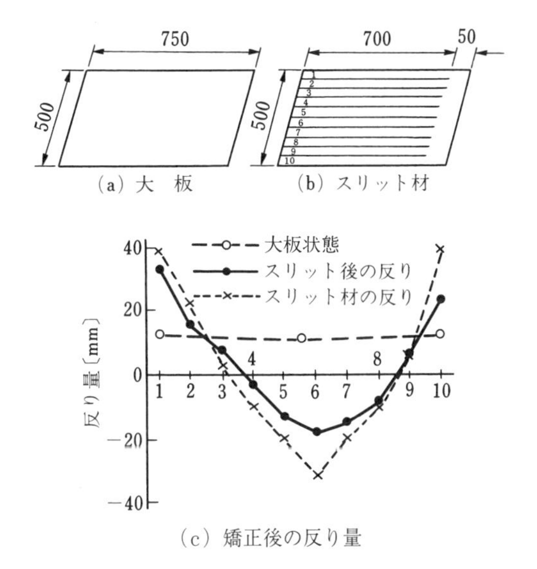

図 4.36 ロール噛込み量の板幅方向分布が条切断反りに及ぼす影響[37]

量 Cr が正になる）と中伸びが発生してしまうことが示されている[38]．このようにローラーレベラー後の板平坦度不良として現れるだけでなく，**図 4.36** に示すように，条切断によってはじめて変形が顕在化する場合がある点も実験的に確認されている[37]．

一方で，ロール押込み量の板幅方向分布が被矯正板の平坦度に大きく影響するので，ロールをあえてベンディングして矯正することで，より大きな平坦度矯正効果を得ようとする方法も提案されている．これは，**図 4.37** に示した初等解析結果[16]のように，矯正前の被矯正板が耳波であった場合には，板幅端部よりも板幅中央部のロール噛込み量を大きくすることで耳波をより効果的に解消するものである．もちろん，中伸びであった場合は板幅中央部よりも板幅端部のロール噛込み量を大きくすればよい．実験[40]および初等解析[31]でもその効果が確認されている．

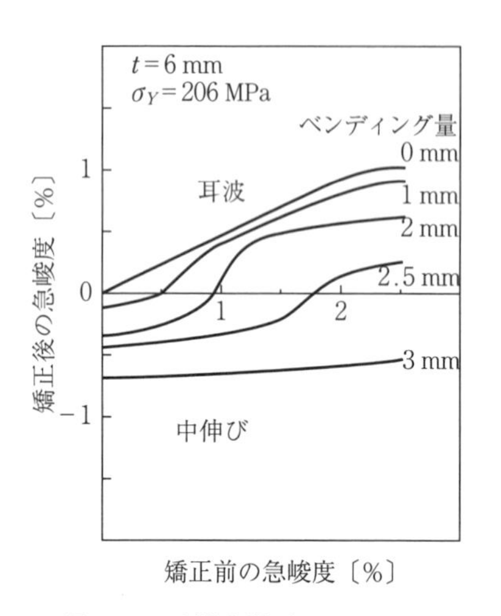

図 4.37　平坦度矯正へのロールベンディング効果[16]

4.6.2 ローラーレベラーの剛性

矯正反力に伴うローラーレベラーの変形により，負荷下でのロール押込み量はその設定値とは異なってくる．厚鋼板用ローラーレベラーで被矯正板が受ける曲率を測定した結果から，ローラーレベラーの変形が推定されている[41]．本検討例では，ローラーレベラーの変形を**図 4.38** に示すばねモデルで表現したうえで，① ローラーレベラーの各上ロールが総矯正荷重に比例して一律に変位する場合，② ローラーレベラーの各上ロールが個々のロールに作用する矯正荷重に比例して変位する場合，の 2 パターンを検証している．

ただし，一般的なローラーレベラーは各ロールが上下にそれぞれ設けられた一体のキャリッジに収められている点を考慮し，各ロール変位と各ロール荷重との相互関係をマトリクス形式で表現するとともに，がた，ゼロ点設定誤差のような矯正荷重には依存しない変位を考慮した例もある[42]．**図 4.39** に示すよ

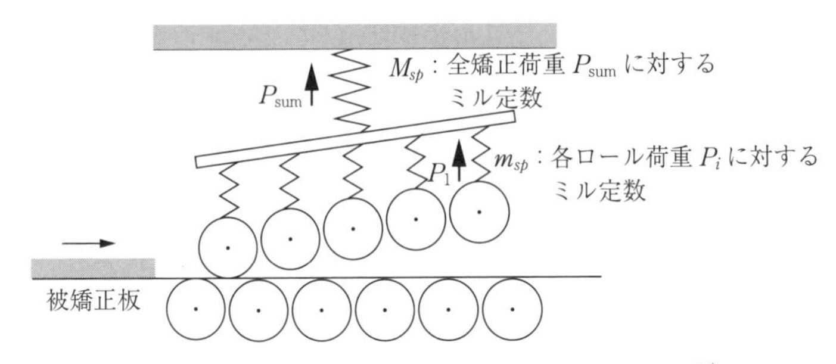

図 4.38　ローラーレベラーの変形を表すばねモデル[41)]

うに，モデルミルによる実験で，ローラーレベラーの弾性変形が被矯正材に与える曲げ変形に大きく影響することを示している．

ここで，板材用ローラーレベラーにおいて被矯正材の幅が広くなると，矯正荷重に伴うローラーレベラーの変形も幅方向に不均一となり，4.6.1 項で述べたような悪影響を助長する場合もある．

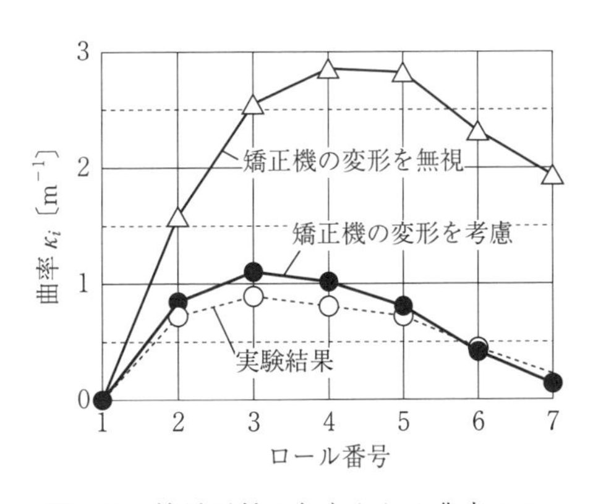

図 4.39　被矯正材に与えられる曲率へのローラーレベラー変形の影響[42)]

このように矯正荷重によるローラーレベラーの変形が被矯正材の矯正効果に大きく影響を及ぼすことが知られている一方，ローラーレベラーの変形特性の把握は容易ではない．そのため，有限要素法を用いてローラーレベラーの変形をモデル化，解析した事例も報告されている[19)]．

最近では，矯正荷重によるローラーレベラーの変形を油圧シリンダー制御により自動的に補償する，いわゆる剛性無限大ローラーレベラーが開発されている[30),33)]．

4.6.3　被矯正材のバウシンガー効果

さて，ローラーレベラーにより被矯正材が受けるような繰返し負荷においては，多くの金属材で応力反転負荷時の降伏応力が初期降伏応力よりも大きく低下する，バウシンガー効果と呼ばれる現象の発現が知られている．被矯正材の応力ひずみ関係にバウシンガー効果を考慮した初等解析が行われており，**図4.40**に示すように，バウシンガー効果の考慮により被矯正材がローラーレベラーの各ロールより受ける曲げ曲率および残留曲率の大きさが大きく変わることが示されている[14]．

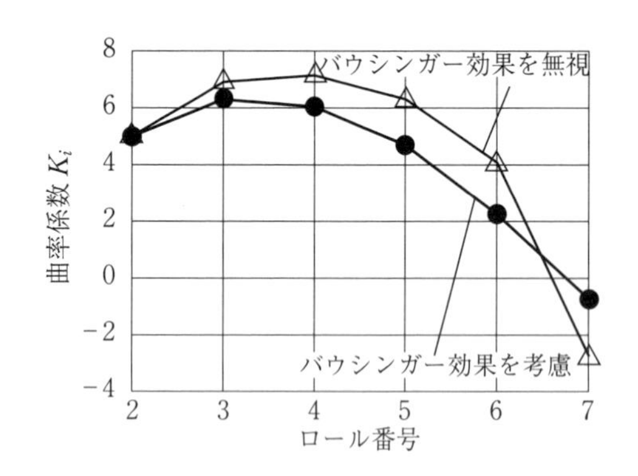

図4.40　バウシンガー効果が被矯正材の曲率に及ぼす影響[14]

4.6.4　被矯正材の温度分布

熱間矯正を対象に，ローラーレベラー通材時の被矯正板の温度分布が矯正効果に及ぼす影響が数値解析および実験により調査されている[43]．**図4.41**に示すように，中伸びを有する被矯正板を準備し，板幅方向に温度分布を有したままローラーレベラーを通材した場合（ケースA）と，その温度分布を解消させてからローラーレベラー

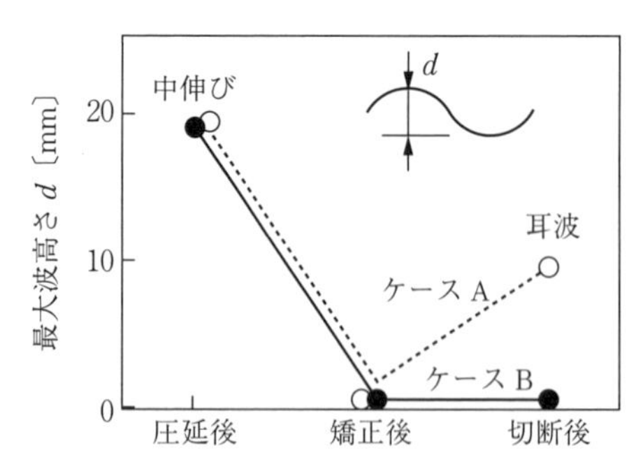

図4.41　ローラーレベラー通材時の温度分布が条切断変形に及ぼす影響[43]

を通材した場合（ケースB）とを比較した結果，いずれもローラーレベラー通材後の大板状態での平坦度は良好であったものの，ケースAは条切断変形を招いている．これより，条切断変形を抑制するためには被矯正材の温度分布を解消したうえでローラーレベラーを通材させることが重要である．

4.6.5　平坦度矯正効果の評価

板材において，耳波，中伸びのような残留応力の板幅方向分布に起因するような平坦度不良を定量的に示すためには，表面長さの差（伸び差率）を使うことが有効である[44]．

矯正前後の板平坦度を伸び差率で表した例を**図4.42**に示す[45]．図（a）は

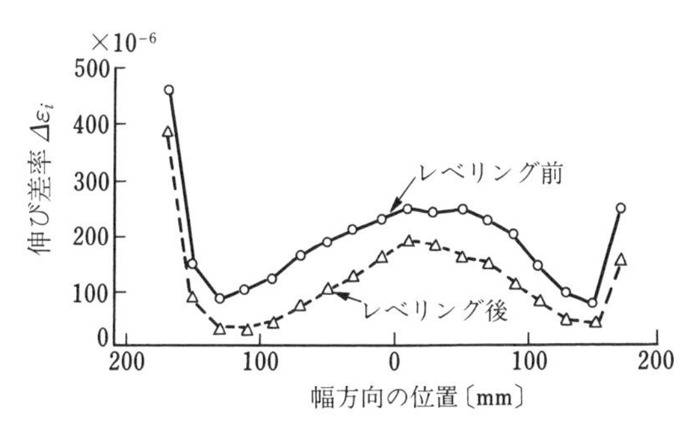

（a）　耳波試料（試料：板厚 0.25 mm SPCC）

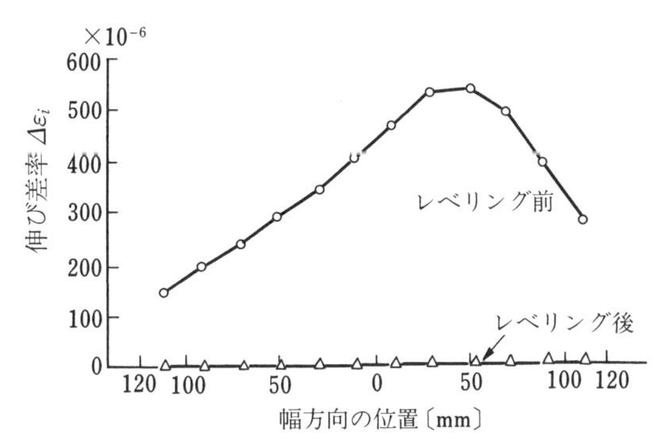

（b）　中伸び試料（試料：板厚 0.60 mm SUS 304）

図4.42　伸び差率の変化[45]

伸び差率の分布が平行移動しただけであり，耳波形状そのものはほとんど改善されていない．一方，図（b）は中伸び形状が解消され，ほぼ平坦化されていることがわかる．

引用・参考文献

1）日比野文雄：塑性と加工，**20**-216（1979），79-81.
2）曽田長一郎・小西せつ子：塑性と加工，**3**-18（1962），474-484.
3）日本塑性加工学会編：曲げ加工，（1995），コロナ社.
4）日比野文雄：機械の研究，**10**-1（1958），105-111.
5）日本鉄鋼協会編：第4版鉄鋼便覧（CD-ROM），（2002），日本鉄鋼協会.
6）日比野文雄：塑性と加工，**2**-9（1961），359-366.
7）工藤英明・曽田長一郎：塑性と加工，**13**-141（1972），739-744.
8）日比野文雄：塑性と加工，**31**-349（1990），208-212.
9）曽田長一郎・大島敬之助：機械試験所所報，**15**-4（1961），310-348.
10）荒木甚一郎：塑性と加工，**12**-129（1971），768-775.
11）荒木甚一郎：塑性と加工，**13**-138（1972），519-528.
12）門田浩次・前田諒一：塑性と加工，**34**-388（1993），481-486.
13）中島浩衛・松本紘美：昭和48年度塑性加工春季講演会講演論文集，（1973），143-146.
14）比護剛志・松本紘美・小川茂：塑性と加工，**43**-496（2002），439-443.
15）比護剛志・松本紘美・小川茂：日本鉄鋼協会生産技術部門第143回圧延理論部会，（2015）.
16）松原伸成・大森和郎・竹内徹・磯山茂：鉄と鋼，（1985）S1101.
17）伊丹美昭：平成8年度塑性加工春季講演会講演論文集，（1996），522-523.
18）谷徳孝・大江憲一・前田恭志・林田康宏：材料とプロセス，**12**（1999），1092.
19）吉田史郎・青山亨：日本機械学会第18回計算力学講演会講演論文集，（2005），783-784.
20）山下実・服部敏雄：鉄と鋼，**95**-11（2009），747-751.
21）早川邦夫：鉄と鋼，**95**-11（2009），773-779.
22）早川邦夫：日本鉄鋼協会平成21年春季講演大会シンポジウム資料，（2009），53-58.
23）柴垣伸行：塑性と加工，**51**-599（2010），76-78.
24）徳永春雄：塑性と加工，**2**-9（1961），367-372.
25）平修二：現代材料力学，（1970），80-84，オーム社.
26）津村利光編：強度設計データブック（第15版），（1998），325，裳華房.

27) 梶原哲雄・古元秀昭・田浦良治・山本国雄・森田壽朗：三菱重工技報，**25**-4 (1988)，321-326.
28) 梶原利幸：日立評論，**39**-9 (1957)，1001-1007.
29) 北山直人・上村尚志・篠原宏之・松原伸成・大森和郎・大部素宏：鉄と鋼，**71**-12 (1985)，S1102.
30) 阿部敬三：産業機械，**725** (2011)，28-32.
31) 門田浩次・前田諒一：塑性と加工，**36**-419 (1995)，1391-1396.
32) 阿高松男・玉木滋矩・渡邉崇寛：鉄と鋼，**95**-11 (2009)，758-764.
33) 前田恭志・森本禎夫：材料とプロセス，**16** (2003)，392-395.
34) 藤本武・杉田州男・荒牧透：塑性と加工，**32**-362 (1991)，267-273.
35) 日比野文雄・国峯辰雄：塑性と加工，**22**-242 (1981)，277-280.
36) 日比野文雄・青木勇：昭和 60 年度塑性加工春季講演会講演論文集，(1985)，217-220.
37) 美坂佳助・益居健：鉄と鋼，**60**-2 (1974)，35-38.
38) 水田篤男・北沢実雄・明渡博・西村和之：R & D 神戸製鋼技報，**33**-4 (1983)，89-92.
39) 松岡雄二・冨田省吾・藤田米章：第 43 回塑性加工連合講演会講演論文集，(1992)，541-544.
40) 田浦良治・林寛治・古元秀昭・山本国雄・花本宣久・松岡央：三菱重工技報，**21**-6 (1984)，834-839.
41) 的場哲・阿高松男・神馬敬：塑性と加工，**36**-418 (1995)，1306-1311.
42) 比護剛志・松本紘美・小川茂：塑性と加工，**45**-520 (2004)，331-335.
43) 鈴木利哉・井坂和実・福田多一郎・伏見淳：材料とプロセス，**8** (1995)，1206-1209.
44) 日比野文雄・青木勇：塑性と加工，**34**-385 (1993)，191-197.
45) 日比野文雄・青木勇：昭和 61 年度塑性加工春季講演会講演論文集，(1986)，307-310.

5 テンションレベラー

5.1 テンションレベラーの概要

テンションレベラーは，金属薄板の平坦度に対する要求が厳しくなるにつれて発展してきた板材の形状矯正装置である．ローラーレベラーが，繰返し曲げだけを与えて，主として板材の曲がり（幅方向反りや長手方向反り）を矯正するのに対して，テンションレベラーは，ワークロールに板材を巻付けるのに十分な長手方向張力を作用させて，板材の耳波や中伸びなどの部分伸びも容易に矯正する．板材に張力だけを作用させて形状矯正を行うストレッチャーレベラーもあるが，この場合は，板材のほぼ全域で張力が板材の降伏応力以上にならなければならず，設備には大きな能力が要求される．

テンションレベラーは歴史的には，ローラーレベラーから発達して板材に対して十分ワークロールに沿わせるための張力を掛け，さらに形状矯正の効果を大きくするために張力を大きくとる方向で発達した場合[1]と，ストレッチャーレベラーに代わるものとして発達した場合[2]とに分けられる．ロール本数の多い前者では，張力低下を防ぐためロール駆動が必要である．しかし伸びの増加でレベラー内で緩みが生じ，有効な矯正効果が望めない[3]．少数ロールの非駆動の後者では，伸長用の小径ロールだけでは幅反りが発生し，それを抑えるには大径ロールが出側に必要であった．

こうした経過から，在来型ローラーレベラーの前後に張力付加装置を配したものも用いられてはいるが，伸長部と反り修正部からなる非駆動の少数ロールのものが現在中心になっている．またテンションレベラーは，国内では 1960 年代の後半から本格的な導入が行われ，現在では各種の薄板の形状矯正に数多く用いられている．

当初は，鋼板めっきラインの出側で板厚 0.2 ～ 1.6 mm 程度の製品の矯正や，ステンレス鋼板（板厚 0.1 ～ 2.0 mm），アルミニウム（板厚 0.15 ～ 1.6 mm）の形状矯正などに用いられていた．その後，酸化スケール層にクラックを発生させてデスケーリングを促進させるために酸洗いラインの入側に設置する例[4)]や，高張力鋼板で矯正能力を高めるために直径数 mm の極小径ロールを静圧軸受的に支持する静圧ロール方式の例[5)]などが出現するなど，その応用展開には著しいものがある．

この間，テンションレベラーのライン速度も当初はせいぜい数百 m/min であったものが，現在では 1 000 m/min を超えるものも珍しくなくなってきた．また，対象となる板材の板厚も 0.1 mm 以下の極薄板や数 mm の熱延鋼板などと，多様になってきている．

図 5.1 にテンションレベラーの代表的な構造を示す．レベリングユニットの前後に，テンションを掛けるためのブライドルロールを配置し，耐力の 1/5 ～ 1/2 相当の単位張力を板材に与える．

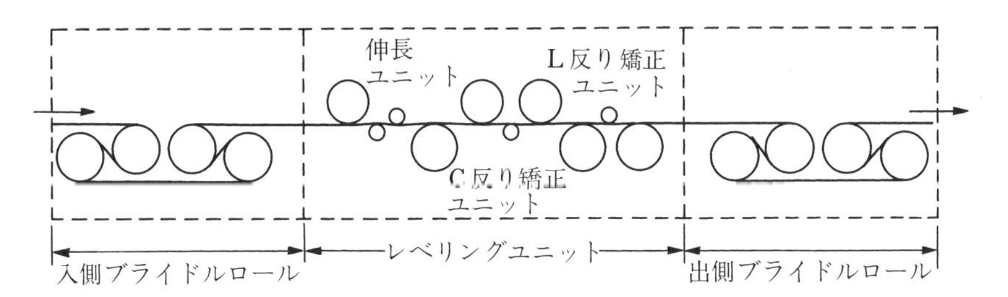

図 5.1　テンションレベラーの構造例

レベリングユニットの構造は**図 5.2** に示すように，長手方向に小径のワークロールを数本配列し，これらを板材に対して上下から交互に突き上げ，または押し下げることによって繰返し引張曲げを与える．前段の伸長ユニットによ

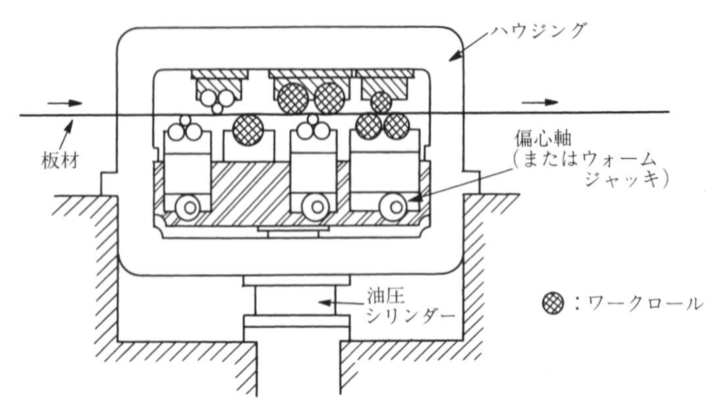

図 5.2 レベリングユニットの例

り板材に与えられる伸びは通常 0.3 ～ 3%[†]程度であり，後段では，曲げ伸ばしで生じた幅反り（C 反り）と長手反り（L 反り）を矯正する．矯正後の板材の急峻度は 1/1 000 にも達し，ほぼ平坦な形状が得られる．

図 5.2 の例ではワークロールの板材に対する突出し量を個々に調整するための偏心軸，またはウォームジャッキが装着されている．なおこの突出し量は 4 章ではロール噛込み量と呼んだが，本章では慣用に従ってロール圧下量（略して圧下量）と呼ぶことにする．

表 5.1 にテンションレベラーの代表的な仕様例を示す．

表 5.1 薄板テンションレベラーの仕様例

項　目	仕　様
処理材	冷延鋼板，板厚：0.1 ～ 1.0 mm 板幅：600 ～ 1 100 mm
ライン速度	最大：1 100 m/min
伸　び	最大：1.0%
張　力	最大：130 kN
主駆動モータ	DC 600 kW
各種ロール寸法	伸長ロール：ϕ 16/ϕ 18 C 反り矯正ロール：ϕ 30 L 反り矯正ロール：ϕ 40 デフレクタロール：ϕ 180

† 高い伸びはデスケーリング用で形状矯正用は 1%以下である．

5.2 矯正原理—張力下の曲げ変形

5.2.1 伸びの発生機構

テンションレベラーは，引張りに曲げを重ね合わせると，単純引張りの場合に比べて小さな張力で材料が伸びるという，Swift の論文[6] に記された性質を利用したものである．**図 5.3** は曲げと張力を組み合わせることにより伸びひずみが容易に得られる機構を示す．張力による伸びひずみ a–a は応力図では a′–a′ に相当する．これに曲げを加えるとひずみは b–b，応力は b′–b′ となるべきであるが，応力は降伏応力を超えることはできない．しかも板断面に垂直方向の力の釣合いを満たさねばならないので，結局 c′–c′–c′–c′ の応力分布とならねばならない．これはひずみ図では c–c に対応し，この際の中央面に生じるひずみ Oe は単なる引張ひずみ Od より大きくなる．この伸びひずみ Oe は張力と曲率が大きくなるほど大きくなる．

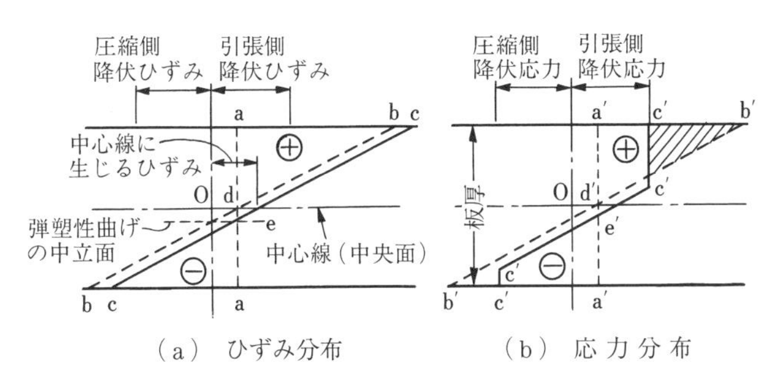

（a） ひずみ分布　（b） 応 力 分 布

図 5.3 曲げと張力の組み合わせ効果

図 5.4 は，材料を弾完全塑性体と仮定し，張力一定下の曲げと曲げ戻しにおける板の長手方向ひずみ分布と応力分布を，単純曲げ理論で求めた結果である[7]．曲げの刻々の中立面の位置 z は，曲げ過程中はつねに中心線より下側に，曲げ戻し過程中はつねに中心線より上側にあるため，帯板中央面（$z=0$）のひずみ ε_c はつねに増加する一方である．曲げ過程の段階④以降および曲げ戻し過程の段階⑨以降は，中立面の位置は一定となり，ひずみ分布は点 A（$z_0=$

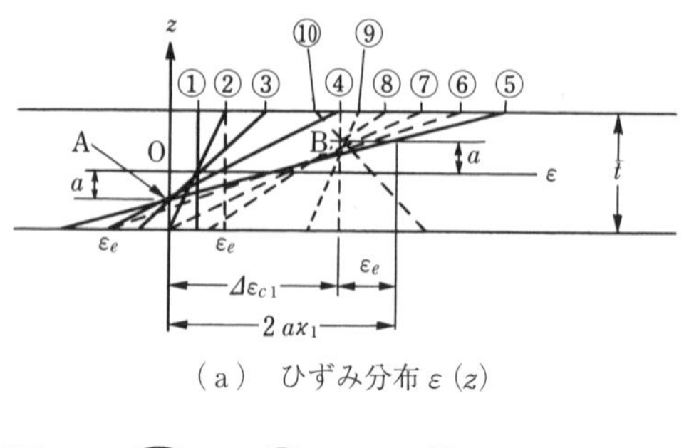

（a） ひずみ分布 $\varepsilon(z)$

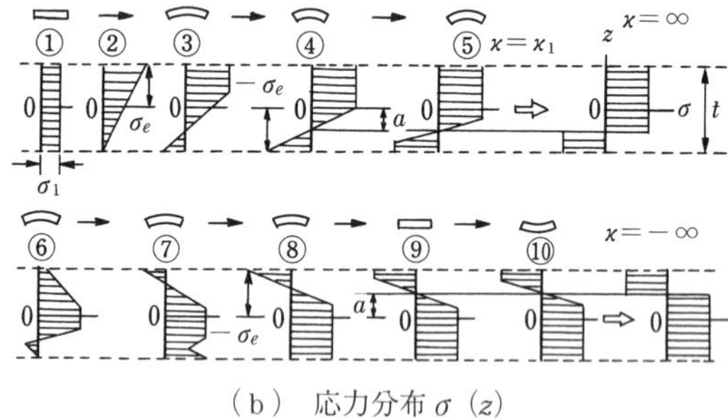

（b） 応力分布 $\sigma(z)$

図 5.4 弾完全塑性体板の一定張力下の曲げと曲げ戻し[7)]

$-a$）または点 B（$z_0=a$）を通る直線群となる．位置を与える a は単純引張りで帯板を降伏させるときの張力を T_p（$=t\sigma_e$）とし，T_p に対する張力 T の比 $T/T_p=\alpha$ とすると，$a=\alpha t/2$ となる．したがって図 5.4 の段階⑩における中央面のひずみ増加量は

$$\Delta\varepsilon_{c1}=2a\kappa_1-\varepsilon_e=(2\alpha K_1-1)\varepsilon_e$$

となる．ここに $K_i=\kappa_i/\kappa_e$ である．張力係数 α と曲率係数 K_i が大きいほど伸びは大きい．曲げ回数を多くしたとき段階⑤，⑨，⑩と同タイプの応力分布が各曲げごとに現れ，この場合のひずみ分布の推移と帯板中央面のひずみ増加を示したのが**図 5.5** である．n 回の曲げ・曲げ戻し（$0\to\kappa_1\to 0\to\kappa_2\to 0\to\cdots\to\kappa_n\to 0$）による ε_c の全増加量は

$$\Delta\varepsilon_c=\sum_{i=1}^{n}\Delta\varepsilon_c=\sum_{i=1}^{n}(2\alpha|K_i|-1)\varepsilon_e \tag{5.1}$$

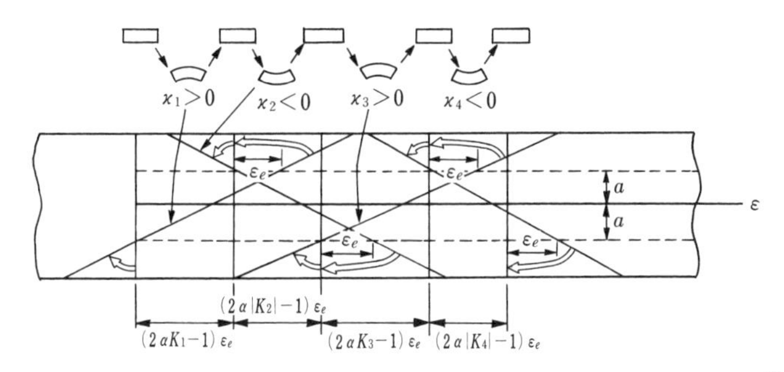

図 5.5 引張り繰返し曲げにおけるひずみ分布と板中央面の伸びひずみ[8)]

となる．ただし式（5.1）は図 5.4 の段階⑤のごとく両面降伏で，かつ中央面も降伏している場合であり，多くの場合に成り立つものと考えられるが，片面降伏や中央面非降伏の場合には，5.3 節に述べる数値計算によるのが適当である．

5.2.2 実験的検証[9)]

薄板試料の上下面にひずみゲージを貼り付け，実機によりテンションレベラー通過中の変形を記録した結果を**図 5.6** に示す．伸びは入側と出側の速度差として設定されるが，これを 3%一定とし，ワークロール圧下量を 0.5～3 mm に変えて測定を行った．図中の ρ は材料の曲率半径の値で，実測した上下ひずみ ε_1，ε_2 より

$$\varepsilon = \frac{|\varepsilon_1 - \varepsilon_2|}{2}, \qquad \frac{\varepsilon}{t/2} = \frac{1}{\rho}$$

として算出した値である．試料がワークロール通過ごとに，前述のごとく少しずつ伸びていくのが見られる．また圧下量を大きくするにつれて試料の曲率半径が小さくなる傾向，入出側ロールより中央部のロールの曲率半径が小さく伸びが大きいこともわかる．

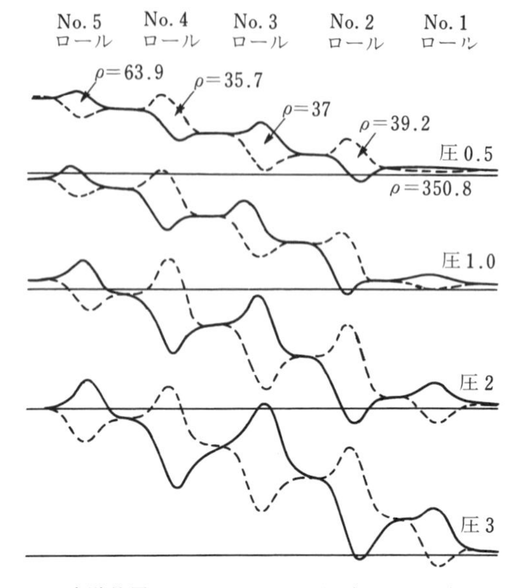

実験装置：ワークロール5本（上2，下3）
ϕ30×l520，平行圧下
測定試料：t0.214×w350　ブリキ板

図 5.6　テンションレベラー通過中のひずみ変化[9)]

5.3　変形過程の解析

5.3.1　矯正中の板の曲率

矯正中の板は，ロール配置とロール径，ロール圧下量，張力，板の変形抵抗，剛性，板の残留応力，さらにはバウシンガー効果の影響などによって決まるたわみ曲線を作る．板は多くの場合，ロールになじまず，ロールとの接触点を通過後に最小曲率半径を示す．最小曲率半径はロールピッチ，ロール径，板の変形抵抗，剛性が小となるほど，ロール圧下量，張力が大となるほど小さくなる．板がロールになじむときは，その値はロール半径に一致する．

テンションレベラーでの形状修正や反り修正に関する解析，あるいは操業条件の改善を行う場合，伸びを得るため対象とするロールに関係したこの最小曲率半径を知ることが必要となる．そして解析と実験の両面から，それを求めることが行われている．以下にはそれらについての概要を記す．

〔1〕 解析的方法

数値計算によりたわみ曲線を求めて曲率を得ようとするものである．行われた解析の一つ[10)] は，4.3.2項に記したローラーレベラーに対するものと手法としては同じである．すなわち隣接するロールと板との接触点間を分割し，仮定した入側の条件をもとに力学的に分割区間をつないでいき，出側あるいは全体としての条件を満たす結果になるよう修正計算をする方法である．**図5.7**は具体的数値に基づく計算結果の一例である．なお材料特性としては，解析の便宜から弾完全塑性体が仮定される．

こうした扱いで必要な曲率値が得られるが，さらにこの解析から

- 板は支点近傍で急激に曲がる．
- ロール圧下量や張力を増すと，支点での曲率は増加する．

などのことも示されている．

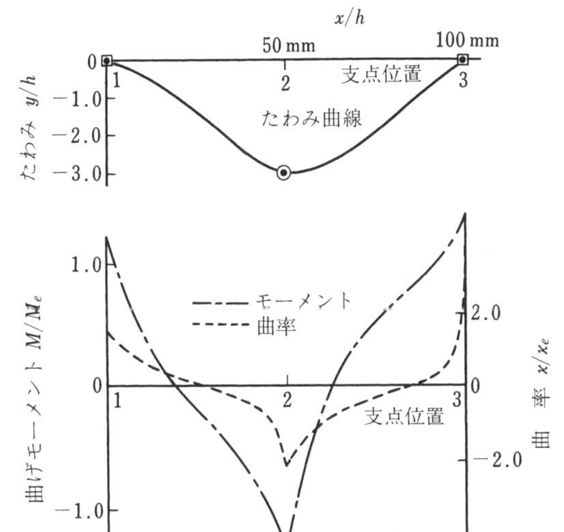

計算条件：ロール間隔 50 mm
No.1，No.3 ロール水平位置
No.2 ロール押込み量 3.0 mm
入側張力 78 N/mm^2
板厚 h=1 mm，σ_e=390 N/mm^2
ヤング率 196 kN/mm^2

図5.7 3支点テンションレベラーの計算例[10)]

〔2〕 実験式によるもの

実測した伸びが式 (5.1) に従うとして曲率半径の値を逆算したものが実験式として用いられている．なおここで伸びは次式で表し，板は**図 5.8** に示す幾何学的な変形状態にあるものとしている．

$$\varepsilon=\sum_{i=1}^{n}\left(\frac{t}{\rho_i}\cdot\frac{\sigma_T}{\sigma_e}-\frac{\sigma_e}{E}\right) \tag{5.1$'$}$$

ただし，σ_T は矯正中の張力 T による応力，ρ_i は曲率 κ_i 時の曲率半径を示す．

① 美坂，益居の式 [11]

$$\rho_i=r+h\left(\frac{531.2\sigma_e}{2\sigma_e+\sigma_T}\theta^{-0.28}-243.2\right) \tag{5.2}$$

② 木村，芳村の式 [12]

$$\rho_i=r+15(0.785h^{0.782}\theta^{-1}-1) \tag{5.3}$$

ただし，r はロール半径，θ は幾何学的巻付き角を示す．

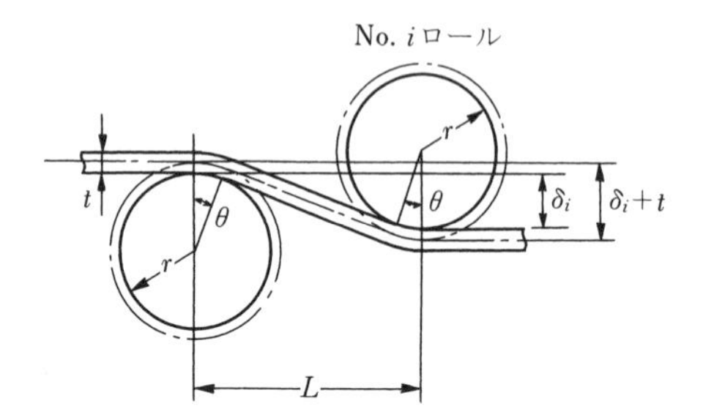

図 5.8 幾何学的巻付き角 θ の仮定

5.3.2 張力の変化―曾田の力学的考察 [7), 13)]

矯正中の板に働く張力の性質について記す．その内容は，張力下でロールを通過する板の曲げと曲げ戻し変形の仕事量に対する考察 [7] と，板がロールに巻付くときの力学的要件の解明 [13] とから得られたものである．なおそれらの取扱いにおいてロールは非駆動で，ロールと板との間で摩擦力の作用はないものとしている．

考察結果のテンションレベラーに対する張力の基本的事項となるものは，つぎのように要約されよう．

① 張力は板に沿って変化する．一定とすることはできない．

② ロール上の巻付き部両端では，張力，せん断力，曲げモーメントの大きさはそれぞれ等しい．

③ 張力差をロール両側の曲げモーメントがゼロの箇所の値で見れば，張力差は単位長さの板にその間で与えた曲げ仕事量に等しい．

張力の作用で板がロールを通り，曲げと曲げ戻しを受けるときの仕事は，板の中心面を伸ばすためと曲げ変形とに使われる．すなわち

張力のする仕事＝伸び仕事＋曲げ仕事

ひものように曲げ抵抗がなければ，曲げ仕事量がゼロで板はロールになじみ，また隣接ロール間で直線状になり，張力は至るところ一定になる．この連想から薄板対象のテンションレベラーでは，張力を一定とする誤解が生まれやすい．

しかし曲げ抵抗のある一般の場合に張力を一定とすれば，上式からは曲げ仕事量をゼロとしなければならない結果が生まれる．テンションレベラーは塑性曲げを与えなければならない矯正法なので，これは矛盾した事柄になる．

少しでも曲げ抵抗のある材料では，ひものような直線状の変形は起こらず，**図 5.9**（a）のように曲線状に変形し，張力も板に沿って変化するとすべきである．

ローラーレベラーと違って板は張力のためロールに巻付く．板とロール間に摩擦がないときは，巻付いた部分に働く力は図（b）となり，そして力の平衡から上記の基本的事項②に記したことが必要になる．摩擦があれば張力は A と A′ で異なってくるが，その差は普通小さい．

隣接するロール接触点 A，B′ における板の傾斜角 θ_A，$\theta_{B'}$ の間には

$$\theta_A > \theta_{B'}$$

の関係が成り立つことが証明されている[13]．AB′ 間の板の釣合いを考えると，$T_{B'}$ と $F_{B'}$ との合力は T_A と F_A との合力 P と大きさが等しく方向が反対でな

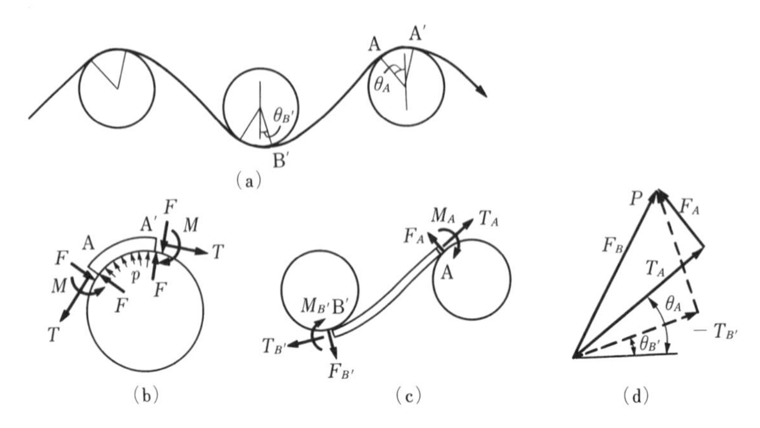

図 5.9　板の変形と作用力

ければならない．図（d）でこのことを見ると

$$T_{B'} < T_A$$

となることがわかる．これから板に加わる張力 T は，入側に向かうほど小さくなることがわかる．なおこのことは板がロールに巻付かないときも同じである．

図 5.10 は曲げモーメントと張力の変化の様子を示すものである．曲げモーメントは連続的に大きさと符号を変えていくので，途中にその値がゼロになる点 C や点 D が存在し，図（a）のような分布になる．張力は図 5.9（d）のベクトル図をもとにその変化を見れば，図 5.10（b）に示す分布が得られる．ここで点 C と点 D の間の板にされる外部仕事率 $\dot{w}_o$ と内部仕事率 $\dot{w}_i$ を取り上げてみる．

外部仕事については，点 C と点 D での張力を T_C と T_D，板速度を v_C と v_D とすれば，$\dot{w}_o = T_D v_D - T_C v_C$ より

$$\dot{w}_o = \bar{T}(v_D - v_C) + (T_D - T_C)\bar{v} \tag{5.4}$$

ここに

$$\bar{T} = \frac{T_C + T_D}{2}, \quad \bar{v} = \frac{v_C + v_D}{2} \tag{5.5}$$

一方，内部仕事率については

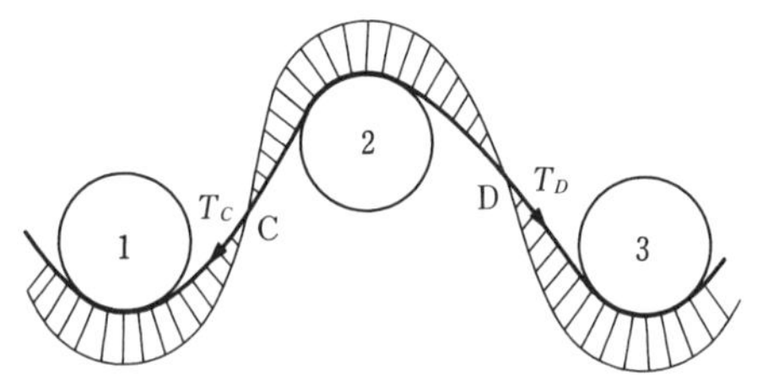

（a） 板に沿う曲げモーメント分布

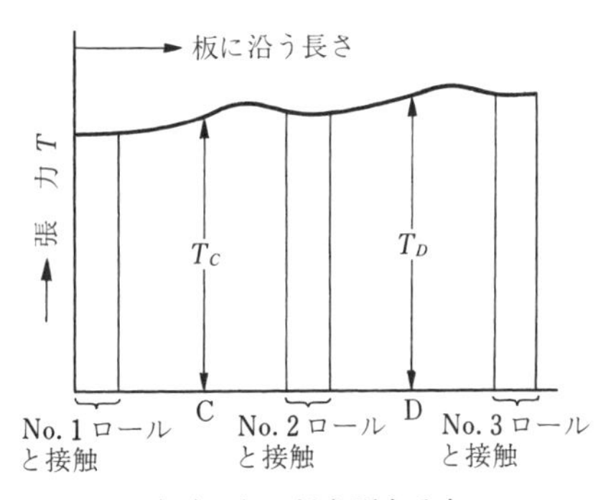

（b） 板に沿う張力分布

図 5.10 板に沿う曲げモーメントと張力分布

$$\dot{w}_i = ({w_i}^T + {w_i}^B) v_C \tag{5.6}$$

ここで ${w_i}^T$ と ${w_i}^B$ は単位長さの板が点 C から点 D に達する間になされる伸びおよび曲げの仕事量で，${e_0}^{CD}$ を点 C に対する点 D での板中心面の公称ひずみ，κ_C，κ_D を点 C，点 D での板曲率とすると

$${w_i}^T = \int_0^{{e_0}^{CD}} T de_0, \quad {w_i}^B = \int_{\kappa_D}^{\kappa_C} M(1+e_0)\, d\kappa \tag{5.7}$$

さらに伸び仕事率 ${w_i}^T v_C$ は，CD 間の張力の積分平均値を $\tilde{T}$ とすると

$${w_i}^T v_C = \tilde{T} {e_0}^{CD} v_C = \tilde{T}(v_D - v_C) \tag{5.8}$$

しかし $\bar{T}$ と $\tilde{T}$ は大差ないと見られるので，式 (5.6) と式 (5.8) とから

$${w_i}^B v_C \fallingdotseq (T_D - T_C) \bar{v} \tag{5.9}$$

しかし $v_C \fallingdotseq \bar{v}$ であるので

$$w_i^B \fallingdotseq T_D - T_C \tag{5.10}$$

となる．上記の基本的事項③に記載の内容は，式（5.10）によるものである．なお張力を増すと曲げの抵抗が減り w_i^B も減少する．式（5.10）から張力差が減少することになるが，これは板の形状が直線に近付くことに対応する．

さらに式（5.8）も併せて見れば，矯正に費やされるエネルギーのうち，伸びに使われる分は前後のブライドルロール（図5.1参照）の速度差に関係し，曲げに使われる分は前後の張力差に関係する，ということができよう．

取扱いの仮定と違って，ロール駆動あるいは摩擦でロールが負荷となる場合，上記の関係はそのままでは成り立たない．ロールのする仕事が正か負かによって，ロールの影響は変わってくる．

5.3.3　伸びの解析的算出法 [14)]

たわみ変形とロール巻付き角から伸びを求める解析的手法と，それから得られた結果の実測との比較について述べよう．

〔1〕　数値的解析法

伸びの算出には，5.3.1項に記されているように変形時の最小曲率半径が必要である．変形状態の解析からそれを求めることになる．

図5.11を計算の対象とするテンションレベラーのロール配置とする．板は図の左方から入側デフロールを通り，小径ワークロールで引張曲げを受け，ついで曲げ戻しを受けながら出側デフロールから出ていく．両デフロールでの変形は弾性範囲内とすると，解析の対象となるのは図中の2，3，4のたわみ曲線である．小径ワークロール上で板が巻付いていれば，最小曲率半径はワークロール半径となるが，ロール圧下量（図中の I_m）が小さいときや，張力が小さい場合には，最小曲率半径はロール半径よりも大きくなる．ここに記す解析法は，入側と出側の板のたわみ角の計算からワークロール上の接触角度を求め，それを判別条件として最小曲率半径を試行法で得ようとするものである．

このたわみ曲線の解析には，張力下の曲げモーメント–曲率関係が必要であ

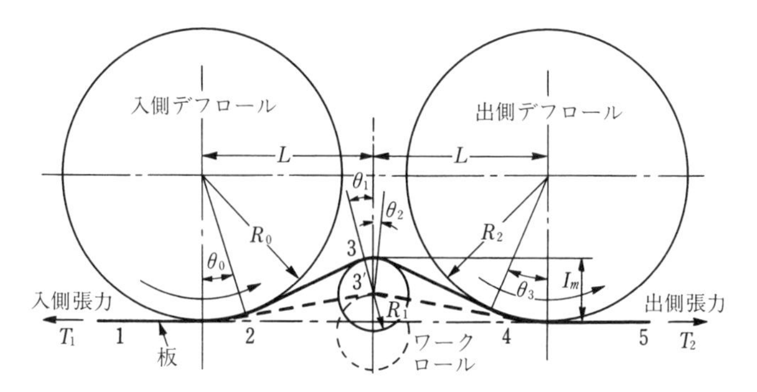

図 5.11 ロール配置と板の曲げモーメント–曲率関係

る．材料特性は弾完全塑性体でバウシンガー効果がないものとすれば，張力下の曲げおよび曲げ戻し（図 5.4 参照）についての式が得られる．以下ではその結果を使うが，その際，また板厚はロール径に比べ十分小さく，ロールは非駆動でロール面や軸受の摩擦および板の慣性力は無視できると仮定する．

図 5.12 と**図 5.13** は解析のための板のたわみの概念図である．この計算法の概要は以下の通りである．

① ワークロール上の板の最小曲率半径を仮定する．まずワークロール半径に等しいとする．入側と出側のデフロール上では曲率半径はそれらの半径となる．

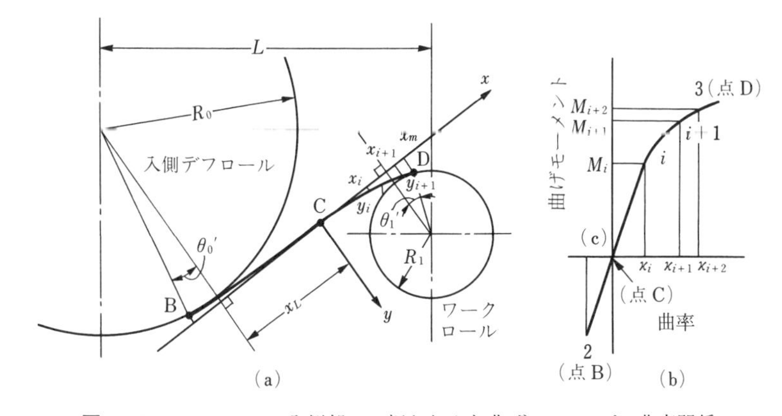

図 5.12 ワークロール入側部での板たわみと曲げモーメント–曲率関係

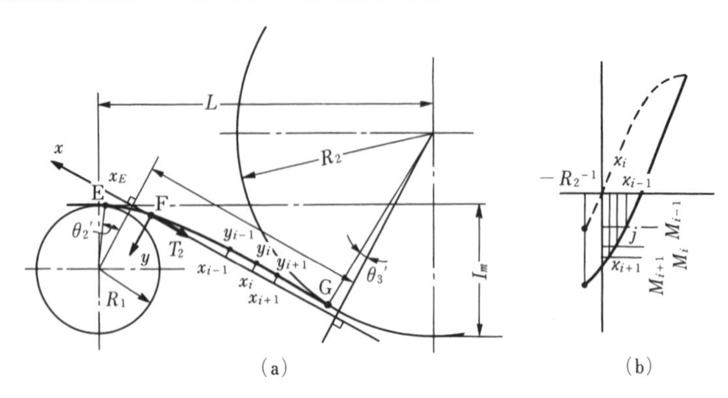

図 5.13　ワークロール出側部での板たわみ

② 張力に対応した曲げおよび曲げ戻しモーメント–曲率曲線（以下 M 曲線と略す）を用意する．

③ 入側，出側とも板は両ロール間で曲げモーメントの正負が変わるので，たわみ曲線上には張力だけで曲げモーメントがゼロの点 C および点 F が存在する．

④ 点 C と点 F をそれぞれ原点とし，入側張力と出側張力の方向に x 軸をとり，それに直角に y 軸をとる．たわみ曲線上の点は座標（x_i, y_i）で表される．

⑤ たわみ曲線上の各点に作用する曲げモーメント M_i は，入側では $T_1 y_i$，出側では $T_2 y_i$ となる．出側張力 T_2 は式（5.10）に従い $T_2 = T_1 + \int M d\kappa$ として算出される．

⑥ 塑性域の M 曲線を近似のため有限個の折れ線に分割する．入側の弾性変形域では M 曲線は直線である．この分割に合わせてたわみ曲線も同数に分割処理される．分割した M 曲線は線形なので，後述の板のたわみとたわみ角が簡単に計算できる．

⑦ 各分割たわみ曲線の接続点 i でたわみ角 y_i' は等しく，またそこのたわみは入側では $y_i = M_i / T_1$ である．後述の解析から各分割たわみ曲線は，最初の点 B および点 E のたわみ角を指定すると逐次求めることができ，

点Dと点Gのx座標とたわみ角も計算される.

⑧ 点Dと点Gはそれぞれワークロールとデフロールの上になければならないので,それら2点のx座標と傾きから両ロール間隔に当たる長さを算出し,実際の間隔と比較する.

⑨ 点Bと点Eのたわみ角をごくわずか変化させてもx座標は大きく変わり,収束計算を行うことができ,これら2点のたわみ角と点Dと点Gのたわみ角を同時に決めることができる.

⑩ 以上では最小曲率半径をワークロール半径と仮定している.点Dと点Eから同ロール上の接触角度(巻付き角)を求め,巻付いているなら仮定と一致する結果なので,計算を終える.

⑪ 張力やロール圧下量の値によっては巻付き角が負となる.このときには最小曲率半径の値を増して再度計算を繰り返す.数回の試行で点Dと点Eの位置が0～±0.1°の範囲に収まる最小曲率半径が求められる.

以上の計算に使う分割したたわみ曲線の解析式はつぎのようになる.

1) たわみ曲線BC間:

• 基礎式

$$\kappa=\frac{d^2y}{dx^2}=\frac{M}{EI}=\frac{T_1}{EI}y\equiv KT_1y \tag{5.11}$$

ここで,κは曲率,Mは単位幅モーメント,Eはヤング率,Iは断面二次モーメント,$K=1/(EI)$を示す.

• 上式の一般解

$$y=C_1\cosh\sqrt{KT_1}\,x+C_2\sinh\sqrt{KT_1}\,x \tag{5.12}$$

• 境界条件

$x=0$で$y=0$, $x=x_L+R_0\sin\theta_0$で$y=-(KT_1R_0)^{-1}$

2) たわみ曲線CD間:

• 基礎式

$x=0\sim x_e$（弾性域）：式（5.11）に同じ

$$x \geqq x_e \text{（塑性域）：} i \text{ 区間に対し } \kappa = y'' = K_j M + \kappa_j \tag{5.13}$$

ここで，$K_j=(\kappa_i-\kappa_{i-1})/(M_i-M_{i-1})$，$\kappa_j=(\kappa_i M_{i-1}-\kappa_{i-1}M_i)/(M_i-M_{i-1})$

• 塑性域の一般解

$$y_j = C_{j1}\cosh(\sqrt{K_jT_1}\,x) + C_{j2}\sinh(\sqrt{K_jT_1}\,x) - \frac{\kappa_j}{K_jT_1} \tag{5.14}$$

$$y_j' = \sqrt{K_jT_1}\,\{C_{j1}\sinh(\sqrt{K_jT_1}\,x) + C_{j2}\cosh(\sqrt{KT_1}\,x)\} \tag{5.15}$$

• 境界条件

$$\begin{cases} x=x_e \text{ で } y_e=\dfrac{M_e}{T_1},\ \ y'=y_e' \\ x=x_{i-1} \text{ で } y_{i-1}=\dfrac{M_{i-1}}{T_1} \\ x=x_i \text{ で } y_i=\dfrac{M_i}{T_1} \\ x=x_{i-1} \text{ で } i \text{ 区間の } y_{i-1}'=(i-1) \text{ 区間の } y_{i-1}' \end{cases} \tag{5.16}$$

3） たわみ曲線EG間：

形式的には上記の 2）の塑性域と一致し，一般解の形も式（5.14）～（5.16）と同じになる．

〔**2**〕 **実験結果との比較**

図5.14は，解析結果を確かめるための実験装置である．入側張力は重錘で，試料駆動は出側の油圧シリンダーで行い，試料の走行速度は約 3 m/min である．試料の伸びは試験前後の標点間 100 mm の変化から求めた．$L=77.5$ mm，$R_0=75$ mm，$R_1=4$，6，8 および 15 mm，また試料は幅 10 mm の板厚と降伏応力の異なる冷延鋼板 3 種類とした．なお比較する計算では，曲げ降伏応力は単軸引張降伏応力の $2/\sqrt{3}$ 倍として扱った．

図5.15は張力によるロール上の板曲がり状態を示す．図（a），（b）では板はロールになじまず，図（c）以上の張力ではなじむことがわかる．

図5.16は図5.15と同じロール圧下量 $I_m=20$ mm における，各ロール接触

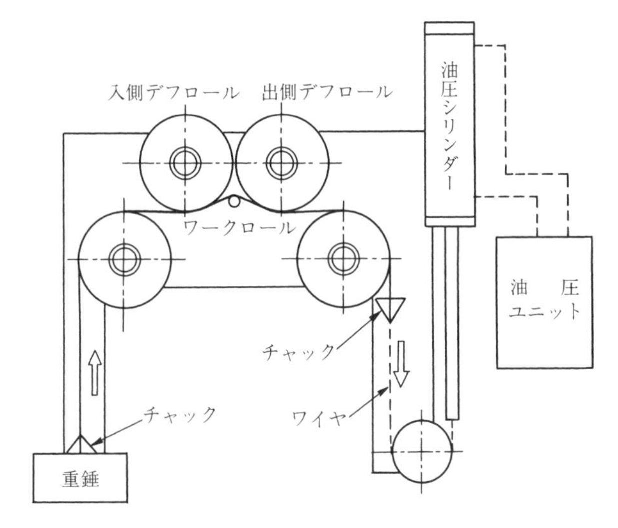

図 5.14 巻付き角と伸び率実験装置

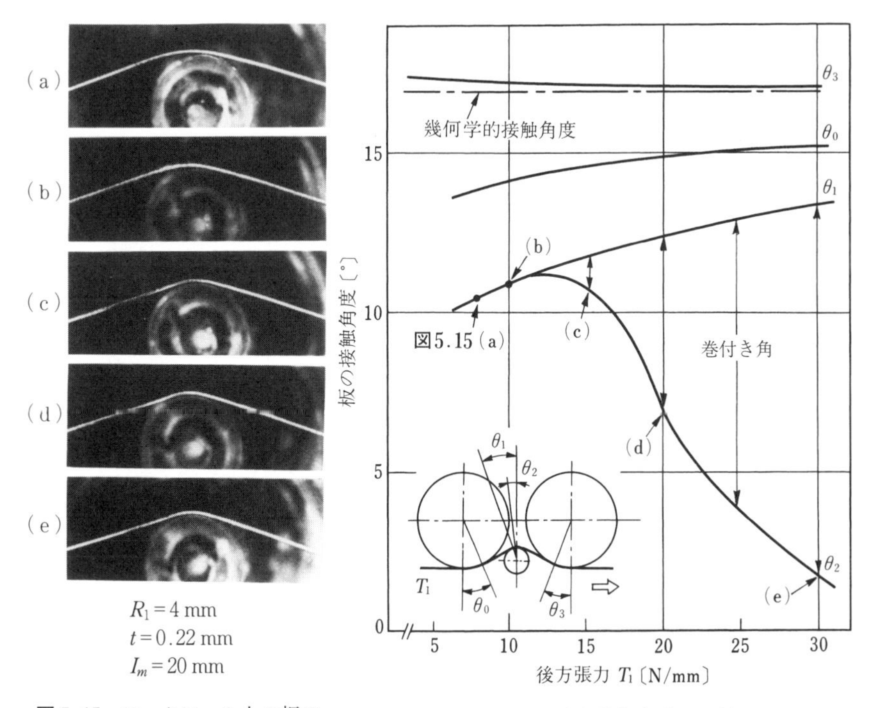

図 5.15 ワークロール上の板の巻付き状態

図 5.16 張力と接触角度の関係

角の張力による計算値である．図中の θ_2 は図 5.15 と正負逆に表示してあり，巻付き角は（$\theta_1-\theta_2$）になる．一点鎖線は幾何学的な接触角を示している．出側デフロールの接触角は幾何学的なそれにきわめて近く，また θ_0 と θ_1 も張力が大となるにつれてそれに近付くが，その差は大きい．

図 5.17 は伸びの計算値と実測値の比較である．図でロール圧下量によって伸びが急増する部分は，巻付き角ゼロすなわち板がロールになじんでいない部分に対応する．計算値は実測値と必ずしも一致していないが，ロール圧下量や張力に対する傾向はよく一致しているといえよう．

ロール径と材料特性を変えても定性的には以上と同じである．ロール径が大となれば，少ない圧下量で巻付きが起こり伸びは一定になり，またその値の張

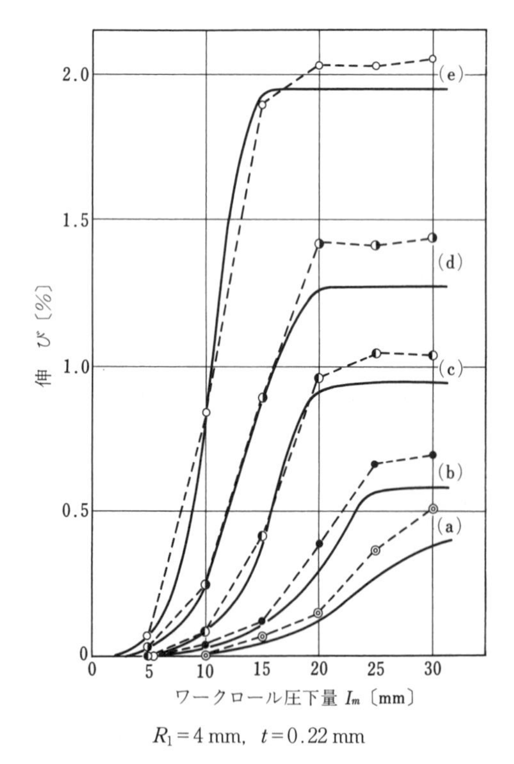

$R_1=4$ mm，$t=0.22$ mm

図 5.17　伸びの計算値（実線）と実験値（破線）の比較

力による変化は小さいことが，それらからわかる．

5.3.4 解析的に見た矯正過程[15)]

先の図3.6に示した耳波と中伸びは，圧延板の形状不良の代表といえるものである．圧延のきわめてわずかな不均一による厚さの違いが，圧延方向の長さの違いになり，しわとして波状に現れてくる．それで形状は，幅位置における長さの違いをもとにした伸び差率，あるいはそれと結び付く急峻度の分布によって表すことができる．

三次元的な形状不良を有する帯板をテンションレベラーに通すと，帯板にはまず局部的な張力が加えられる．例えば耳波形状の不良材では板幅中央部に引張力が働き，中央部が選択的に伸びていく．こうして板幅端部と中央部の長さの差がしだいに減少するにつれて張力差も減少し，最終的には全幅にわたって一様な伸びの増加を生じるようになる．形状不良の度合が比較的小さい場合には全幅にわたり張力が付加され，形状不良が消失潜在化するが，形状良好部の張力が相対的に高い張力分布となる．したがって形状良好部の伸びが形状不良部の伸びより大きくなり，長さが揃ってきて，その後は一様な伸び増加を生じるようになる．この様子の解析方法と計算結果をつぎに示す．

〔1〕 **解 析 方 法**[15)]

図5.18に示すスリットモデルを導入する．すなわちm条の短冊にスリットし，各短冊相互の変形拘束は無視する．各短冊の長さの相違により発生する張力の幅方向分布を考える．各短冊長のうち最も短いもの（長さl_0）を基準として，$\delta\varepsilon_j$（jは短冊番号）の伸び差率のある板が，張力T_mにより長さlに伸ばされたとすれば，各短冊の伸びひずみは

図5.18 スリットモデル

$$e_j = \frac{l}{l_0(1+\delta\varepsilon_j)} - 1 \qquad (j=1\sim m) \tag{5.17}$$

このひずみ分布に基づく張力分布を加算すれば T_m となるのであるから

$$\sum_{j=1}^{m} Ee_j \Delta bt = T_m \tag{5.18}$$

式（5.17）を代入して l を求めると

$$l = \frac{(T_m/E)\,\Delta bt + m}{\displaystyle\sum_{j=1}^{m}\{l/l_0(1+\delta\varepsilon_j)\}} \tag{5.19}$$

また各短冊の張力分布（平均張力 $\sigma_{Tm} = T_m/(t\Delta bm)$）は

$$\sigma_j = E\left(\frac{l_0}{l(1+\delta\varepsilon_j)} - 1\right) \qquad (j=1\sim m) \tag{5.20}$$

である．数値解法はつぎの通りである．

入側形状を $\delta\varepsilon_{0j}$ で与えると，$\delta\varepsilon_{0j}$ に応じた入側張力分布 σ_{T0j} が式（5.20）で与えられる．それで No.1 ロールの出側張力分布 σ_{T1j} を仮定すると，No.1 ロールでの平均張力 $\bar{\sigma}_{T1j}$ が $\bar{\sigma}_{T1j} = (\sigma_{T0j} + \sigma_{T1j})/2$ と計算される．σ_{T1j}，ロール径，圧下量が与えられると，例えば式（5.2）を使えば曲率半径 ρ_{m1j} が，また式（5.1）より No.1 ロールでの塑性伸び $\Delta\varepsilon_{1j}'$ が計算できる．その結果，No.1 ロールの出側では各短冊長が $l(1+\delta\varepsilon_{0j}+\Delta\varepsilon_{1j})$ となる．この伸び率分布 $\delta\varepsilon_{1j}$ に基づき，式（5.20）より逆に No.1 ロールでの出側張力 σ_{T1j}' などが計算される．この σ_{T1j}' が仮定した出側張力分布 σ_{T1j} に等しくなるまで繰返し計算を行う．$\sigma_{T1j}' = \sigma_{T1j}$ になればこの σ_{T1j} を No.2 ロールの入側張力とし，出側張力 σ_{T2j} を仮定して同上の計算を行う．

以下，最終ロールまで同じ収束計算を繰返すことにより，テンションレベラーの矯正過程のシミュレーションが可能となる．以上の考え方に基づく計算フローチャートを**図 5.19** に示す．

〔2〕 計 算 結 果

0.4 mm 厚×800 mm 幅（$\sigma_e = 265\ \mathrm{N/mm^2}$）の冷延鋼板を ϕ 30×10 本（ロー

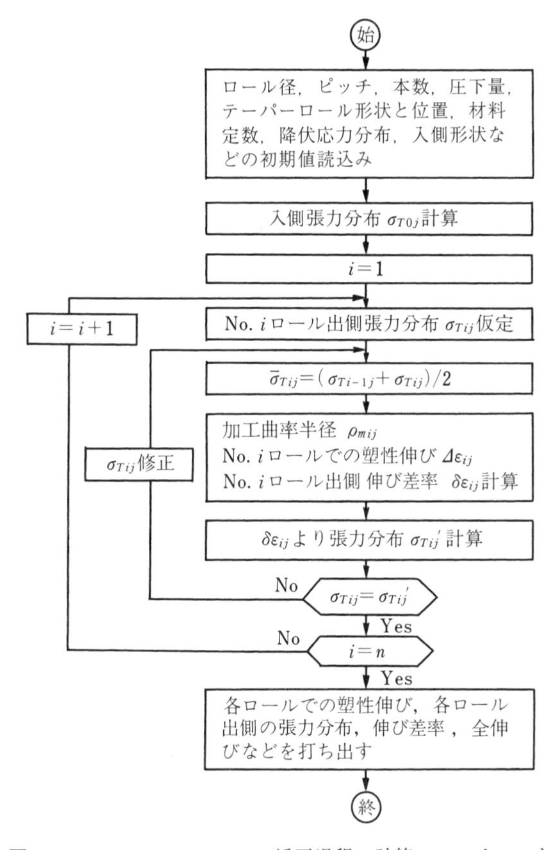

図5.19 テンションレベラー矯正過程の計算フローチャート

ル半ピッチ 20 mm）のレベラーで矯正する．入側形状は中伸び形状不良（$\delta\varepsilon_0=0.000\,625$，急峻度 $\lambda=1.6$%）であり，ロール圧下量は平行で 1.5 mm，平均張力は 89 N/mm^2 である．**図5.20** はレベラー入側および各ロール出側の伸び差率 $\delta\varepsilon_{ij}$ と張力分布 σ_{Tij} ならびに各ロールでの塑性伸びの和 $\sum\Delta\varepsilon_{ij}$ を示す．レベラー入側では中伸び形状不良に対応して板幅端部高張力，中央部低張力の分布である．ロール通過ごとに塑性伸びが増えていくとともに形状が矯正され，伸び差率が小さくなって一様な張力分布となる．これ以上にロール本数を増やしてもストリップは均一に伸ばされるだけである．

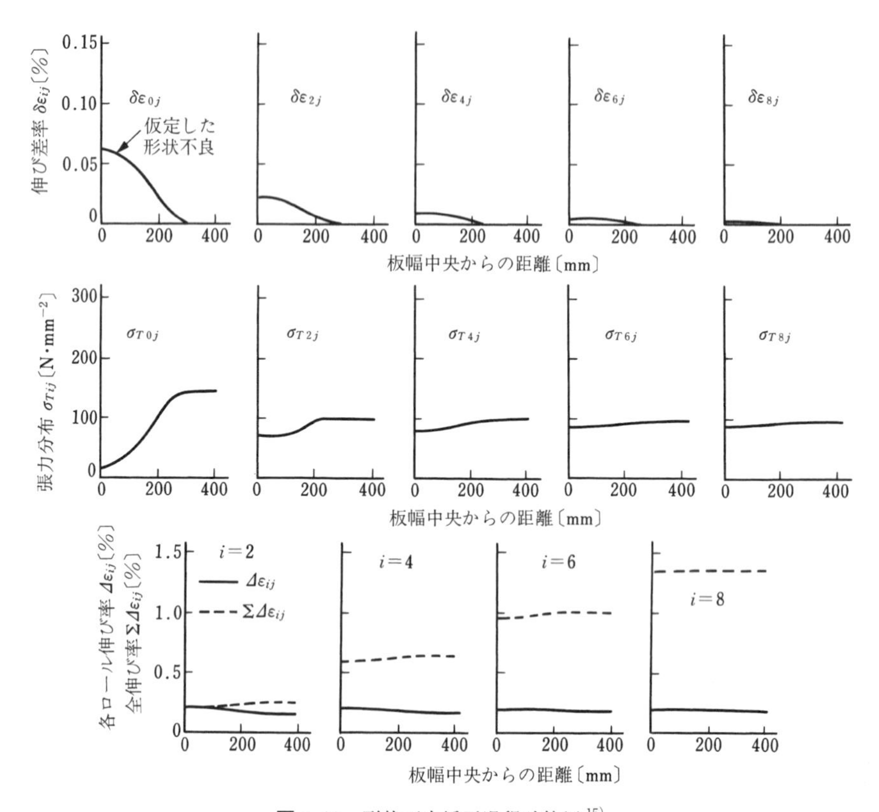

図 5.20　形状不良矯正過程計算例 [15)]

以上では，材料の機械試験値は幅方向で均一としている．しかしリムド鋼のように板幅端部で降伏応力が急激に低下する材料では，降伏応力 σ_e は**図 5.21** のように板幅端部で急激に低下する．こうした場合には中伸び，耳波のいずれも耳波形状となることを解析は示す．これには，**図 5.22** に示すテーパーロールを用いることが有効である．ただしテーパーロールは，後のロールでの伸びにより，その効果が打ち消されないよう，出側ロールとして使用する．このように機械試験値が幅方向で異なる場合には，軟質部の塑性伸びを抑制する工夫を施すことが必要である．

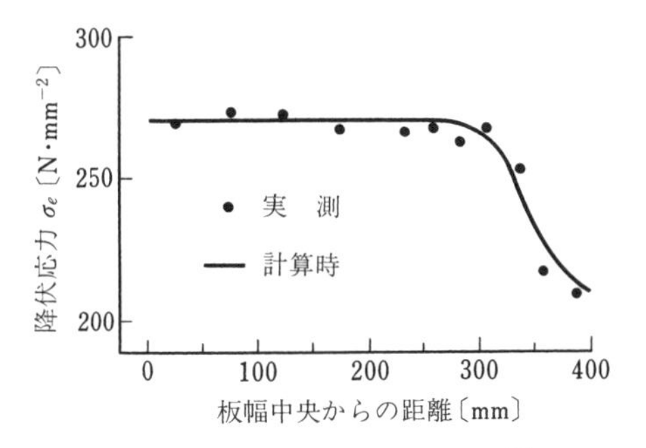

図 5.21 降伏応力の幅方向分布 [15]

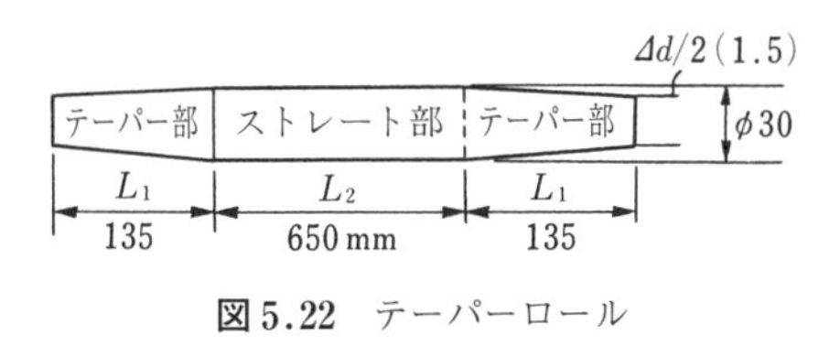

図 5.22 テーパーロール

5.3.5 張力下の板の変形状態の近似計算法

熱延コイルを対象にした普通鋼の酸洗いラインやステンレス鋼の焼なまし酸洗いラインには，鋼板の表面スケールに亀裂を入れ酸洗い作用の促進を図るため，鋼板に大きな張力を与えながらロールを通過させるスケールブレーカーが設置されている．これは薄板のテンションレベラーに対応するものである．ただそこで処理される板は厚物（例えば 3 mm あるいは 8 mm など）で，張力下で数本の小径ロールの大圧下により曲げが加えられる．

スケールブレーカーでの矯正過程で，張力が板の曲げ変形に及ぼす効果を求めるとき，解析的に厳密な計算を行うことは相当に厄介で実際的ではない．そのためここでは近似解析となる実用計算法の一つを紹介する．

矯正中の板の変形を弾完全塑性体のはりの弾塑性曲げとすることと，そこで得られた方程式を数値解法で求めることとが，ここでの近似の内容である．

〔1〕 ロール間の板の変形

スケールブレーカー通過中の厚板の状態を見ると，接触点で板はロールには巻付いていない．**図 5.23** にそのときのロールの配列と板の変形状態を示す．この一つの区間を取り出したものを**図 5.24** とする．変形は板材中央面のたわみ曲線で表すと，図の幾何学的関係から次式が得られる．

$$l=\sqrt{(r_0^*\sin\theta_0+r_1^*\sin\theta_1-L)^2+\{r_0^*(1-\cos\theta_0)+r_1^*(1-\cos\theta_1)-h\}^2} \tag{5.21}$$

$$\varphi_0=\tan^{-1}\left\{\frac{r_0^*(1-\cos\theta_0)+r_1^*(1-\cos\theta_1)-h}{r_0^*\sin\theta_0+r_1^*\sin\theta_1-L}\right\} \tag{5.22}$$

$$\varphi_1=\varphi_0+\theta_0-\theta_1 \tag{5.23}$$

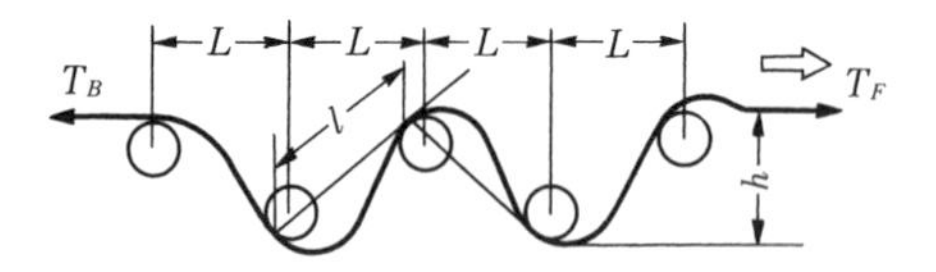

図 5.23　ロール配列と板の変形

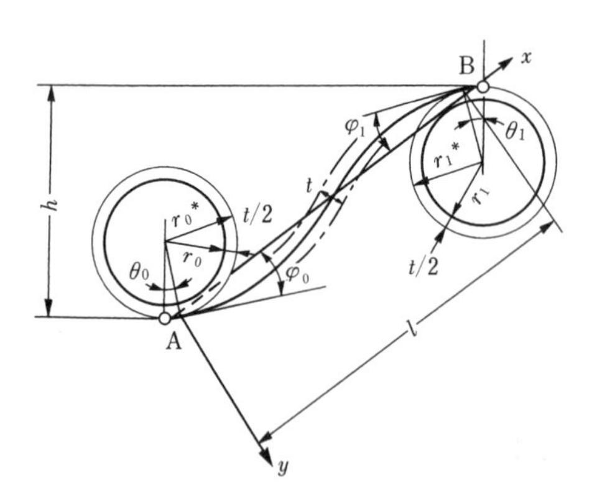

図 5.24　ロール間における板の変形状態

ここで，記号は図 5.24 によるが，t は板厚，h は圧下量，r_i は No.i ロールの半径，$r_i^*=r_i+t/2$，L はロールピッチである．また取扱いの便宜から添字は i =0 と i=1 の両ロールのものとして記している．これは以下でも同じとする．

〔2〕 板断面内の応力とひずみの分布およびたわみの基本式

図 5.25 に張力 T と曲げモーメント M の作用する板の応力とひずみの分布を示す．張力のため中立点 O の位置は，中央面位置 C から張力に応じた分だけ曲率中心側にある．板厚内部の塑性変形の状態は，降伏点の位置を示す図中の板厚に対する係数 β で表示できよう．

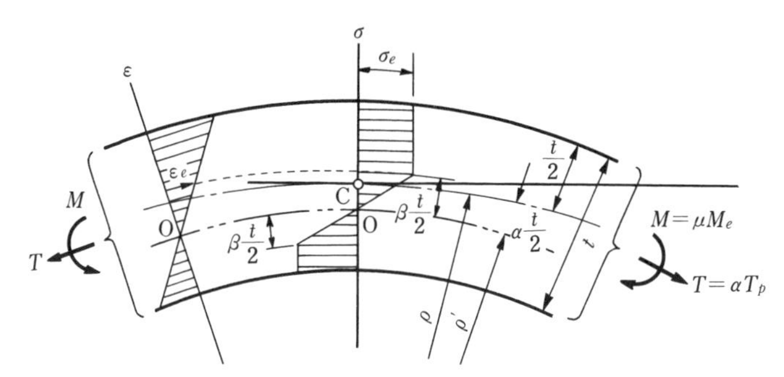

$T_p = \sigma_e bt$，b：板幅，$\rho' = \beta\rho_e$，ρ_e：弾性限曲率半径

図 5.25 板断面内のひずみと応力分布

いま**図 5.26** のように x–y 座標を選ぶと，たわみ曲線の曲率は次式になる．

$$\frac{d^2y/dx^2}{\{1+(dy/dx)^2\}^{3/2}} = \frac{1}{\rho} \tag{5.24}$$

両座標の長さ l で無次元化すると

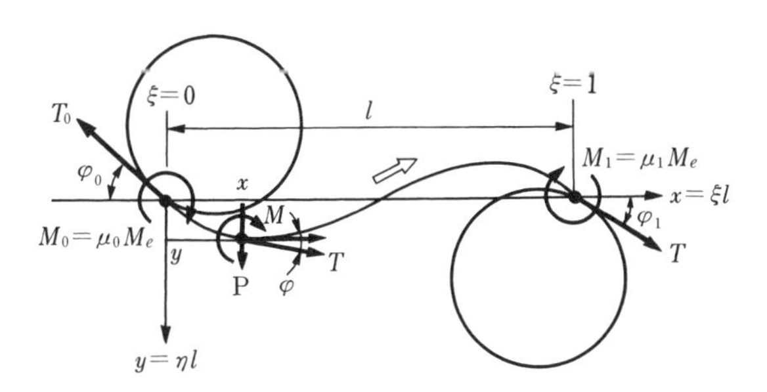

図 5.26 板のたわみと座標軸

$$\frac{d^2\eta/d\xi^2}{\{1+(d^2\eta/d\xi)^2\}^{3/2}}=K\kappa_e l \tag{5.25}$$

ここで，ρ_e は弾性限曲率半径，$\kappa=1/\rho$，$\kappa_e=1/\rho_e$，$K=\kappa/\kappa_e=1/\beta$ である．図中の点Pに働く曲げモーメント M は張力を T として

$$M=M_0-\left(\frac{M_0+M_1}{l}\right)x-T_0\cos\varphi_0 y \tag{5.26}$$

弾性限曲げモーメント $M_e=\sigma_e bt^2/6$ で無次元化すれば

$$\mu=\mu_0-(\mu_0+\mu_1)\xi-6a\alpha\cos\varphi_0\eta \tag{5.27}$$

ここで，$\mu=M/M_e$，$a=l/t$，$\alpha=T/T_p$，$T_p=\sigma_e bt$，添字0と1は両端それぞれの値を表している．

曲げモーメント M と応力 σ（図5.25参照）の関係を示す次式

$$\int_{-t/2}^{t/2}\sigma ybdy=M$$

から，曲率係数 K と曲げモーメント μ のつぎの関係（近似式）が得られる．

$$K=\frac{\sqrt{2}\chi\mu}{\sqrt{\chi^2-\mu^2}} \tag{5.28}$$

ここで，$\chi=(3/2)(1-\alpha^2)$ である．

以上の式（5.25），（5.27）および（5.28）から，たわみ曲線を表す ξ-η の微分方程式が求まる．

〔3〕 微分方程式の近似解法

数値解法のために式（5.28）の右辺の μ に含まれる η をつぎの ξ の五次式とし

$$\eta=\xi(\xi-1)(d_0\xi^3+d_1\xi^2+d_2\xi+d_3) \tag{5.29}$$

そこに含まれる定数 d_0，d_1，d_2，d_3 は，両端の境界条件

$$\xi=0,\quad \eta''=K_0(1+\eta_0'^2)^{3/2},\quad K_0=-\frac{l}{r_0^*},\quad \eta'=\tan\varphi_0'$$

$$\xi=1,\quad \eta''=K_1(1+\eta_1{}^2)^{3/2},\quad K_1=\frac{l}{r_1{}^*},\quad \eta'=\tan\varphi_1$$

を満たすものとする.

式 (5.29) の左辺に含まれる η'' をつぎの ξ の三次式とする.

$$\eta''=e_0\xi^3+e_1\xi^2+e_2\xi+e_3 \tag{5.30}$$

式中の定数 e_0, e_1, e_2, e_3 は, ξ の値が 0, $l/3$, $2l/3$, および l のときの右辺の四つの値から決めるものとする.

以上から, 与えられた張力下で板とロールの接点での巻付き角を仮定して, **図 5.27** に示す計算手順で, 変位, 傾斜角, 曲率, 曲げモーメント, ひずみなどの板の変形特性を求めることができる. **図 5.28** に計算例を示す.

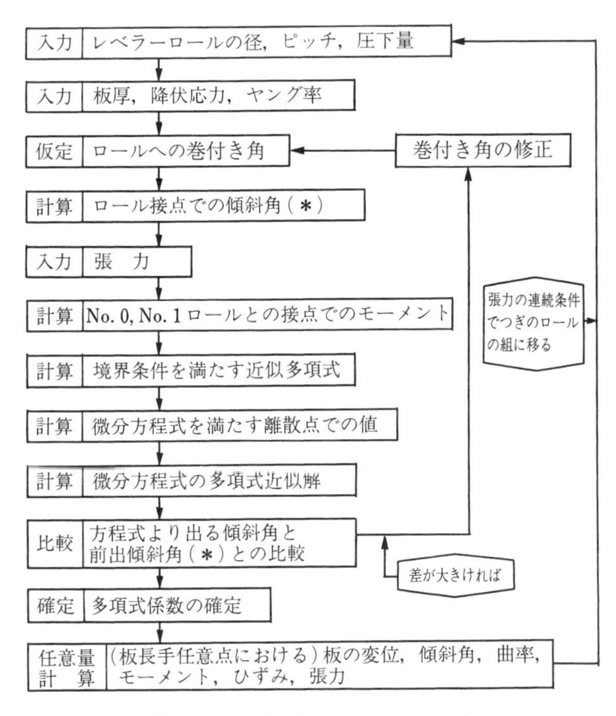

図 5.27 計算手順のフローチャート

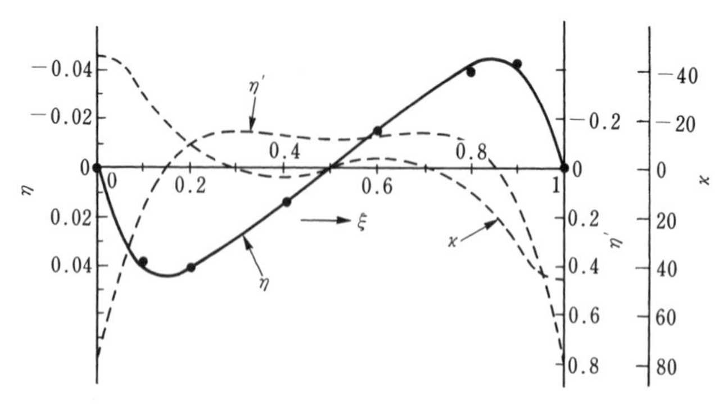

$r_0 = r_1 = 76$ mm, $L = 400$ mm, $h = 120$ mm
$t = 8$ mm, $\sigma_e = 225$ N/mm^2, $\alpha = 0.2$
$a = 50$, $\kappa_0 = -5$, $\kappa_1 = 5$, $\tan\varphi_0 = \tan\varphi_1 = 0.65$
• はたわみの実測値を無次元化したもの

図 5.28　近似計算例

5.3.6　幅反りの発生とその防止 [11)]

伸びを与えられたテンションレベリング後の板には，幅方向に反りが発生する．曲げ変形はロールによる拘束で，幅方向にも平面ひずみ状態として力が作用している．長手方向の曲がりは幅方向の動きを抑える役割をしているが，その曲がりが消えると幅方向が開放されて，反りが生まれる（**図 5.29** 参照）[7)]．そうした性格のものなので，つぎのロールによる曲げ戻し，さらにそれに続くロールによる曲げで，幅反りを相殺することが必要になる．以下，幅反りの防止について記す．

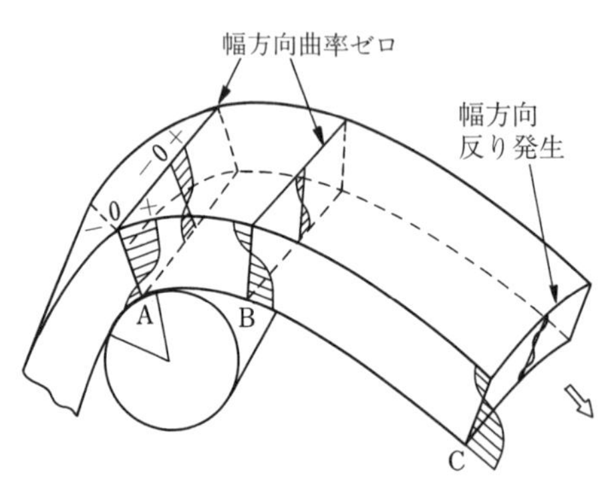

A：最大曲げ状態　　B：曲げ戻し過程
C：長手方向曲率ゼロ

図 5.29　幅反りの原因説明図 [7)]

実機（図 5.6 注記参照）で反り不良の実態を調査した結果を**図 5.30** に示す．使用した材料は厚さ 0.35 mm，幅 380 mm の冷延鋼板で，直径 30 mm のロー

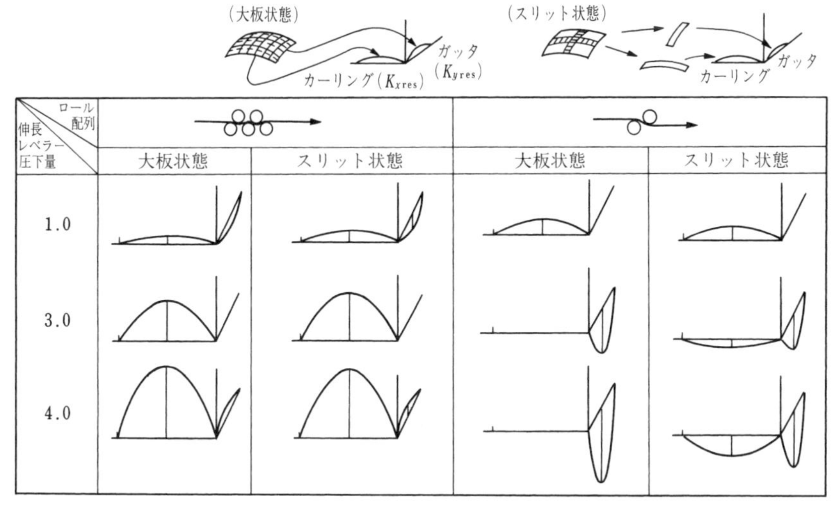

図 5.30 反りの発生形態概念図

ル2本の場合と5本の場合を比較してある．2本の場合は幅方向反りが大きく長手方向反りが小さいが，5本の場合は長手方向反りが大きく幅方向反りが小さいこと，圧下量の影響が大きいこと，長手方向反りと幅方向反りは必ずしも同じ方向ではなく，条件によってはいわゆる「くら型反り」も発生することがわかる．長手方向反りは，コイル状にした後切板を作るシヤーライン内のローラーレベラーで簡単に矯正される．しかし幅方向反りは矯正困難で，テンションレベラーで張力下で消去しておくことが必要である．以下に幅反り消去のための解析とその解析法に基づく反り防止について述べる．なおこうした検討の結果をもとに，テンションレベラーは図5.1に見られるように，伸びを与えるための伸長部と発生した幅反りを直す反り修正部を設けるようになってきている．

〔1〕 反りに関する理論解析

おもな仮定はつぎの通りである．

① 板幅方向のひずみはゼロである（平面ひずみの仮定）．

② 板厚方向の応力は無視する（平面応力の仮定）．

③　板の横断面は変形中も平面を保持する．

④　張力は板幅方向に一様で，矯正中一定である．

⑤　材料のバウシンガー効果は無視する．

⑥　応力–ひずみ関係は弾性変形においては Hooke の法則に，塑性変形においては Prandtle–Reuss の関係に従い，降伏は Mises の条件に従う．

x，y，z をそれぞれ板の長手方向，幅方向，厚さ方向の座標とし，板中央面上に座標原点をとる．仮定②により相当応力 $\bar{\sigma}$ と相当塑性ひずみ増分 $d\bar{\varepsilon}_p$ は

$$\bar{\sigma}=\sqrt{{\sigma_x}^2-\sigma_x\sigma_y+{\sigma_y}^2} \tag{5.31}$$

$$d\bar{\varepsilon}_p=\sqrt{\frac{2}{3}\left(d{\varepsilon_x}^{p2}+d{\varepsilon_y}^{p2}+d{\varepsilon_z}^{p2}\right)} \tag{5.32}$$

となる．$\bar{\sigma}$ と相当塑性ひずみ $\int d\bar{\varepsilon}_p$ の関係を $\bar{\sigma}=H\left(\int d\bar{\varepsilon}_p\right)$ とすると

$$\begin{cases} d\varepsilon_x=\dfrac{d\sigma_x-\nu d\sigma_y}{E}+\dfrac{2\sigma_x-\sigma_y}{4H'\bar{\sigma}^2}\{(2\sigma_x-\sigma_y)d\sigma_x+(2\sigma_y-\sigma_x)d\sigma_y\} \\ d\varepsilon_y=\dfrac{d\sigma_y-\nu d\sigma_x}{E}+\dfrac{2\sigma_y-\sigma_x}{4H'\bar{\sigma}^2}\{(2\sigma_x-\sigma_y)d\sigma_x+(2\sigma_y-\sigma_x)d\sigma_y\}=0 \\ d\varepsilon_x=\dfrac{-\nu(d\sigma_x+d\sigma_y)}{E}-\dfrac{\sigma_x+\sigma_y}{4H'\bar{\sigma}^2}\{(2\sigma_x-\sigma_y)d\sigma_x+(2\sigma_y-\sigma_x)d\sigma_y\} \end{cases} \tag{5.33}$$

となる．σ_x，σ_y が既知であるとすれば $\bar{\sigma}$，H' が決まるから，$d\varepsilon_x$，$d\varepsilon_z$，$d\sigma_x$，$d\sigma_y$ のうちいずれか一つ与えてやれば式（5.33）は解けることになる．板中央面のひずみを ε_c とすれば仮定③により $d\varepsilon_x=zd\kappa+d\varepsilon_c$ となるから，曲率 κ の履歴が与えられれば，$d\varepsilon_c$ を仮定すると $d\varepsilon_x$ が求まるので，これより $d\varepsilon_z$，$d\sigma_x$，$d\sigma_y$ を求めることができる．なお $d\varepsilon_c$ は $\int_{-t/2}^{t/2}\sigma(z)\,dz=t\sigma_T=T$（$\sigma_T$ または T は与えられている）の釣合い式を満たすように決める．

（**a**）**塑　性　解**　$\sigma_y/\sigma_x=\beta$ とし，$d\varepsilon_x$ を与えて式（5.33）を解くと

$$\begin{cases} d\sigma_x=l(\beta)\,d\varepsilon_x \\ d\sigma_y=m(\beta)\,d\varepsilon_x \\ d\bar{\varepsilon}_p=n(\beta)\,d\varepsilon_x \end{cases} \tag{5.34}$$

となる．ここに

$$
\begin{cases}
l(\beta)=\dfrac{4H'(1-\beta+\beta^2)+E(2\beta-1)^2}{A} \\[2ex]
m(\beta)=\dfrac{4H'(1-\beta+\beta^2)\nu-E(2-\beta)(2\beta-1)}{A} \\[2ex]
n(\beta)=\dfrac{2(1-\beta+\beta^2)^{1/2}\{(2-\beta)+\nu(2\beta-1)\}}{A} \\[2ex]
A=(5-4\nu)(1+\beta^2)+(10\nu-8)\beta+\dfrac{4H'(1-\beta+\beta^2)(1-\nu^2)}{E}
\end{cases}
\tag{5.35}
$$

（**b**）**弾　性　解**　弾性変形の場合には

$$
\begin{cases}
d\sigma_x=\dfrac{E}{1-\nu^2}\,d\varepsilon_x \\[2ex]
d\sigma_y=\dfrac{\nu E}{1-\nu^2}\,d\varepsilon_x \\[2ex]
d\bar{\varepsilon}_p=0
\end{cases}
\tag{5.36}
$$

（**c**）**繰返し曲げ後の弾性復元**　曲率履歴は $0\rightarrow\kappa_1\rightarrow\kappa_2\rightarrow\cdots\rightarrow\kappa_n$ と与えられるが，最後のロールを出た後は張力により平坦になっているから，κ の履歴の最後はゼロとなり，ここまでは上記（a），（b）によって解が得られる．この後，張力と曲げモーメントが除荷され，その結果，長手方向，幅方向の反りが発生する．この最終状態は張力と曲げモーメントの除荷の仕方により異なる可能性があるので，ここではまず張力が除荷され，ついで曲げモーメントが除荷されると考える．張力を除荷した状態での σ_x，σ_y によるモーメントをそれぞれ M_x，M_y とすれば，長手方向，幅方向の残留曲率 $\kappa_{x\mathrm{res}}$，$\kappa_{y\mathrm{res}}$ は，平坦な板に $-M_x$，$-M_y$ を加えたとして下式で求められる．

$$
\begin{cases}
\kappa_{x\mathrm{res}}=\dfrac{-M_x+\nu M_y}{D(1-\nu^2)} \\[2ex]
\kappa_{y\mathrm{res}}=\dfrac{-M_y+\nu M_x}{D(1-\nu^2)}
\end{cases}
\tag{5.37}
$$

ここに，D は板の曲げ剛性で，$D=E_t^3/\{12(1-\nu^2)\}$ で与えられる．

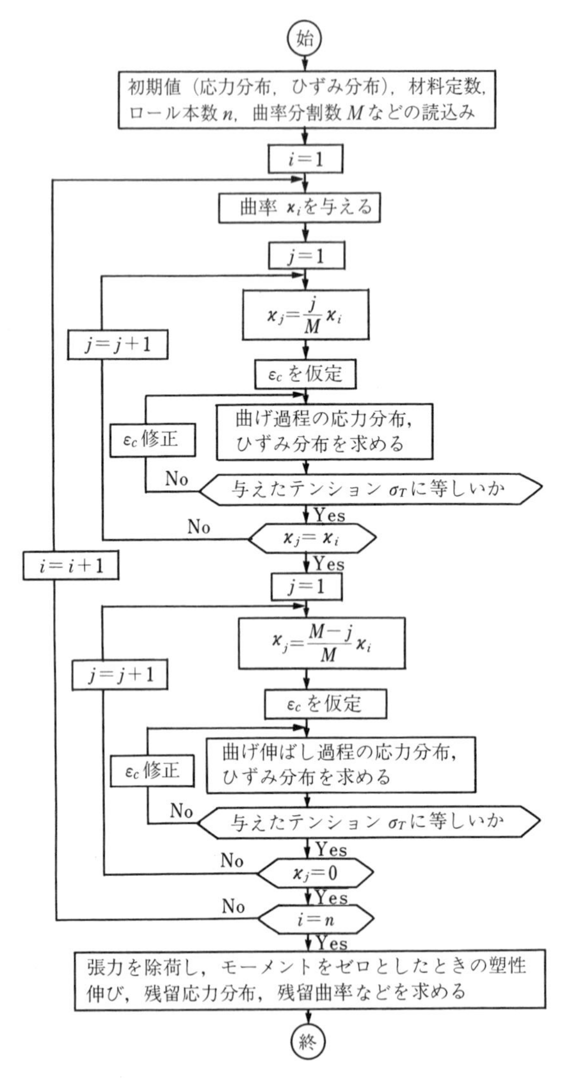

図 5.31　テンションレベラーにおける板の長手方向および幅方向反りの計算フローチャート [11)]

以上の考え方に基づく計算フローチャートを**図 5.31** に示す．

〔2〕 反り不良矯正の数値計算

1 回の曲げと曲げ戻し過程での板のひずみ分布 $\varepsilon_x(z)$ と応力分布 $\sigma_x(z)$，σ_y

(z) を計算した結果を**図 5.32** に示す．$\sigma_x(z)$ は単純理論による結果（図 5.4）と大差ないが，$\sigma_y(z)$ は単純理論では求められなかったものである．図中①→⑤が曲げ過程，⑥→⑩が曲げ戻し過程であり，平坦になった段階⑩での長手方向，幅方向応力 σ_x，σ_y の分布に基づくモーメントが，ロールによる拘束と張力を除荷することにより，長手方向，幅方向反りを発生させて⑪の残留応力分布となる．

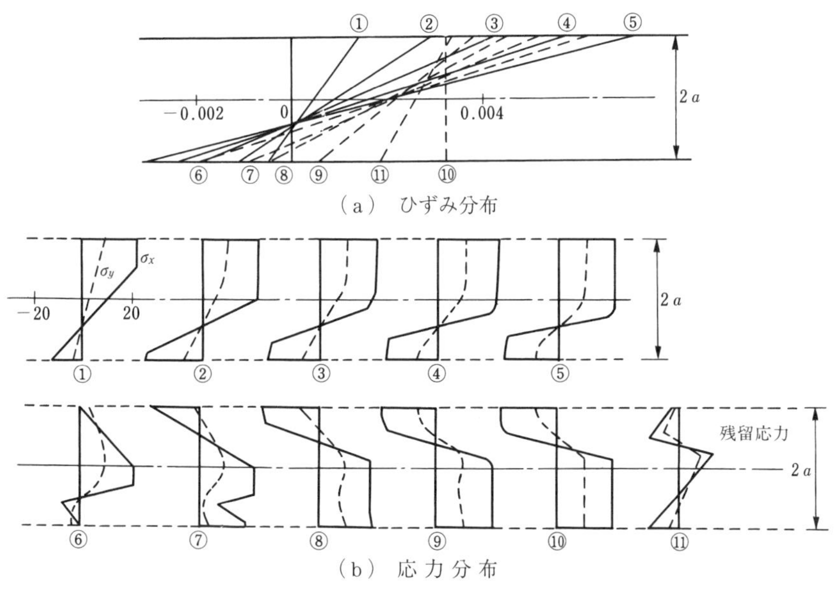

$2a=0.6$ mm，$\sigma_e=196$ N/mm^2，$\rho=60$ mm，$\sigma_T=98$ N/mm^2，$F=0$，
$\kappa_{x\,\mathrm{res}}=2.96\times10^{-3}$ mm^{-1}，$\kappa_{y\,\mathrm{res}}=7.28\times10^{-4}$ mm^{-1}

図 5.32 曲げ・曲げ戻しにおけるひずみ分布ならびに応力分布[11)]

5 本ロールによる繰返し引張曲げの場合の計算例を**図 5.33** に示す．図には，各ロールでの曲げ変形時（①～⑤），曲げ戻しで曲率ゼロ時（①′～⑤′）のひずみ分布と応力分布および最終除荷時の残留応力分布を示す．板は単軸応力ひずみ関係が $\varepsilon=\sigma/E+(\sigma-\sigma_e)/F$ で表される直線硬化材料としてある．こうした検討からつぎのようなことがわかる．

• 残留応力分布はいずれも板厚中央部で最大となる分布を示す．

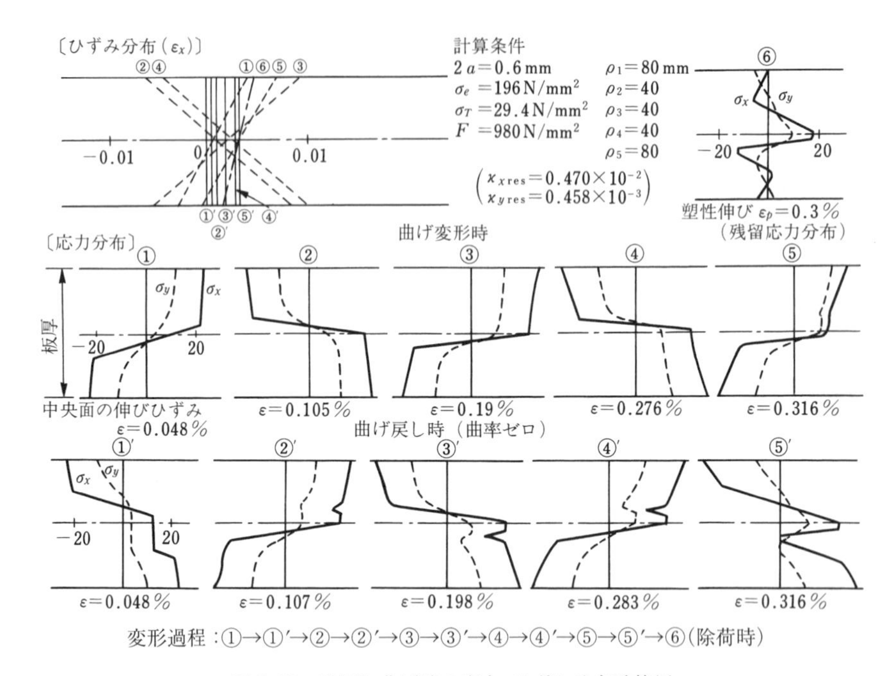

図 5.33　繰返し曲げ時の応力–ひずみ分布計算例

- 張力で塑性伸び ε_p が異なっても変形過程が同じなら残留応力分布の形態は等しい.
- 曲げ半径を徐々に大きくしても残留応力は特に小さくならない.

図 5.34 は 1 本ロールでの引張曲げに引き続き，逆方向に種々の曲率の逆曲げを与えた場合の残留曲率計算結果である．この図より以下のことがわかる.

- 同一曲率の逆曲げでは反りは反転するだけである．逆曲げ曲率によっては板の反りはさまざまになり，いわゆる「くら型反り」も発生する.
- 幅方向反りは No.1 ロールの 2 ～ 3 倍の逆曲げロール径により消去できる.
- 長手方向と幅方向の反りを同時にゼロとすることは困難である.

図 5.35 は，5 本ロールのレベラーで伸びを与えた後，幅方向反りを矯正する際のロール配列に関する検討結果である．圧下量による幅方向反りの変化は異なるが，いずれも幅方向反りの矯正が可能である.

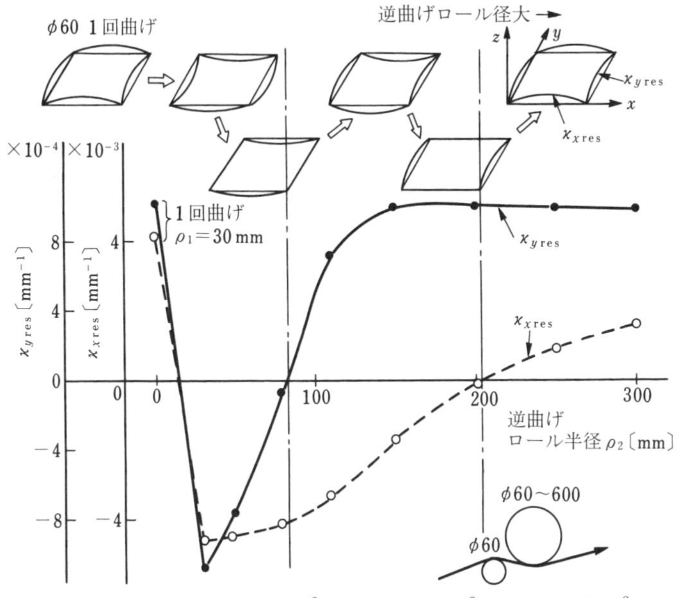

$2a = 0.6$ mm, $\sigma_e = 196$ N/mm², $F = 980$ N/mm², $\sigma_T = 49$ N/mm²

図 5.34 逆曲げによる幅方向反りの消去[11)]

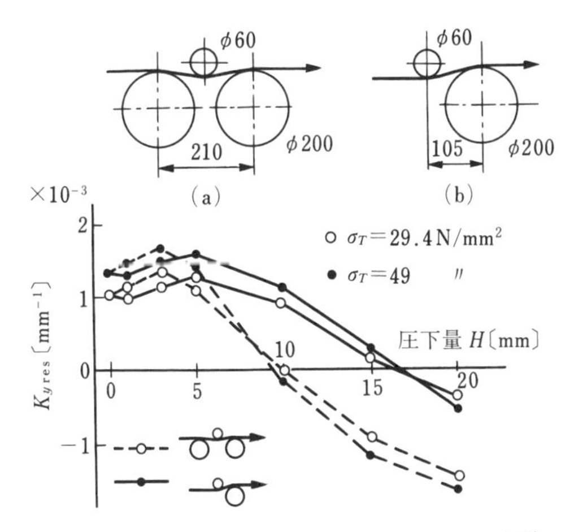

図 5.35 幅反り矯正ロールの矯正効果（計算）[11)]

図 5.36 は幅反り矯正ロールによる反りに対する実験結果である．理論解析と同じ結果を示しているが，幅方向反り矯正後の最出側ロールを大径にしないと再び幅方向反りが発生する．このことは設計上留意すべきである．また**図 5.37** は実機でのテスト結果である[16]．厚物では一度負になった反りが再び正になる現象が見られる．これは圧下量が大きくなると出側の大径ロールが反り

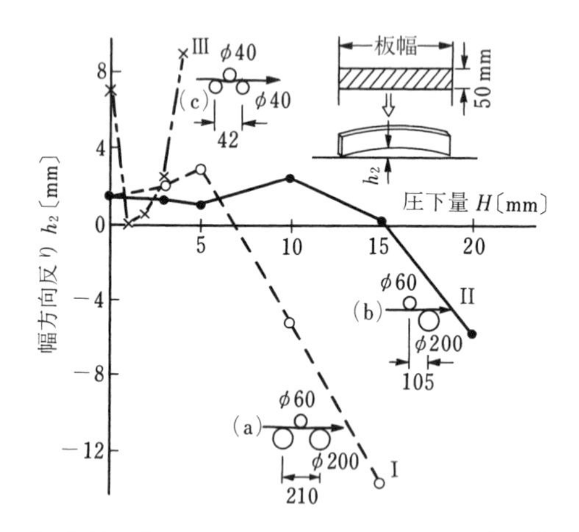

Ⅰ，Ⅱ ($2a = 0.4$ mm, $b = 400$ mm, $\sigma_e = 169$ N/mm^2)
Ⅲ ($2a = 0.5$ mm, $b = 400$ mm, $\sigma_e = 250$ N/mm^2)

図 5.36　幅反り矯正ロールによる実験[11]

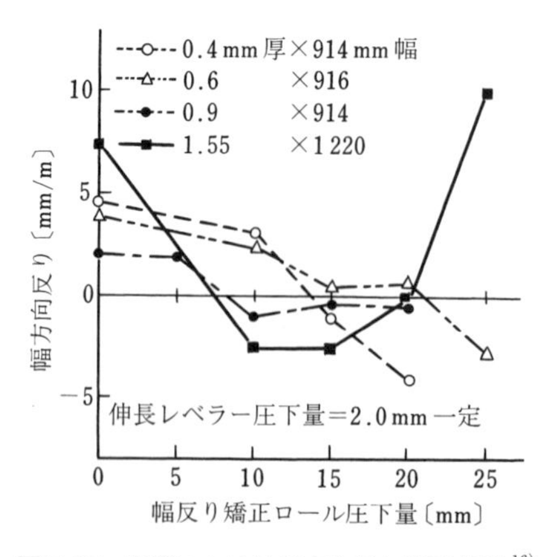

図 5.37　実機における幅方向反り矯正効果[16]

に関係してくるためである.

なお少数ロールでは長手方向と幅方向の反りを同時にゼロとすることはかなり困難と思えるが，ロール径を適当に選べば可能であるとの報告[12]もある.

5.3.7 テンションレベラーの有限要素解析

従来は，5.3.1 項で述べたように被矯正板の加工曲率を古典理論により求める，あるいは実験式により与えることでテンションレベラー矯正における被矯正板の変形挙動を数値解析することが多かったが，計算技術の進展に伴い，最近では有限要素法（FEM）が用いられるようになってきた.

テンションレベラー板矯正の有限要素法の解析には，非定常解析と定常解析がある．非定常解析（例えば Huh ら[17]，Li ら[18]）は，入側のロールから出側のロールまで板を引抜いていく解析で，初期形状不良がどのように矯正されるのかを FEM 汎用コードを用いてシミュレーションできるが，レベラー矯正ではロールと板との接触 / 離脱が頻繁に起こるため，特にロールが多くなると計算時間が長くなるという問題がある．以下では，卜部・吉田ら[19),20]が提案している増分的全ひずみ理論を用いた FEM 定常解析法の概要を紹介する.

〔1〕 解析の概要

この解析法では，ロール押込み量（ロールインターメッシュ）を徐々に大きくしていき，各段階での定常解を求める．したがって，押込み量を時間尺度 (t) としている．あるロール押込み量 $(t=t)$ における定常解が既知で，さらに少し押込み量を増加した状態 $(t=t+\Delta t)$ における解を以下のように求める.

本解析では，はりの曲げと伸びを表現できる 2 節点はり要素を用いる．**図 5.38** に示すように，時刻 $t=t$ における要素の長手方向を ξ，その直交方向を η とする ξ–η 局所座標系を設定する．また時刻 $t+\Delta t$ における ξ–η は $\bar{\xi}$–$\bar{\eta}$ と書くことにする．この時間 Δt における要素のひずみ増分 $\{\Delta\varepsilon\}$ と節点変位増分 $\{\Delta u\} = \left[\Delta u_{\xi i}\ \Delta u_{\eta i}\ \Delta u'_{\eta i}\ \Delta u_{\xi j}\ \Delta u_{\eta j}\ \Delta u'_{\eta j}\right]^T$，変位増分–ひずみ増分マトリクスを $[B]$ とすると，次式のように書ける.

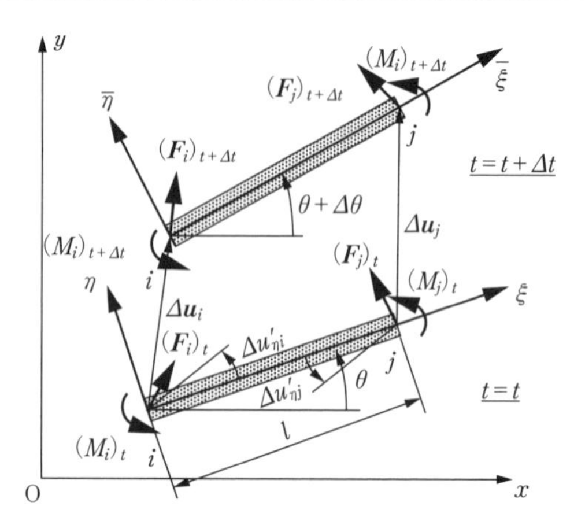

図 5.38　FEM 解析のための要素と座標系

$$\{\Delta\varepsilon\}=[B]\{\Delta u\} \tag{5.38}$$

したがって，時刻 $t+\Delta t$ におけるひずみ $\{\varepsilon_{t+\Delta t}\}$ は

$$\{\varepsilon_{t+\Delta t}\}=\{\varepsilon_t\}+\{\Delta\varepsilon\}=\{\varepsilon_t\}+[B]\{\Delta u\} \tag{5.39}$$

となる．

定常問題では，**図 5.39**（a）に模式的に示すように，流線に沿って材料要素が移動するときの応力–ひずみ履歴が一つの応力–ひずみ曲線（図（b））で与えられる．そこで，この応力–ひずみ曲線を各応力反転点 O_1（$\varepsilon^*{}_{(1)}$，$\sigma^*{}_{(1)}$），O_2（$\varepsilon^*{}_{(2)}$，$\sigma^*{}_{(2)}$）…をそれぞれ新しい座標原点として，次式のように全ひずみ理論による応力–ひずみマトリクス $[\hat{D}]$ を用いて記述する．

$$\{\sigma\}-\{\sigma^*{}_{(k)}\}=[\hat{D}](\{\varepsilon\}-\{\varepsilon^*{}_{(k)}\}) \tag{5.40}$$

したがって，時刻 $t+\Delta t$ ではつぎのように書ける．

$$\{\sigma_{t+\Delta t}\}=[\hat{D}]\{\varepsilon_{t+\Delta t}\}+(\{\sigma^*{}_{(k)t+\Delta t}\}-[\hat{D}]\{\varepsilon^*{}_{(k)t+\Delta t}\}) \tag{5.41}$$

ここで，節点力ベクトル $\{P\}=[F_{\xi i}\,F_{\eta i}\,M_i\,F_{\xi j}\,F_{\eta j}\,M_j]^T$ を用いると，$t+\Delta t$ における仮想仕事の原理は $\bar{\xi}$–$\bar{\eta}$ 座標系で次式のように表される．

$$\{\Delta u\}^T\{P_{t+\Delta t}\}=\int_V \{\Delta\varepsilon\}^T\{\sigma_{t+\Delta t}\}\,dV \tag{5.42}$$

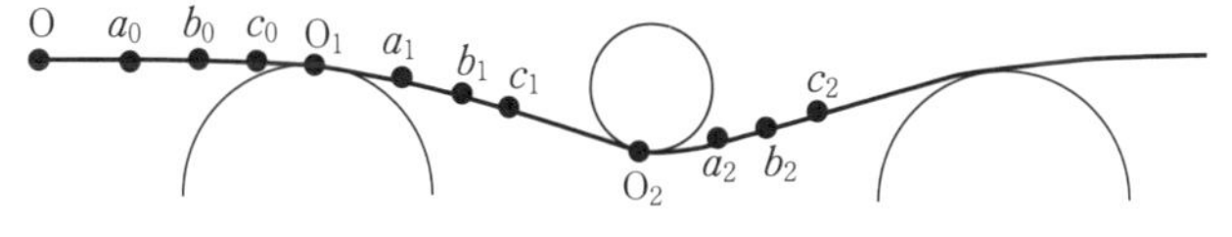

（a） テンションレベラー板矯正における材料流線

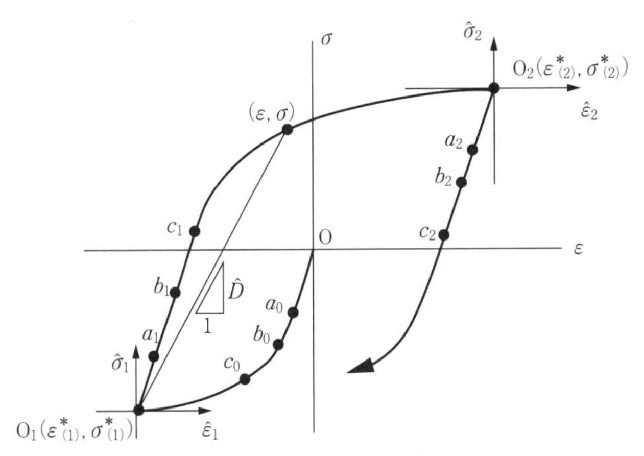

（b） 材料の繰返し応力-ひずみ応答

図 5.39 繰返し弾塑性挙動を記述するための応力-ひずみ（$\hat{\sigma}$-$\hat{\varepsilon}$）座標系

この式（5.42）に式（5.39），（5.41）を代入するとつぎのような要素剛性方程式が得られる．

$$\{P_{t+\Delta t}\} - \int_V [B]^T [\hat{D}]\{\varepsilon_t\} dV - \int_V [B]^T \left(\{\sigma^*{}_{(k)t+\Delta t}\} - [\hat{D}]\{\varepsilon^*{}_{(k)t+\Delta t}\}\right) dV$$
$$= \left(\int_V [B]^T [\hat{D}][B] dV\right)\{\Delta u\} \tag{5.43}$$

このように$\bar{\xi}-\bar{\eta}$座標系で与えられた要素剛性方程式をまずは既知の$\xi-\eta$座標系での記述に変換し，さらにこの要素剛性方程式を空間固定の$x-y$座標系に変換して足し合わせることで全体剛性方程式が作成される．

本解析の具体的な手順を**図 5.40** に示す．板は計算開始時（$t=0$）には平坦で，応力，ひずみともに初期値をゼロとする．テンションレベラーの計算では，まずはじめに板に張力を与え，そのときの応力とひずみを計算する．続いて，ロールに徐々に鉛直方向変位を与えて，所定のロール押込み量になるまで

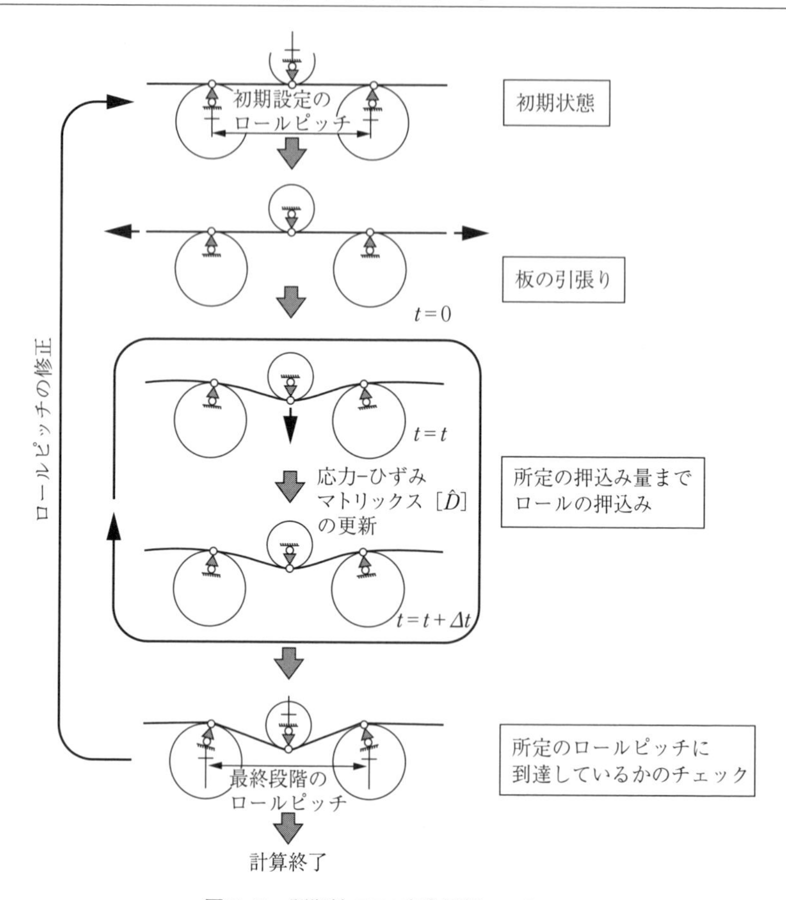

図 5.40　弾塑性 FEM 定常解析のスキーム

解析を進める．このとき，ロールの中心点とロールと板との接触点を結ぶ方向は接触点における板面への垂直方向と一致している．なお，この解析法では，ロールと板との接触点（節点）は解析中は固定されているので，ロールを押込む段階ごとにロールピッチが変わっていくことになる．そこで，解析で得られた最終のロールピッチが所定値に等しくなるように，初期のロールピッチを修正して，再度この計算を行う．実際にはこのロールピッチ修正計算ループは3回程度で十分な精度の解が得られる．ロール押込み量が大きくなると板の加工曲率が増大し，これがロール曲率と等しくなると板のロールへの巻付きが発生し，板とロールは面で接触するようになる．このような場合，本解析では，複数の節点がロール面上に存在するとして計算を進める．

〔2〕 繰返し弾塑性構成式

テンションレベラーの高精度な解析には材料の繰返し弾塑性挙動，すなわちバウシンガー効果と繰返し加工硬化特性を忠実に表現できる弾塑性構成式が必要である．とりわけ残留応力の計算結果は構成式におけるバウシンガー効果（応力反転後の遷移軟化挙動）の表現に大きく左右される．繰返し弾塑性構成式としては，Chaboche モデル[21]が構造解析に，板材成形シミュレーションでは Yoshida-Uemori モデル[22]が広く使われているが，ここでは Chaboche モデルの簡易版としての複合硬化モデル（線形移動硬化＋非線形移動硬化＋等方硬化）を以下に紹介する．Von Mises の降伏関数を用いた複合硬化モデルおよび関連流動則は次式で表せる．

$$f=\frac{3}{2}(S_{ij}-\alpha_{ij})(S_{ij}-\alpha_{ij})-(Y_0+R)^2=0 \tag{5.44}$$

$$d\varepsilon_{ij}^{p}=\frac{\partial f}{\partial S_{ij}}d\lambda \tag{5.45}$$

ここで，S_{ij} は偏差応力，$d\varepsilon_{ij}^{p}$ は塑性ひずみ増分である．移動硬化は降伏曲面の中心 α_{ij}（＝偏差背応力）によって表される．等方硬化は降伏曲面が塑性変形とともに Y_0（＝初期降伏応力）から Y_0+R に大きくなることによって表現される．偏差背応力 α_{ij} と等方硬化応力 R の発展式は以下のように表される．

移動硬化：$\alpha_{ij}=\alpha_{ij}^{(1)}+\alpha_{ij}^{(2)}$ (5.46)

線形移動硬化：$d\alpha_{ij}^{(1)}=\frac{2}{3}H'd\varepsilon_{ij}^{p}$ (5.47)

非線形移動硬化：$d\alpha_{ij}^{(2)}=C\left(\frac{2}{3}ad\varepsilon_{ij}^{p}-\alpha_{ij}^{(2)}d\bar{\varepsilon}\right),\quad d\bar{\varepsilon}=\sqrt{\frac{2}{3}d\varepsilon_{ij}^{p}d\varepsilon_{ij}^{p}}$ (5.48)

等方硬化：$dR=b(Q-R)d\bar{\varepsilon}$ (5.49)

ここで，C，a，H'，b，Q は材料定数，$d\bar{\varepsilon}$ は相当塑性ひずみ増分である．応

力反転直後の早期降伏と加工硬化係数の遷移的変化（バウシンガー効果）は非線形移動硬化則（式（5.48））で，繰返し加工硬化は等方硬化則（式（5.49））で表される．**図 5.41** は上記のモデルにより計算された軟鋼板の繰返し応力-ひずみ応答の計算例である．

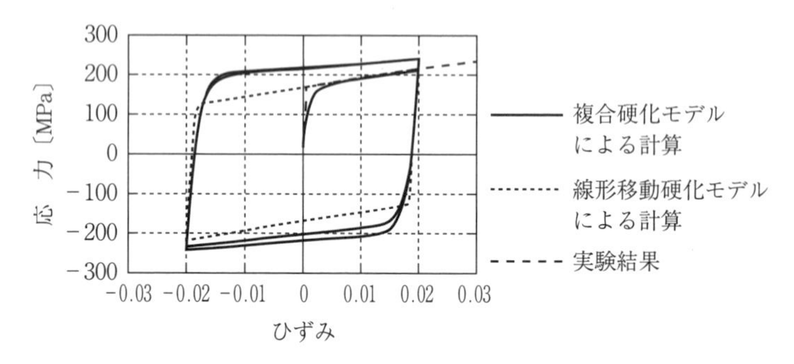

図 5.41　複合硬化モデルおよび線形移動硬化モデルによる繰返し弾塑性応力-ひずみ応答の計算例

〔3〕 テンションレベラー板矯正の計算例

図 5.42（a）に示す 4 本ロールを用いて，板厚 0.5 mm の軟鋼板をテンションレベラー矯正した場合の加工曲率の計算例[19]を図（b）に示す．また，**図 5.43** にはこの場合の残留曲率の計算結果を示す．ここで，計算には複合硬化モデルと線形移動硬化モデルを使っているが，残留曲率の計算結果はモデルによって明らかに異なり，バウシンガー効果と繰返し硬化特性を精度よく表す複合硬化モデルを使った計算がより実験結果に近い結果を予測することがわかる．

この定常解析 FEM を使って，**図 5.44**（a）に示すロール配置のテンションレベラー（これは服部ら[23]により実験的に検討されたものと同じ）による板厚 0.5 mm の軟鋼板の矯正の数値シミュレーションを行ったときのモーメントと曲率の関係の計算結果を図（b）に示す．これより，最終段（No.3 のロール群⑨～⑲）において徐々にロール押込み量を小さくしていくことにより，板の平坦度を上げている（残留曲率を小さくしている）様子がよくわかる．

本解析法の最大の特長はきわめて短時間で安定な解が得られることである．

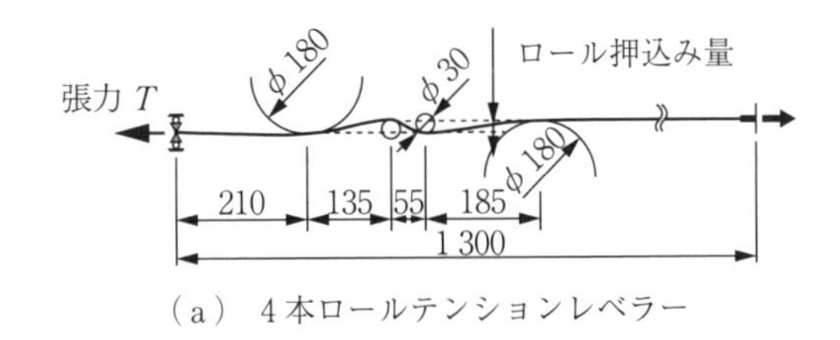

（a） 4本ロールテンションレベラー

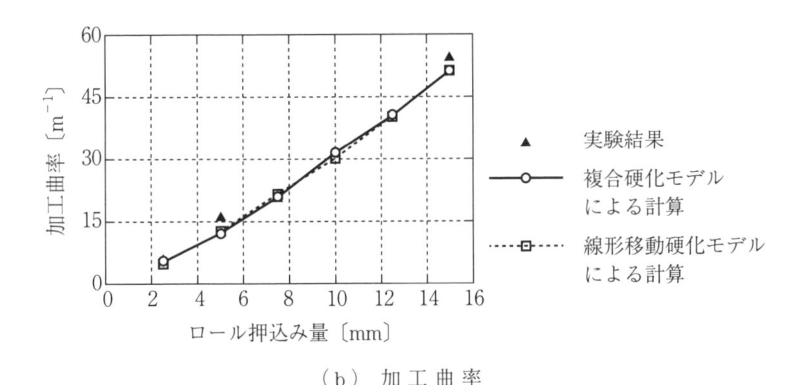

（b） 加工曲率

図 5.42 4本ロールテンションレベラーにおける加工曲率の計算例[19)]

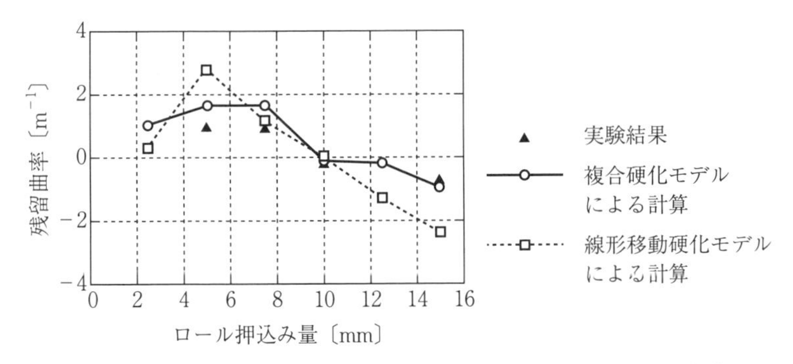

図 5.43 4本ロールテンションレベラーにおける残留曲率の計算例[19)]

濱崎ら[24)]はこの定常FEM解析法を用いて，確率最適化手法によるテンションレベラーの工程設計（最適矯正条件の求解）を行っている．一般的に最適化計算では数百から数千の違った条件の解を求めなければならないこともめずらしくなく，本FEM解析法はこうした場合の利用に向いている．

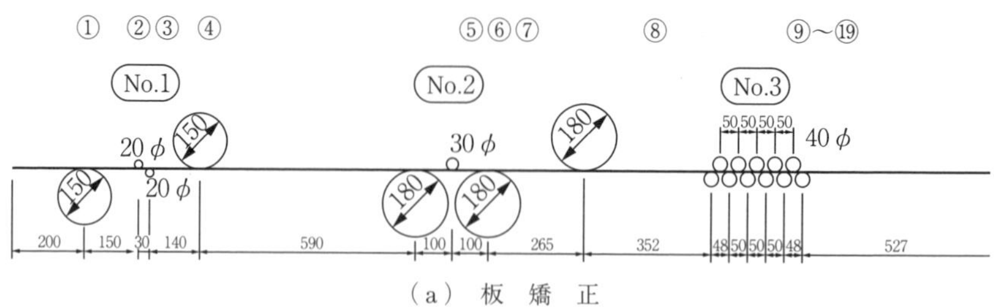

（a） 板 矯 正

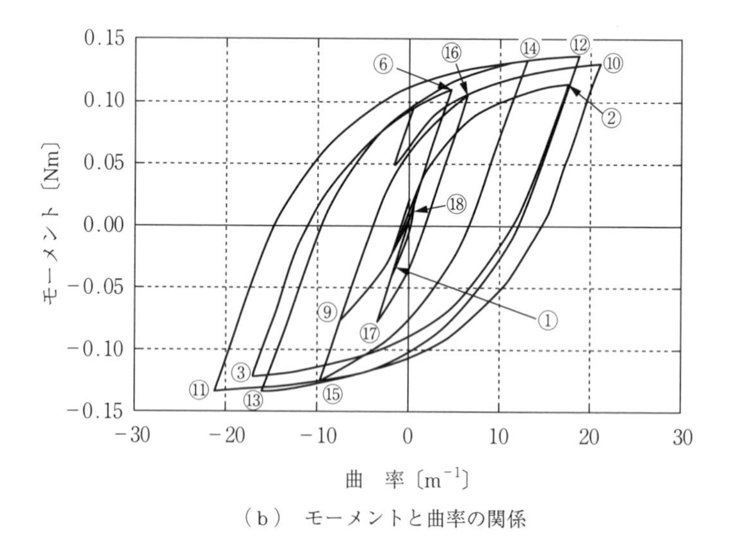

（b） モーメントと曲率の関係

図 5.44 多段ロールテンションレベラー板矯正におけるモーメントと曲率の関係

5.4 矯 正 効 果

5.4.1 平坦度改善の効果

平坦度不良の指標である凹凸部のこう配を表す急峻度 λ と，その凹凸部の長さの余りを表す伸び差率 $\Delta\varepsilon$ との関係は

$$\lambda=\frac{2}{\pi}\sqrt{\Delta\varepsilon}$$

で与えられる.

テンションレベラーは，幅位置ごとの伸び率の差を板に伸びを与えて消すものなので，平坦度不良の改善効果は，無張力で生じる伸びの小さいローラーレベラーなどよりはるかに大きい．

従来，テンションレベラーは0.4 mm以下の極薄鋼板の平坦度改善が主であったが，近年，ホットコイルの脱スケール性改善を目的に酸洗いライン内に設置されるようになってきた．また，厚板ではその熱間ローラーレベラーに張力が付加できる構造のものが作られ，使用されるようになってきている[25)〜27)]．

形状改善に必要な伸び自体はわずかな量であるが，この伸びを実際に得ようとすると，かなり大掛りな設備となる．代表例として，屋根材などに用いられる冷間圧延のままの極薄フルハード材（板厚0.15 mm，板幅1 000 mm，降伏点980 N/mm^2）では，必要な張力が490 N/mm^2，全張力では73.5 kNにも達し，これを直径わずかϕ 20 mmの矯正ロールに掛けて，通板速度1 000 m/min以上で矯正していくので，ロールたわみ，振動などの防止のため，矯正機には高い剛性と，高い精度が必要とされる．

図5.45には，ステンレスの熱延鋼板の連続焼なまし酸洗いライン内のテンションレベラーによる矯正例を示す[28)]．実験は，板厚のやや大きい2種のステンレス鋼で行われ，伸びと急峻度の関係を求めている．伸びとして0.5%与えると，急峻度2%程度の平坦度不良がほぼ平坦といってよい0.2%まで改善される．

図5.46は，厚鋼板の熱間矯正において，レベリング中に張力を付加するため2台のローラーレベラーを結合させた設備である[25)]．**図5.47**には，この設備を使ったときの平坦度不良発生率を，従来の厚板用ローラーレベラーだけのときを基準にして，2台のレベラー間に張力を掛けることで，不良率が半減する結果を示している．

	板厚	矯正前	矯正後
SUS 304	4.0	●	○
SUS420J2	2.7	▲	△

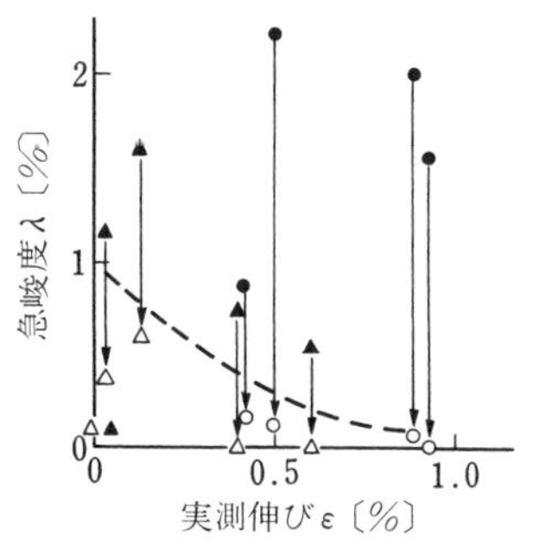

図5.45　ステンレス熱延コイルの平坦度改善例[28)]

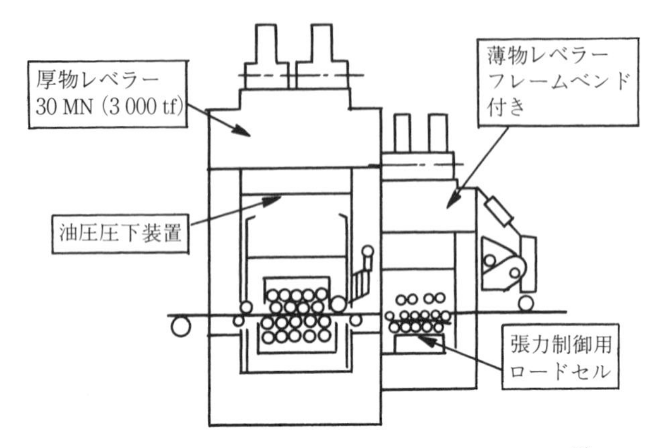

図 5.46　張力制御付き厚板用ホットレベラー概要図[25)]

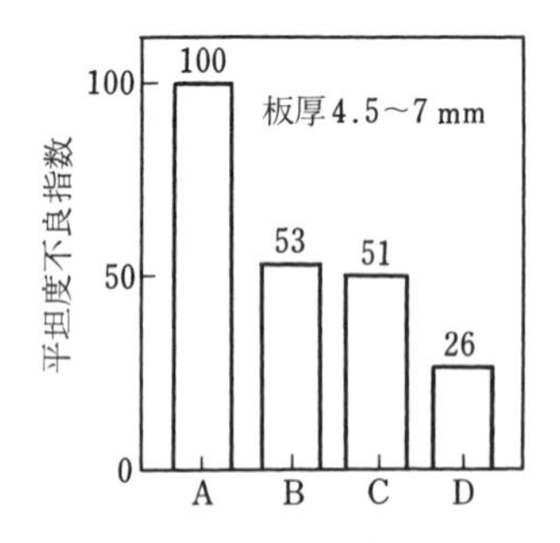

A：従来型厚物用レベラーの不良（＝100）
B：薄物用レベラーのみで矯正
C：厚物用レベラーと薄物用レベラーで同時に矯正（張力なし）
D：張力負荷して矯正

図 5.47　張力付加の平坦度改善効果[25)]

この厚板用ローラーレベラーの張力付加による平坦度改善のメカニズムについては，薄板のテンションレベラーの場合とほぼ同様に考えられる．

5.4.2　板幅の縮み

テンションレベラーによって被矯正板に塑性伸びが与えられると幅縮みが生じる．この幅縮みに対する定量的な調査を**表 5.2** の実験条件で行った．

その結果を**図 5.48** に示す．縦軸の幅縮み率 B は $B=(b_0-b_1)/b_0\times 100$〔%〕で定義される．ここに b_0 はレベリング前の板幅，b_1 はレベリング後の板幅である．図中の実線は体積変化がないとして求めた単軸引張状態の幅縮み率の理論値で，r 値（ランクフォード値）が 2.0 の場合の値である．またレベラー設

表 5.2　幅縮み実験条件[16)]

使用レベラー	ϕ 40 ワークロール 5 本および 3 本
レベラー伸び	最大 0.6%（実測伸び）
供　試　材	ダル冷延鋼板，焼なまし調圧済，無塗油（板厚 0.6 mm，板幅 1 224 mm）
圧　下　量	2.0 mm およびレベラーオープン

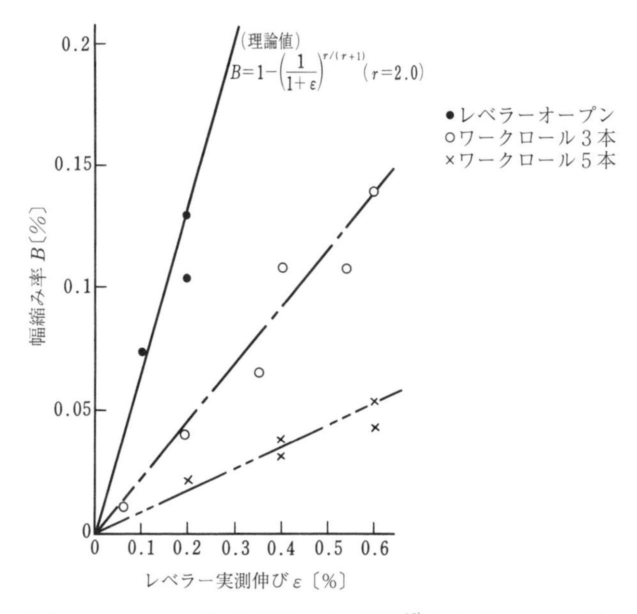

図 5.48　レベラー伸びと幅縮み率の関係[16)]（圧下量 2 mm 一定）

定伸びを 0.5%一定とし，圧下量を変えた場合の幅縮み率 B と圧下量，張力の関係を，それぞれ**図 5.49** と**図 5.50** に示す．これらより得られる結果の要約はつぎの通りである．

- レベリングで生じる幅縮み率は，張力だけの場合より小さい．ワークロール本数が多くなると幅縮み率は小さくなる．なお張力のみの幅縮み率は理論計算値にほぼ一致している．
- 幅縮み率はレベラー伸びと張力にほぼ比例する．
- ワークロール 5 本で伸びが 0.4%程度以下では幅縮み率は 0.05%以下となり実用上問題とはならない．なお JIS の幅公差の規定は，例えば幅

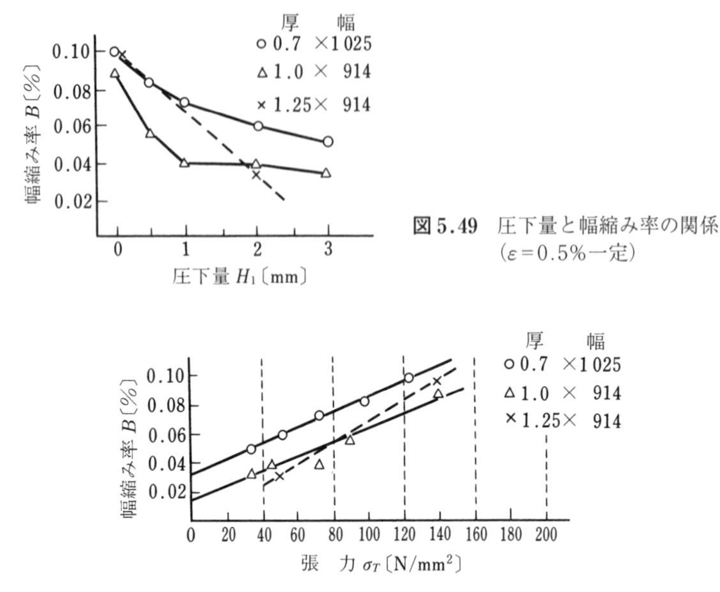

図 5.49　圧下量と幅縮み率の関係（ε=0.5%一定）

図 5.50　張力と幅縮み率の関係（ε=0.5%一定）

1 250 mm 未満で 7 mm または 3 mm 以下である．

ここに見られるように幅縮み率が非常に小さいという事実は，これまでの理論解析における平面ひずみの仮定が妥当なことを裏付けるものといえよう．

5.4.3　デスケール効果

熱間圧延後の板表面にはスケールが発生しており，スケールの除去は酸洗い工程で行われる．この酸洗い処理前に板を曲げ伸ばすことにより，酸洗い時間を大幅に短縮できる．この目的で使用される曲げ伸長機はスケールブレーカーと呼ばれる．このスケールブレーカーに，最近テンションレベラーが使用される．その代表的なローラー配置を**図 5.51** に示すが，これにはスケールブレーキングを行う伸長ローラーが多いものと，少ないものの 2 種類がある．

〔1〕 デスケーリングのメカニズム

スケールは Fe_2O_3（ヘマタイト），Fe_3O_4（マグネタイト）および FeO（ウスタイト）の 3 種類のものからなる．しかし熱間圧延後放冷冷却したコイルのス

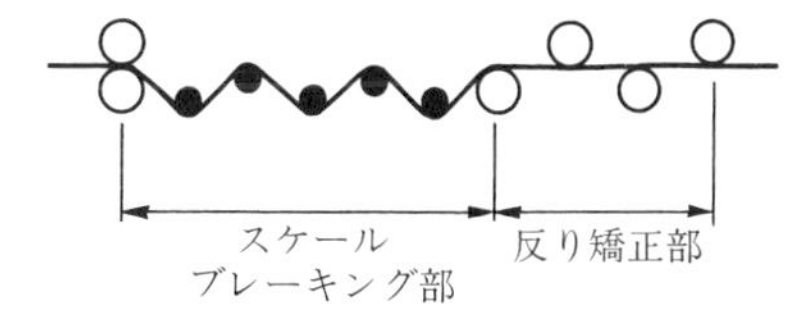

（a） 多本数の中径伸長ローラー（繰返し曲げ2.5回）張力小　（b） 少本数の小径伸長ローラー（繰返し曲げ1回）張力大

図5.51　テンションレベラーのロール配置例

ケールはほとんどのものがFe_3O_4となっている．このようなスケールは脆く延伸性がないので，ストリップを曲げおよび伸長することにより，表面層のスケールにクラックが生じ，かつ母材とスケール層間にはく離が発生する．このため，酸液にスケールが容易に溶解され，酸洗い時間が大幅に短縮される．

図5.52に多数の伸長ローラーで構成されたテンションレベラーによる伸び

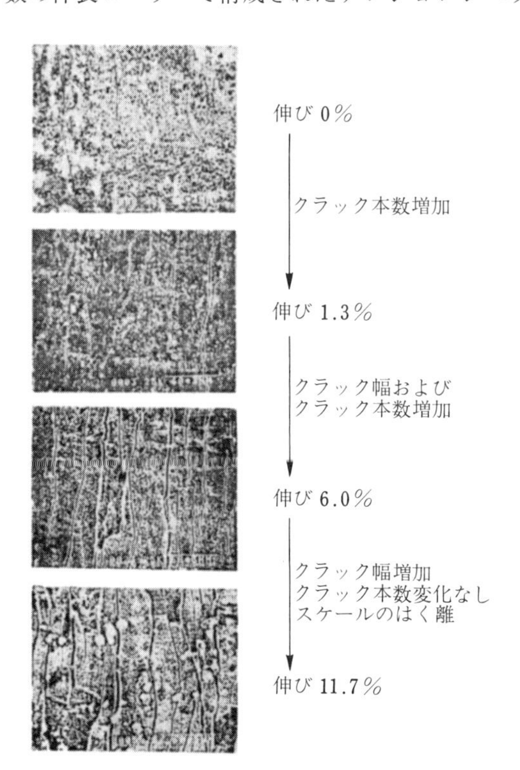

図5.52　伸びとスケール表面状態

とスケール表面状況の関係を示す．伸びが大きくなるとスケールにはクラックのみならずはく離が発生する．また**図 5.53** より伸びが大になると酸洗いが急速に進む様子がわかる．

伸び	テンションレベラー	酸洗い	
		5 秒	10 秒
0%	スケール 母材		
5%			
10%			

図 5.53　伸びとスケール溶解状況

図 5.54 に示すように表面スケール層は大きなひずみ履歴を受ける．すなわち，デスケール効果を改善するには，ローラー 1 回当りの曲げひずみを大きく，かつ曲げ回数も多い方が有利である [29]．したがってテンションレベラーをスケールブレーカーとして使用する場合には，通常の形状矯正時より強く曲げることが望ましい．

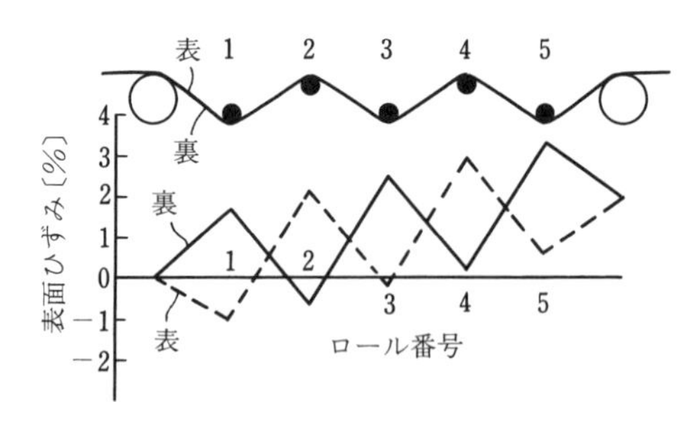

図 5.54　テンションレベラー通過中のひずみ履歴（張力 58.8 N/mm^2，降伏点 294 N/mm^2，伸び 2%）

〔2〕　デスケール効果

図 5.55 より伸び率が増加するほどデスケール効果は大きいが，実際の設備

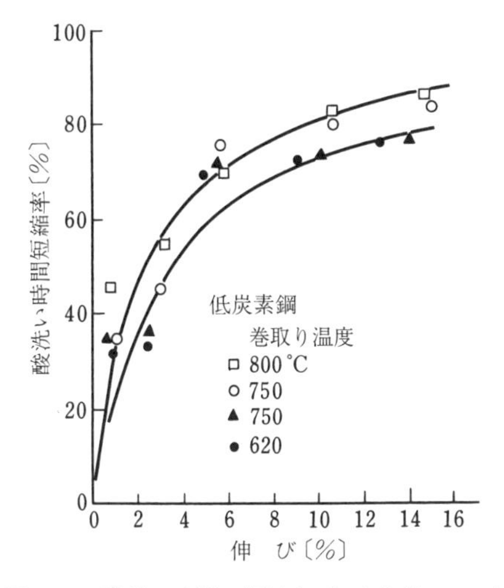

図 5.55　酸洗い時間の短縮率（5 本伸長ロール）

での伸びは 2 ～ 5%に設定されている．これは過大な張力を避けるためと，設備の許容しうる酸洗い時間とのバランスで決められる．2 ～ 5%の伸びに曲げ伸長することにより酸洗い時間は 40 ～ 60%短縮される．これにより酸洗い設備の速度を 1.7 ～ 2.5 倍に増加することができる．

5.4.4　板断面のプロフィルの変化[30)]

平坦度矯正には通常 0.2 ～ 0.5%程度の塑性伸びを付与すれば十分であり，この場合，板厚ひずみ ε_z は非常に小さく無視されてきた．しかし伸びを大きくしていくと ε_z が無視できなくなるとともに，ε_z が板幅方向で変化し，断面プロフィルが変化するという現象が起きることが判明している．

図 5.56 はフラットロールを用いて板を大きく伸ばした際の，幅方向板厚分布の変化の一例である．板幅端近傍の板厚減少は中央部に比べて小さく，その結果，圧延のエッジドロップと逆の板厚分布になってくるので，エッジアップ現象と呼ばれる．この現象は板幅端近傍は平面応力状態，中央部は平面ひずみ状態に近い変形をすることに起因している．

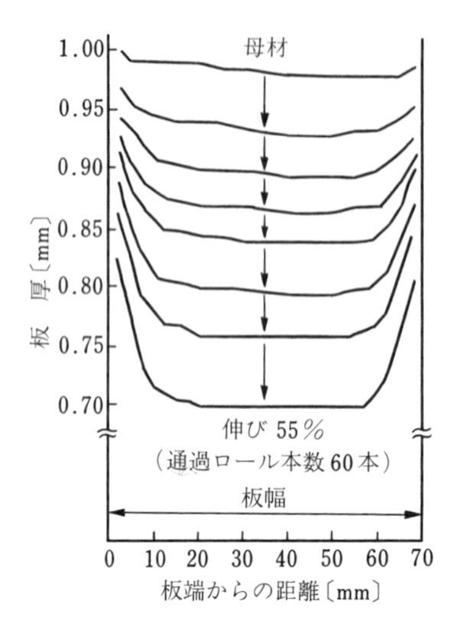

図 5.56　フラットロールによるエッジアップ現象[30]（t 1.0×w 7.0 冷延コイル，ϕ 50×5 本，ロールピッチ 30 mm，張力 127 N/mm^2）

この現象を利用すれば，**図 5.57** のごとく圧延によるエッジドロップの消去も可能となる．さらにワークロールにクラウンを付与すると，**図 5.58** に示すように，凸クラウンの位置では板厚減少が大きく，凹クラウンの位置では板厚減少が小さいことも判明している．したがって適正なクラウンロールを用いれば板断面形状の矯正が可能となり，塑性伸び ε_p〔%〕の約 1/2 の板クラウン比率改善が達成できる．

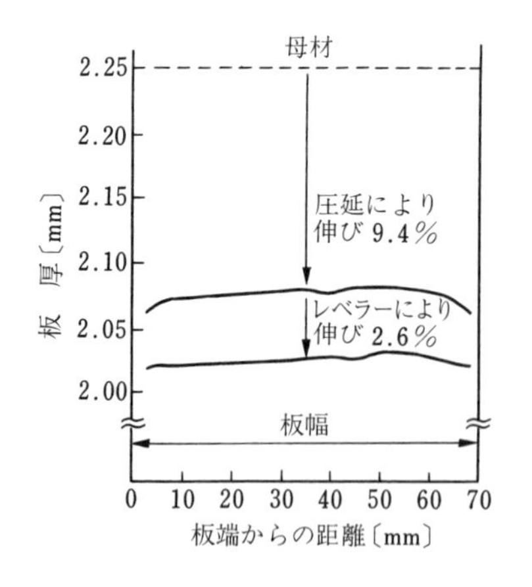

図 5.57　圧延後の曲げ引張りによる板厚分布の変化[30]（t 2.25×w 70 熱延コイル，ϕ 50×5 本，ロールピッチ 30 mm）

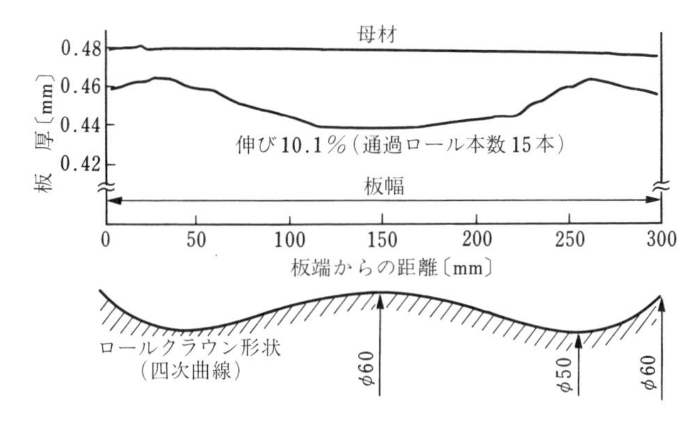

図 5.58　クラウンロールよるプロフィル変化の一例[30)]（t 0.48×w 300 冷延コイル，ϕ 50 フラット・クラウン・クラウン・クラウン・ϕ 50 フラットの 5 本，ロールピッチ 230 mm，張力 167 N/mm^2）

引用・参考文献

1）Blond, R. A.：Iron Steel Engr., **44**–9 (1967), 95.
2）Brock, P., Bowers, J. E. & Smith, D. D.：J. Inst. Metals, **90**–1 (1961), 1.
3）西川誠治ほか：塑性と加工，**10**–107 (1969)，885.
4）伴誠二ほか：第 34 回塑性加工連合講演会講演論文集，(1983)，269.
5）川口清：機誌，**81**–718 (1978)，29.
6）Swift, H. W.：Engineering, **166**–Oct (1948), 333.
7）曽田長一郎：塑性と加工，**10**–107 (1969)，853.
8）曽田長一郎：鉄鋼便覧，**3**–1 (1980)，68.
9）平松忠彦ほか：住友重機械技報，**18**–49 (1970)，34.
10）山本直道ほか：昭和 49 年度塑性加工春季講演会講演論文集，(1971)，105.
11）美坂佳助・益居健：塑性と加工，**17**–191 (1976)，988.
12）木村智明・芳村泰嗣：日立評論，**57**–5 (1975)，433.
13）曽田長一郎：機械試験所所報，**15**–4 (1961)，194.
14）川口清：塑性と加工，**21**–236 (1980)，807.
15）益居健・中井尚・熊坂清：鉄と鋼，**68**–5 (1982)，S386.
16）是川公毅ほか：住友金属技術誌，**28**–1 (1976)，1.
17）Huh, H., Lee, H. W., Park, S. P., Kim, G. Y. & Nam, S. H.：J. Mater. Process. Technol., 113 (2001), 714–719.

18) Li, S. Z., Yin, Y. D., Xu, J., Hou, J. M. & Yoon, J.：J. Iron Steel Res. Int., **14**-6 (2007), 8-13.
19) 卜部正樹・吉田総仁・谷田圭司・梶原哲雄：塑性と加工，**39**-444 (1998)，82-86.
20) Yoshida, F. & Urabe, M.：J. Mater. Process. Technol., **89**-90 (1999), 218-223.
21) Chaboche, J. L. & Rousselier, G.：Trans. ASME. J. Press. Vessel Technol., **105**-2 (1983), 153-158.
22) Yoshida, F. & Uemori, T.：Int. J. Plasticity, **18**-5-6 (2002), 661-686.
23) 服部重夫・前田恭志・松下富春・村上昌平・秦純二：塑性と加工，**28**-312 (1987)，34-40.
24) 濱崎洋・志垣征聡・吉田総仁・Toropov, Vassili.：鉄と鋼，**95**-11 (2009)，740-746.
25) 益居健・橋爪藤彦・後藤久夫・吉松幸敏・牛尾邦彦：塑性と加工，**29**-333 (1988)，1010-1016.
26) 八子一了・西山暢・山脇満：鉄と鋼，**73**-4 (1987)，S 317.
27) 磯山茂ほか：材料とプロセス，**1** (1988)，1600.
28) 伊藤正彦・渡辺敏夫・高田正和・善本毅：鉄と鋼，**71**-5 (1985)，S387.
29) 中前ほか：特開昭 54-15429.
30) 益居健ほか：第 36 回塑性加工連合講演会講演論文集，(1985)，369-373.

6 棒線・管の矯正

6.1 棒 線 の 矯 正

6.1.1 矯 正 の 種 類

図 6.1 に棒線の矯正法を示す．板の矯正の研究，実用化技術は多く発表されている[1)〜10)]．一方，棒線の矯正は 2 ロール矯正，ローラーレベラー，引張

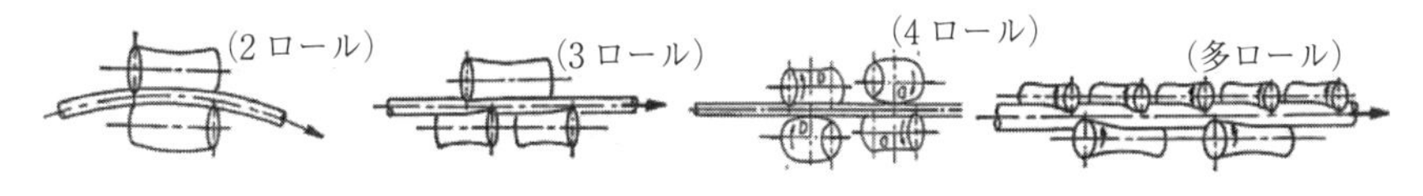

（a） 回転送り曲げ

（b） 引張り＋ねじれ （c） ローラーレベラー （d） 回転ブレード矯正

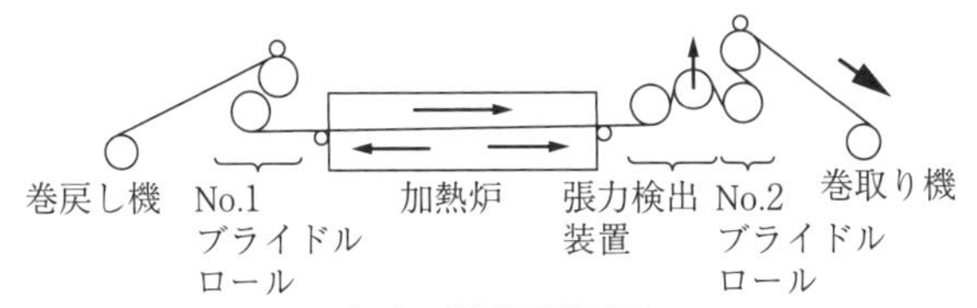

（e） 温間引張矯正

図 6.1 棒線の矯正方法

（温間）矯正など比較的多く使用されているが，公表資料は必ずしも多くはない[11)~17)]．**図 6.2** には曲がり，真直度の評価方法を示す．板の場合は図（a）に示す急峻度で一般的に評価される場合が多い．棒線の場合は，形状，目的に応じて各種の測定法が試みられている．自重の影響の少ない太径棒線の場合は，図（b）に示す 2 点で支持し，材料を回転させながらダイヤルゲージなどで振れ回り量 δ を測る回転真直度，細線の場合は図（c）に示すように水平板に静かに置き，その弦の高さ h_B を測定する平面真直度で評価される．水平板の摩擦力の影響を受けやすい極細線の場合は，壁に吊るし両端の開き量で曲がり H（図（d））と振れ δt（図（e））でねじれを評価する．素線コイル形状は一般的にリング径 D_0 およびピッチ P で評価される[8)]．

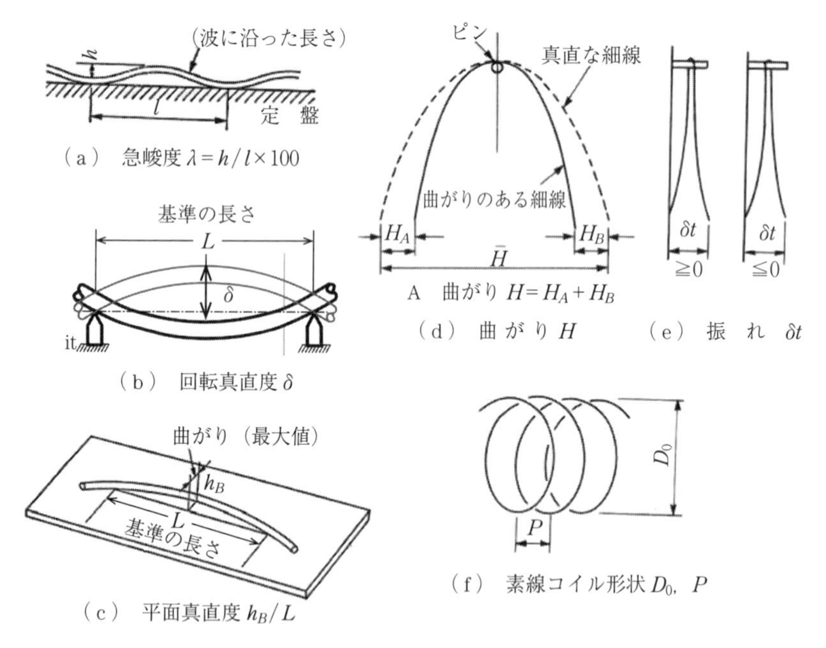

図 6.2　曲がり，真直度の評価方法

6.1.2 矯正の力学

矯正の基本は繰返し曲げである[5)]．**図 6.3** に矩形断面における平面保持を仮

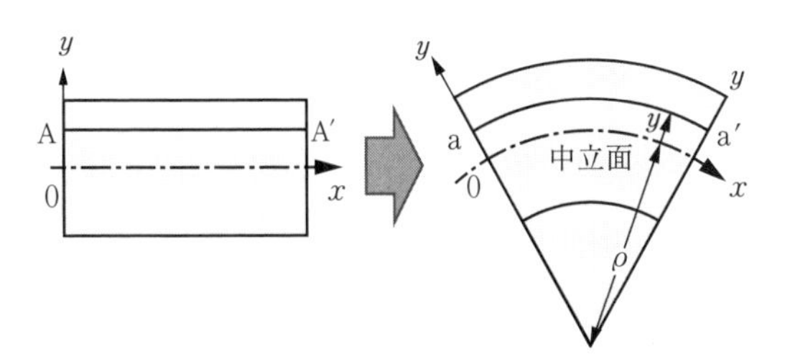

図 6.3 曲げによるひずみの計算方法

定した曲げによるひずみの計算方法を示す．幾何学的関係から軸方向のひずみは $\varepsilon_x = y/\rho$（ρ は曲率半径，y は板厚中心からの距離）と表記される．すなわち中心より上面では y に比例した伸びひずみ（+），下面では圧縮ひずみ（−）となる．**図 6.4** に板厚 t，幅 b とした際の曲げモーメントの計算方法と応力の

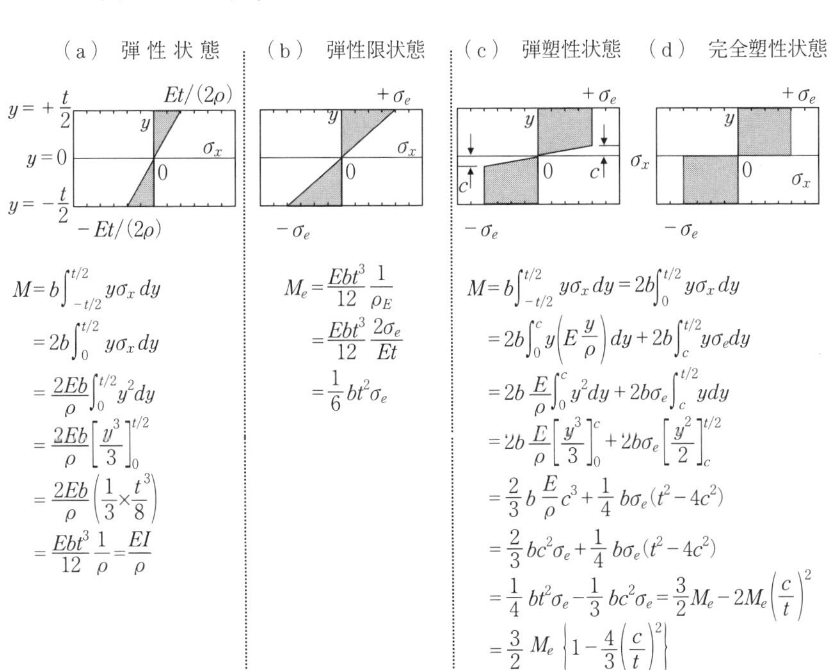

(a)
$$M = b\int_{-t/2}^{t/2} y\sigma_x\,dy = 2b\int_0^{t/2} y\sigma_x\,dy = \frac{2Eb}{\rho}\int_0^{t/2} y^2 dy = \frac{2Eb}{\rho}\left[\frac{y^3}{3}\right]_0^{t/2} = \frac{2Eb}{\rho}\left(\frac{1}{3}\times\frac{t^3}{8}\right) = \frac{Ebt^3}{12}\frac{1}{\rho} = \frac{EI}{\rho}$$

(b)
$$M_e = \frac{Ebt^3}{12}\frac{1}{\rho_E} = \frac{Ebt^3}{12}\frac{2\sigma_e}{Et} = \frac{1}{6}bt^2\sigma_e$$

(c)
$$M = b\int_{-t/2}^{t/2} y\sigma_x\,dy = 2b\int_0^{t/2} y\sigma_x\,dy$$
$$= 2b\int_0^{c} y\left(E\frac{y}{\rho}\right)dy + 2b\int_c^{t/2} y\sigma_e dy$$
$$= 2b\,\frac{E}{\rho}\int_0^{c} y^2 dy + 2b\sigma_e\int_c^{t/2} y\,dy$$
$$= 2b\,\frac{E}{\rho}\left[\frac{y^3}{3}\right]_0^{c} + 2b\sigma_e\left[\frac{y^2}{2}\right]_c^{t/2}$$
$$= \frac{2}{3}b\,\frac{E}{\rho}c^3 + \frac{1}{4}b\sigma_e(t^2 - 4c^2)$$
$$= \frac{2}{3}bc^2\sigma_e + \frac{1}{4}b\sigma_e(t^2 - 4c^2)$$
$$= \frac{1}{4}bt^2\sigma_e - \frac{1}{3}bc^2\sigma_e = \frac{3}{2}M_e - 2M_e\left(\frac{c}{t}\right)^2$$
$$= \frac{3}{2}M_e\left\{1 - \frac{4}{3}\left(\frac{c}{t}\right)^2\right\}$$

図 6.4 曲げモーメントの計算方法と応力分布図

分布図を示す．図（a）は弾性状態の曲げモーメントと応力の計算方法である．図（b）は表層のみが弾性限 σ_e に達した状態で，その曲げモーメントを M_e とした．降伏応力 σ_Y が明確な場合 M_Y としてもよい．図（c）は一般的塑性曲げ状態（材料は弾完全塑性体と仮定）で表層部の塑性域と中心部の弾性域（その境界を c とする）が混在する弾塑性状態である．図（d）は $c=0$ の場合で全領域が塑性状態になる．

図 6.5（a）は除荷して曲げモーメントが $M=0$ になった状態を示す．計算では負荷モーメント M と同じ値で反対方向の曲げモーメント $-M$ が負荷されたと考え，その総和がスプリングバック後の応力，すなわち残留応力になる（図（b））．以上は材料が矩形断面の場合であるが，棒線のように円断面の場合も，定量的には異なるが傾向はほぼ同様である．

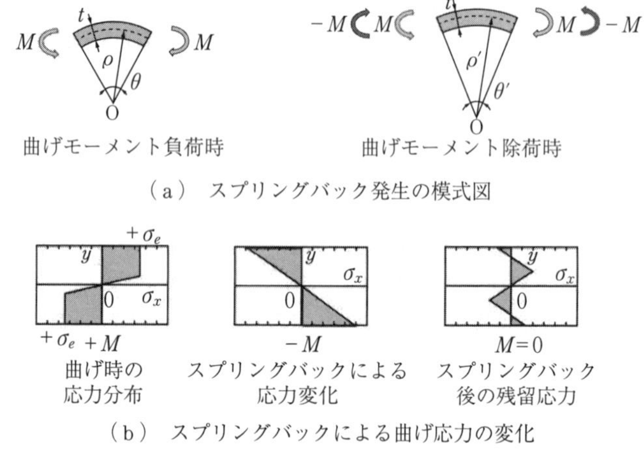

図 6.5　スプリングバックの計算方法

図 6.6 にばねモデルを想定して残留応力分布を視覚的に理解する方法を示す．曲げによって上面には引張応力が作用して塑性変形の伸びひずみを生じる．一方，下面は圧縮応力により塑性変形の圧縮ひずみを生じる．除荷後の内部の応力の総和はゼロなので，上面は負荷時とは逆に弾性圧縮応力，下面は負荷時とは逆に弾性引張応力となる．残留応力は塑性変形が不均一になる場合に生じ

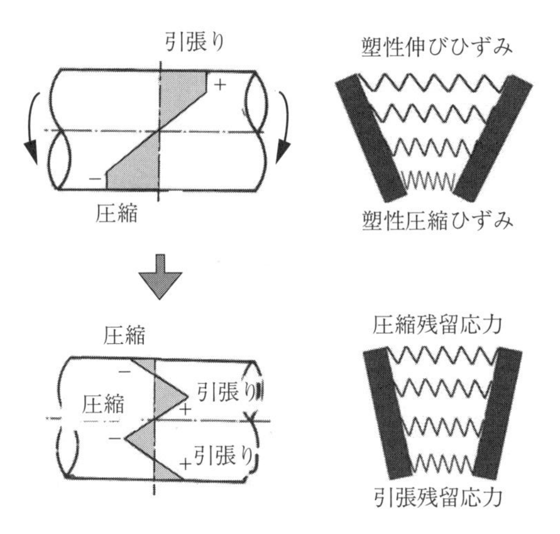

図 6.6　負荷時のひずみと除荷時の残留応力

る．実用的な塑性加工では均一変形はありえないので，必ず残留応力を伴う．

図 6.7 に一般的な繰返し曲げ矯正法を示す．縦軸に曲げモーメント M，弾性限界の曲げモーメントを M_e，横軸に曲率半径 ρ の逆数である曲率 κ（$=1/\rho$）

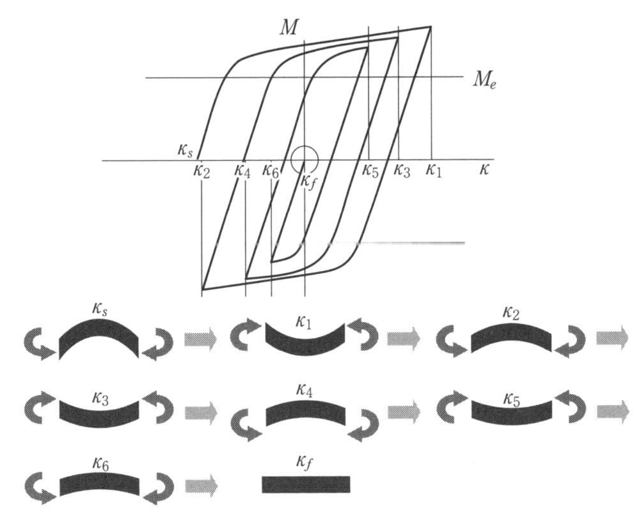

図 6.7　繰返し曲げ矯正法

をとる．素材の曲率 κ_s よりも大きな曲率 κ_1 を逆方向に与え，つぎにやや小さな逆曲げ κ_2 を与える．このように $\kappa_2 \rightarrow \kappa_6$ まで逓減曲げを繰返し与える．最終段で曲げ κ_6 を除荷した際に，曲率 κ_f がゼロとなるよう各ロール押込み量を調整する．

単軸応力負荷 σ の場合，$\sigma = \sigma_Y$ で降伏するが，多軸負荷の場合は式（6.1）のミーゼスの相当応力 $\bar{\sigma}$ が単軸降伏応力 σ_Y を超えれば塑性変形する．

$$\bar{\sigma} = \sqrt{\frac{1}{2}\left\{(\sigma_x - \sigma_y)^2 + (\sigma_y - \sigma_z)^2 + (\sigma_z - \sigma_x)^2 + 6({\tau_{xy}}^2 + {\tau_{yz}}^2 + {\tau_{zx}}^2)\right\}} \quad (6.1)$$

したがって矯正に要する応力は垂直応力 σ_x，σ_y，σ_z（引張り，曲げ）でも，せん断応力 τ_{xy}，τ_{yz}，τ_{zx}（ねじり）でも，またそれらが複合された応力でもよい．すなわち矯正には引張矯正，曲げ矯正，せん断矯正，あるいはこれらの組み合わせなどさまざまな方法が活用できる．

6.1.3　棒線矯正に必要な材料の特性

矯正加工では被矯正材の材質が均一であれば目標の真直度を達成しやすい．しかし素材には，① 長手方向，円周方向の機械的性質の変動やばらつき（降伏応力，硬さ，組織など），② 断面形状の変動（線径寸法精度，偏径差など），③ コイル形状不良（曲げとねじりが混合した三次元形状）などの不具合が生じやすい．

図 6.8 に観察されるように圧延鋼材の降伏応力の変動と矯正後の真直度に相関がある[14)]．一方**図 6.9** に示すように被矯正材の降伏応力が一部高めに変動すると，一定の降伏応力から逸脱する M-κ ループを描くので曲率ゼロの達成が困難となる．実際には降伏応力が変化するたびに押込み量を調整し曲率を変化させざるをえず，大変わずらわしい作業となる．被矯正材の曲率にばらつきがあっても降伏応力が一定であれば矯正により曲率をゼロに収斂しやすい．曲率ゼロを安定的に達成するためには，被矯正材の長手および半径方向に降伏応力，加工硬化指数，バウシンガー効果など材料特性の均一化が重要である．矯正は材料の等方均一を前提にした塑性加工法であるから至極当然といえよ

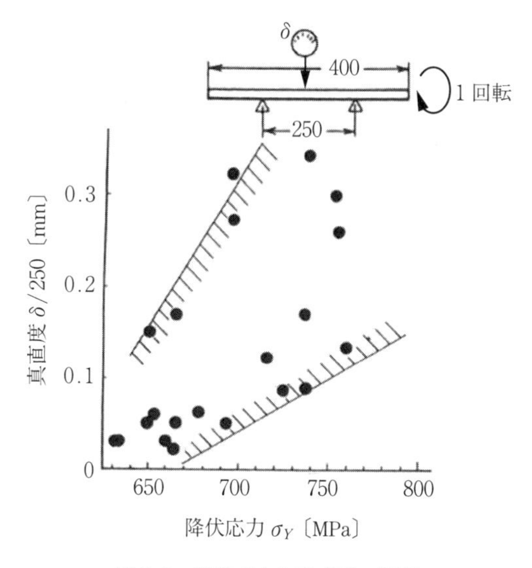

図 6.8 降伏応力と真直度の相関

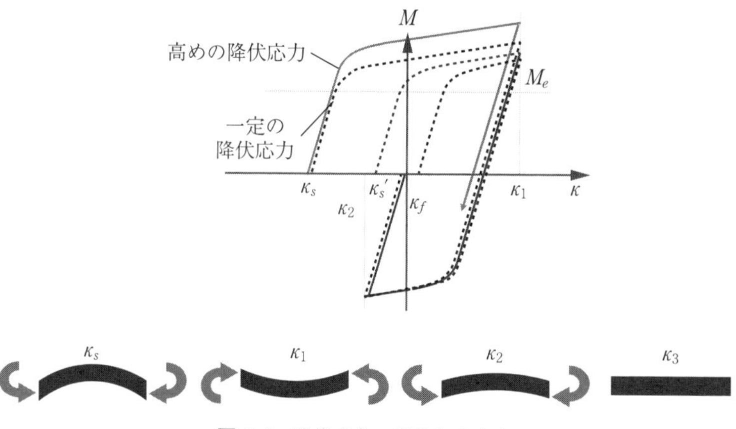

図 6.9 降伏応力の変動と真直度

う．偏径差がある被矯正材は矯正中に斜めの曲げが生じ意図した方向の曲率が与えられなかったり，パスラインから外れやすくなり真直を得にくい．**図 6.10** に示すコイル形状もきわめて重要である．一次元曲がり材や二次元曲がり材の矯正は比較的に容易であるが，曲げとねじりを伴った三次元形状の素材は基本

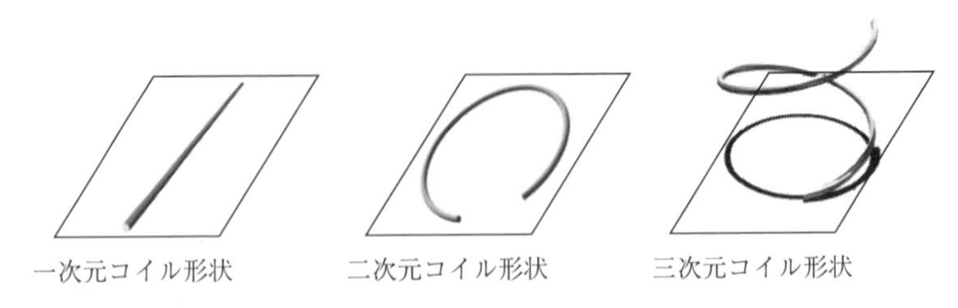

図 6.10 矯正用素材のコイル形状

的に高真直を得ることが困難となる[17].

6.1.4 2ロール矯正

〔1〕 2ロール矯正の基本と実際

2ロール矯正は簡便かつ高真直が得られるため，圧延黒皮鋼材の一次矯正から磨き棒鋼のような精密矯正まで多くの分野で使われている．棒線や管では素材断面が円形状のため長手方向だけでなく周方向にも一様な矯正が必要となる．**図 6.11** は2ロール矯正の基本原理で，鼓型円筒と双曲面型円筒の2ロールを対向させて長手方向に繰返し曲げを与え，被矯正材をガイドに誘導させながら周方向にも回転させつつ矯正する方法である[18]．各ロールの軸線は素材の進行方向とそれぞれが反対に斜交し，その斜交角度 α は 0 ～ 20°の範囲である．その角度と両ロール間の距離で素材に与える曲率が変化するとともに角度が大きくなると送り速度が増加する．

1960 年代に主としてドイツで2ロール矯正の詳細な研究が行われた[19)～22)]．**図 6.12** に示すように，被矯正材は左の入側から出側に進行しながら曲げられ，弾性変形から塑性変形を受け，中央部で最大の曲げモーメントと塑性変形を受けた後，繰返し逓減曲げにより真直化される．このとき入側のロール半分は導入部であり矯正効果はなく，中央部から出側に至る塑性領域の曲げは数回転程度に過ぎず，大部分は弾性状態で繰返し曲げが加えられる傾向にある．したがって，矯正効果を高めるためにはロールの幅を長くするか，**図 6.13**（口絵

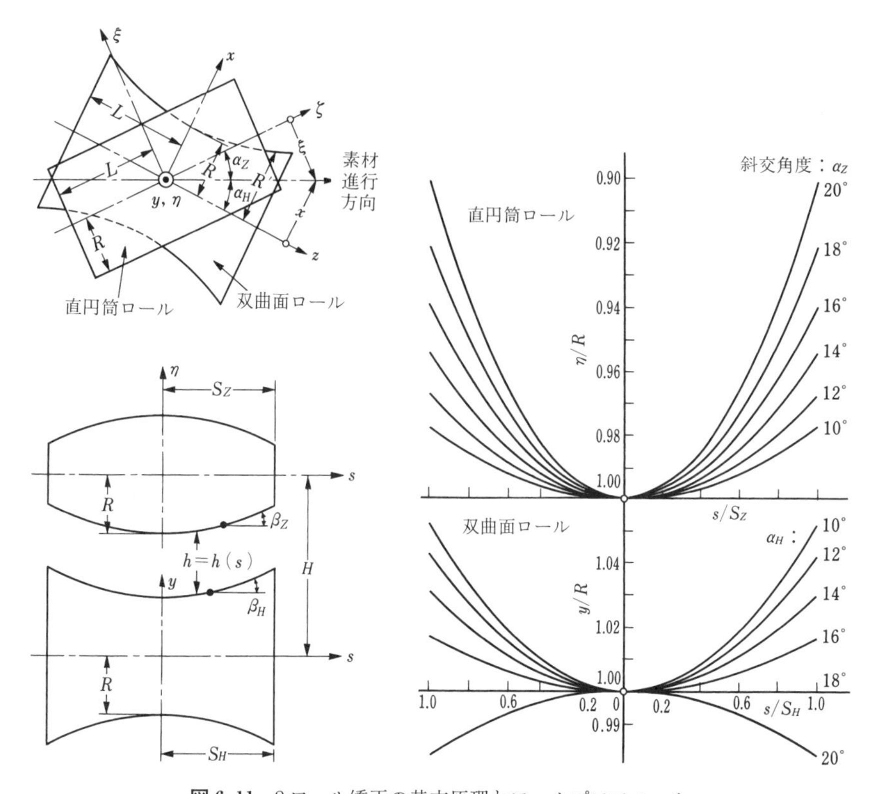

図 6.11 2ロール矯正の基本原理とロールプロフィール

2参照）に示すように3点接触からロールプロフィール（ロール形状）を変え，被矯正材とロールを一様に接触させ，塑性領域を長くするなど矯正効果を高める工夫が続けられている[23)].

2ロール矯正の効果を確認するためには多鋼種，多サイズ，さまざまなロールプロフィール，ロール交差角を変化させる必要があり，実操業における実験は大変な工数と時間を必要とする．FEMシミュレーションはこの工数を削減する手段として活用されはじめている[23)〜27)]．**図 6.14**（口絵3参照）に2ロール矯正の応力分布変化を示す．90°回転するたびに材料表層および断面の軸方向応力分布が引張りから圧縮応力に変化する状況が再現されている．**図 6.15**

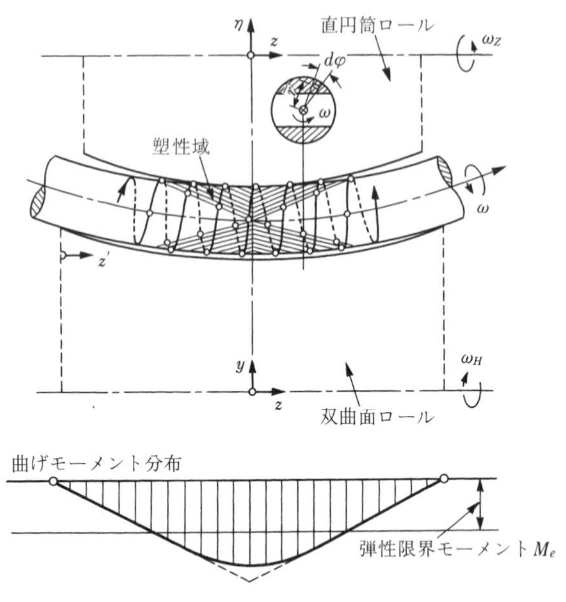

図 6.12　送り回転と曲げモーメント分布推移

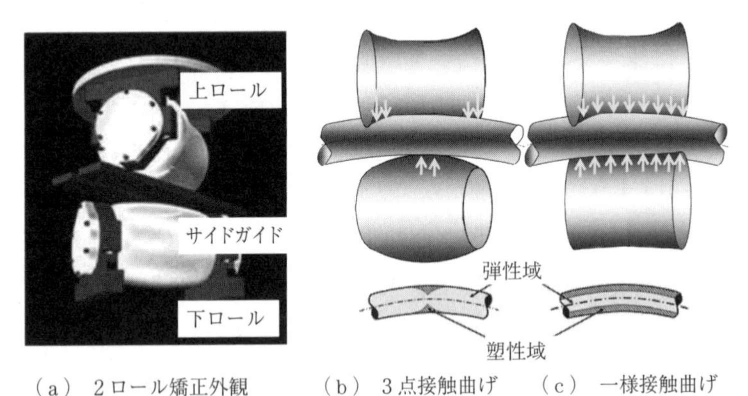

（a） 2 ロール矯正外観　（b） 3 点接触曲げ　（c） 一様接触曲げ

図 6.13　3 点接触と一様接触方式の比較

に示すように表層から中心に至るまでの塑性領域の半径に対する比率を塑性率（または塑性変形率）ξ（$\xi=2\eta/d$，直径 d，片側塑性域 η）と定義すると，現在，一般に使用されている ξ は 30 ～ 40% である．FEM の結果はこれを 50 ～

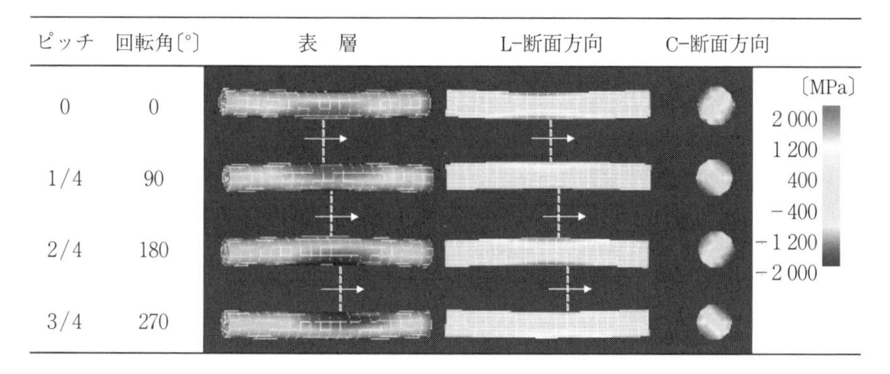

図 6.14 FEM シミュレーションによる繰返し曲げと応力分布変化

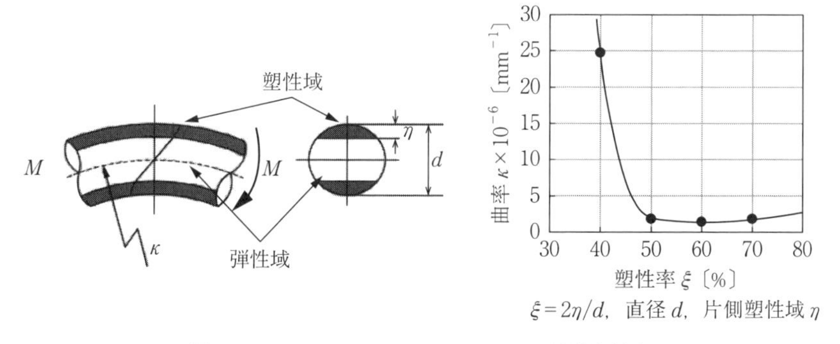

図 6.15 FEM シミュレーションによる最適塑性率

70％に高めるとより高真直が得られることを示唆している．**図 6.16** に示すように現状（$n/n_0=1.0$，現状の曲げ回数 n_0）では全 8 回の繰返しとなっているが，中央部から出側に至る有効な繰返し曲げ塑性域はわずか 2 ～ 3 回にすぎない．これを $n/n_0=1.5$ ～ 2 倍に回数を増やすと格段に真直度が向上する現象が観察される [24)]．以上から，2 ロール矯正においては，① 可能な限り大きな塑性率を与え，② 逓減の傾きは緩やかにして塑性領域を増やすと真直が向上するといえる．

〔2〕 矯 正 太 り

引抜き材を矯正すると矯正後の寸法が太る傾向にある [28)～30)]．**図 6.17** では

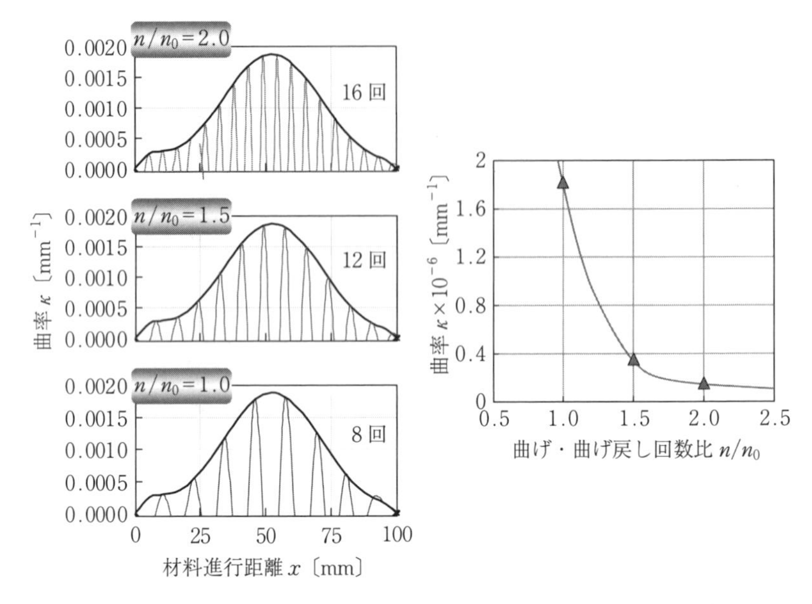

図 6.16　FEM シミュレーションによる繰返し曲げと真直度の関係

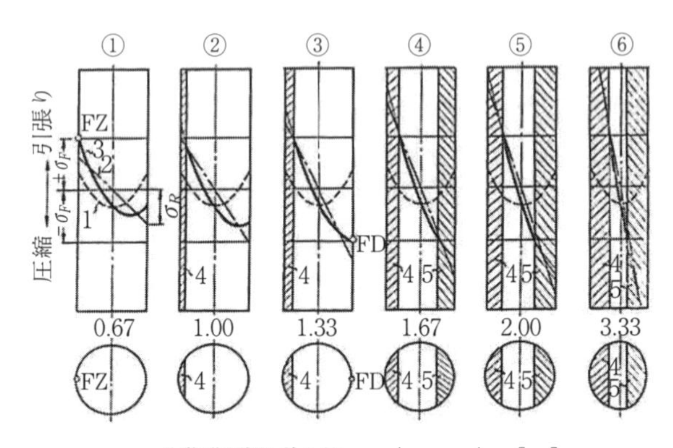

図 6.17　引抜き残留応力が矯正太りをもたらす原因

引抜き残留応力が矯正太りをもたらす原因解析のため，曲げ・曲げ戻しにおける応力と塑性域の関係について吟味している[18]．まず①の初期弾性状態において，素材の残留応力により弾性曲げ後の合成応力は引張側が過大となる．②で表層の引張残留応力がある部分から降伏し始める．③でさらに大きくなる曲げ応力により合成曲げ応力は引張側にシフトし始める．その結果④→⑤のように圧縮塑性変形域が引張側よりも大きくなり，⑥に観察されるように圧縮ひずみが過大に生じ，材料径は太くなる．

図 6.18 は矯正前素材を圧延のまま，焼ならし，焼なましの 3 種とし引抜き加工材（2 種）と皮むき加工材の矯正加工度と矯正太りの関係を示している[18]．加工度（減面率）の影響は顕著に見られないが，引抜き加工のままの材料は矯正太りが大きく，皮むき材は引抜きより少ない．これは両者の残留応力の差と考えられる．一方，熱処理材は焼ならし，焼戻しするにしたがい太りは軽減される．炭素量が増すと降伏応力が高まり残留応力が大きくなるため，より矯正太りが顕著になるとされている．その他矯正中の軸力や材料のバウシンガー効

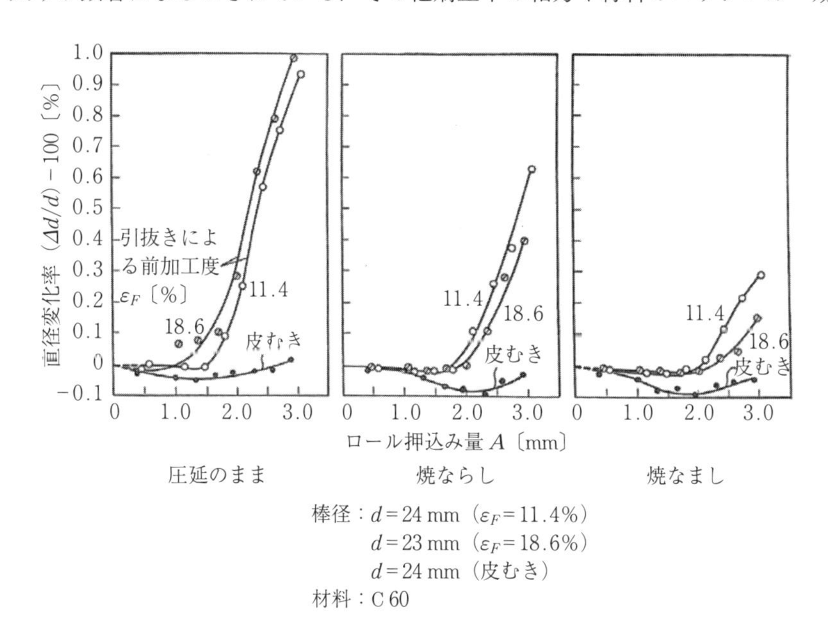

図 6.18 引抜き加工と熱処理材の矯正太り

果も太りに影響するとされている[28]．

図6.19（a）（口絵4参照）に線径9.95 mmの磨き棒鋼用引抜き材の2ロール矯正中における軸方向ひずみ測定結果を示す[24]．ロールと接触しないように矯正材の一部を切削してからストレインゲージを貼付し，軸方向ひずみを測定した．図中①は表側のひずみ，②は裏側のひずみ，③は①と②との偏差の1/2であり，被矯正材に付与されている表層の曲げひずみに相当する④は①と②の平均であり，被矯正材に付与されている軸方向の表層伸びひずみに相当する．これによれば引抜き材は2ロール矯正中は軸圧縮ひずみ量が－0.55％生じる．これは太りに換算して0.27％に相当する．実測値は線径9.95 mmから9.97 mm，0.24％の太りを示し，ほぼひずみ測定値と一致している．このように引抜き材を矯正すると矯正太りが顕著になる．図（b）には引抜き後550℃に焼なましした磨き棒鋼材の2ロール矯正中の軸方向ひずみ測定結果を，図中

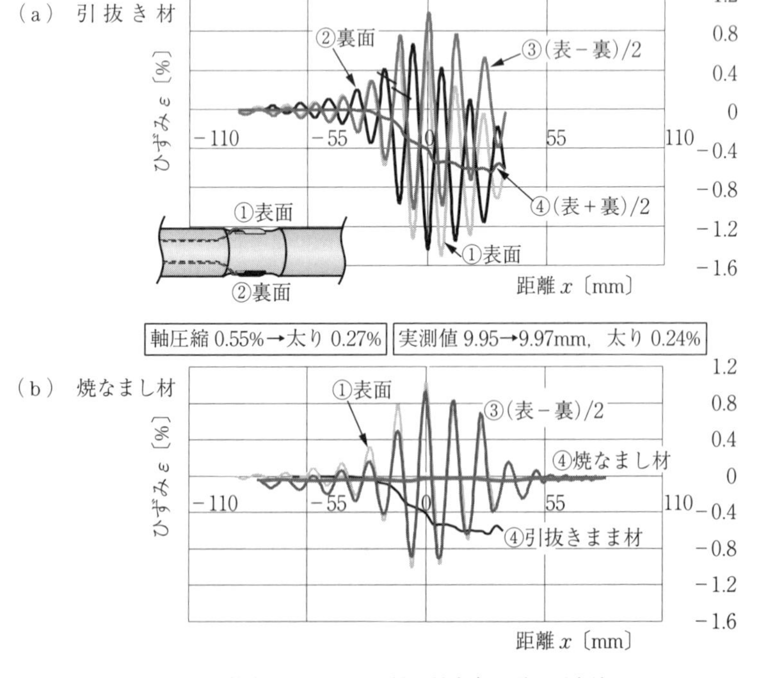

図6.19　引抜き材と焼なまし材の軸方向ひずみ測定結果

④の引抜きまま材と比較して示す．焼なまし材は軸方向ひずみがほぼゼロとなっており，矯正太りが生じていない．

図6.13に示したように，従来の3点接触曲げ矯正では両端のみ寸法が太る現象があり，歩留まりの低下の要因となっていた[14]．一方，上下ロールが材料と一様に接触するように曲げモーメントを付与すると，材料の前端と後端も胴部と同じように一様な曲げを受けるため，3点接触曲げ特有の端部太りが少なくなる．**図6.20**に示すように，一様接触曲げの場合，両端太りが低減されている[16]．2ロール矯正で矯正材に圧延のような過大な押込み量を与えると，材料表面が異常に硬化し，切断時の割れや品質不良の原因になるので避けなければならない．2ロール矯正ではパスラインの中心に棒材を正確に誘導しなければならない．しかし，通常の凹・凸ロールでは不安定となりサイドガイド（図6.13（a）参照）で棒材をしっかりと支えなければならず，ガイドの摩耗や矯正材にきずを誘発しがちである．また矯正前の素材の曲がりが大きいと矯正中の回転により棒材の振れ回りが激しくなり，場合によってはパスラインを外れ矯正不良を生じやすくなる．このため送り速度を低下せざるをえない．**図6.21**に示すように，線径9.95 mmの短尺材（0.66 m）は振れ回りが少ない状態で矯正されるが，比較的長い材料（2 m）は入側で大きな振れ回りが発生し，

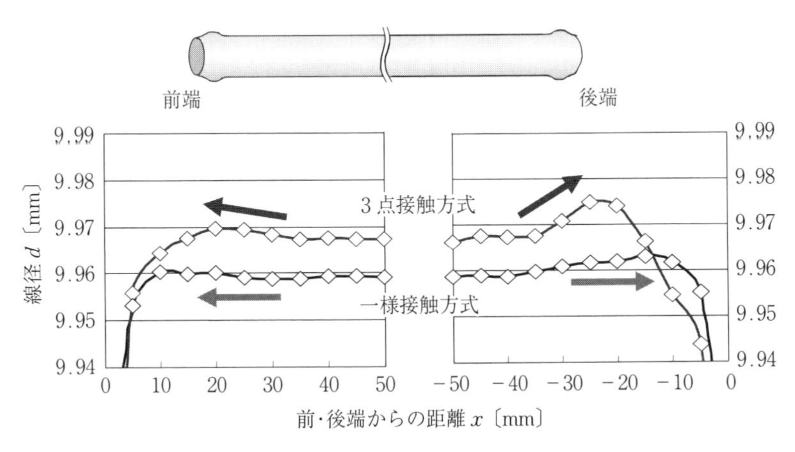

図6.20　3点接触と一様接触方式における両端太りの比較

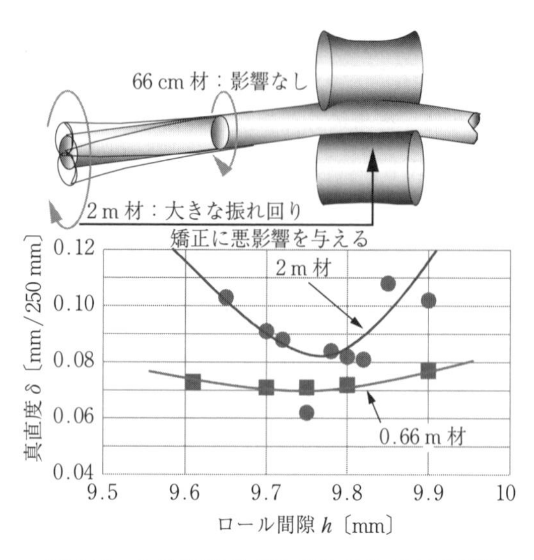

図 6.21　入側材料振れ回りが真直度に及ぼす影響

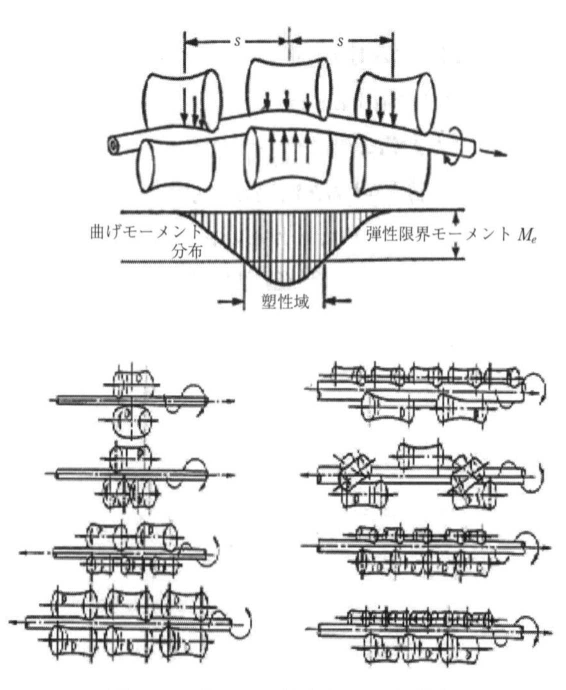

図 6.22　多ロール式矯正の原理と構成

パスラインから外れやすく真直が悪化する傾向にある．これから入側の材料振れ回りを抑えるガイドの工夫が真直度を向上させる有力な手段になるといえよう．例えば2ロールをタンデムに2台並べて矯正する4ロール矯正法（図6.1参照）は，最初の2ロール矯正が振れ回りを抑える役割も果たしている．

〔3〕 多ロール式矯正の原理と構成

図6.22 に示す多ロール式[2]は2ロール矯正機の改善から生まれた．斜交角が大きくとれるので高速で処理可能であるが，短尺棒鋼用途においては，両端の曲がりが残るので棒材の精密矯正用には用いられない[9]．

6.1.5 ローラーレベラー矯正

〔1〕 ローラーレベラー矯正の基本と実際

ローラーレベラーは最も基本的な矯正法である[31)〜34)]．薄板，厚板，形鋼は駆動ロール方式が主流であるが，棒線は無駆動ロール方式が多い．**図6.23**（a）に示すように[9]，下ロールは固定で上ロールの押込み量 h で矯正材の負

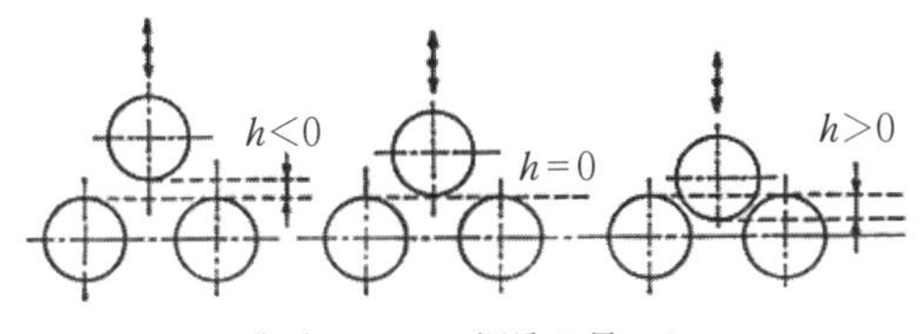

（a） ロール押込み量 h

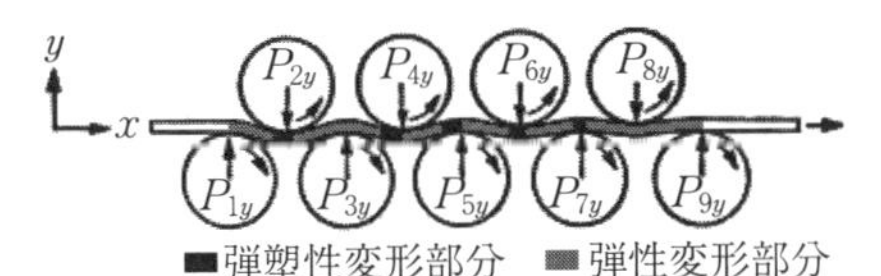

（b） ロールによる繰返し曲げ変形

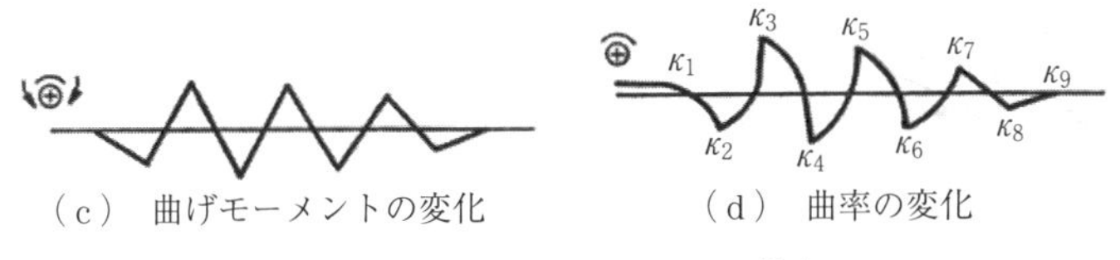

（c） 曲げモーメントの変化　（d） 曲率の変化

図6.23 ローラーレベラーの基本

荷を変える．ここでの押込み量（またはインターメッシュ）hのゼロ点は被矯正材が真直の際にロールと接触を開始する点を$h=0$ mmと定義する．図（b）に示すロール負荷の直下で材料が弾塑性変形する．その結果ロール負荷により曲げモーメントの強さが変化し（図（c）），曲率変化が非線形に変化し（図（d）），真直度ゼロと残留応力低減を指向している．

ローラーレベラー矯正はシンプルな機械構造，安価，容易な操作性のため，太径から細径線材まで広く用いられている（**図6.24**）．特に棒線のローラーレベラーはロールの支持構造が片持ちとなっており，剛性を配慮した矯正機設計，矯正条件設定が不可欠である．

（a） 太径用ローラーレベラー

（b） 細径用ローラーレベラー

図6.24　ローラーレベラーの外観

当初は圧延直棒材を素材として二次加工メーカーや最終ユーザーが使用していた．しかし高度成長期に運搬や能率，歩留まりの観点から棒材をコイル化し，ユーザーでコイル材を引出し，引抜き，切断，矯正し直棒とするようになった．すなわちbar to barからcoil to barへの移行である．これにより画期的に生産性が向上し，自動車や電気・電子機器の部品として広く普及するようになった．しかし，コイル材に移行してから矯正ライン中で線材が自転する不具合が生じるようになった．これは従来のbar to barでは見られなかった現象である．このことは線材の自転を前提としていないローラーレベラー矯正，特に精密矯正では大きな問題となってきた[35]．

〔2〕 ローラーレベラー矯正の実験と FEM シミュレーション解析

図 6.25 に 0.45% C の ϕ 6 mm 鋼線を五つのローラーで矯正する際に，押込み量 $h_2=2.0$ mm に固定し，最終調整ロール h_4 を変化させたときの矯正後の真直度測定結果を示す．コイル形状が線状の一次元材（1D），平面上曲がりの二次元材（2D）を矯正した場合では，押込み量 h_4 を調整すれば矯正後真直度 κ はほぼゼロとなり，理想的な真直材を得ることができた．しかし，曲がりとともにねじれのある三次元材（3D）は矯正しても真直を得ることはできず，図中に示すように一定領域の矯正限界の存在が確認された．**図 6.26** は素材のコイル形状の直径 $D_0=1.2\times10^3$ mm で一定とし，ピッチ P をさまざまに作り分けた試験材で矯正ライン中の自転を観察した．ピッチ大な材料ほど材料自転角は大きく，ピッチが負になれば自転も負を示す．**図 6.27** は図 6.25 の実験と同様な方法で FEM シミュレーションにより解析した結果である．三次元コイル形状を線材に与え，これを矯正しそれぞれ X–Y 平面（矯正時に曲げを受ける平面），X–Z 平面（矯正時に曲げを受ける平面に垂直な平面）に投影された曲がり量を用いて評価した．X–Y 平面における曲がりは矯正されるが X–Z

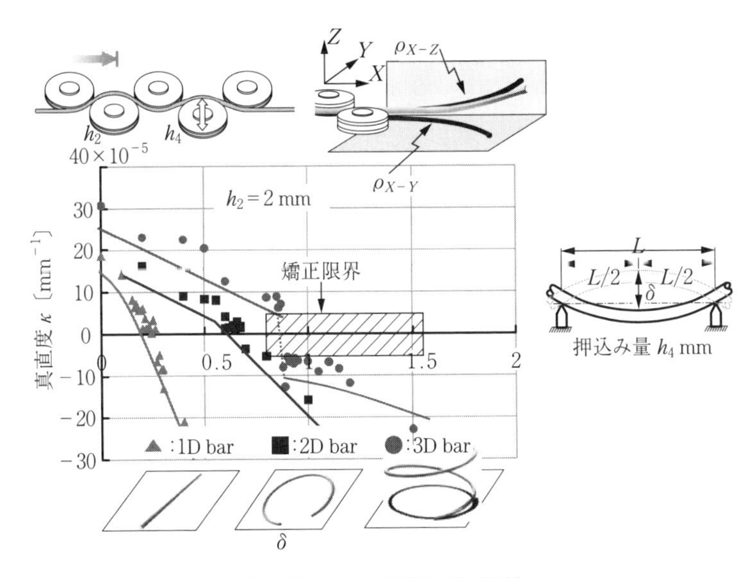

図 6.25 コイル形状と矯正限界

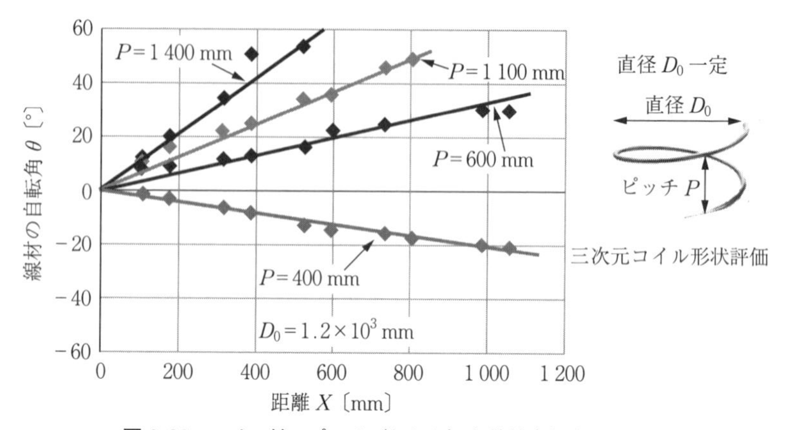

図 6.26　コイル材のピッチ（ねじれ）と線材自転角の関係

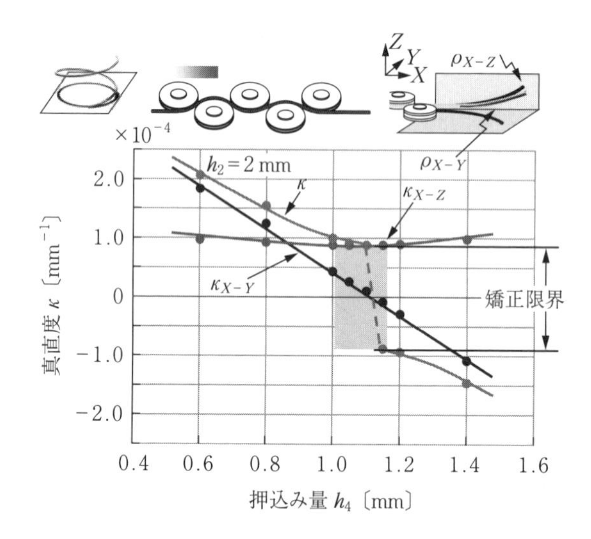

図 6.27　FEM シミュレーションによる矯正限界の再現

平面における曲がりは十分矯正されない．これは線材の自転により，平面に配置されたロールからは斜めの曲げが付与され，目的通りの繰返し曲げができないためである[36]．すなわち，矯正限界が現れるのは矯正ライン中に生じる材料の自転が原因である．

以上の知見から線材が自転する方向に沿って 2 ロール矯正機をユニット単位

で回転できれば，三次元矯正に対応した矯正が可能なはずである．より細い線径 1.2 mm 鋼線のローラーレベラーの事例を**図 6.28** に示す [37)]．矯正材が連続 4 ユニットローラーレベラー矯正機を通過する間，線材の自転とマッチングした $\omega = 90°$（$\omega = \Sigma\,\omega_i = \alpha$，　各ユニットの傾角 ω_i，入側から出側までの材料の回転角 α）に傾ければ最も高い真直を得られる．ω はコイル形状（曲率とピッチ）が既知であればあらかじめ設定しておくことが可能である．最も大切な点は，矯正に使用するコイル形状の径 D_0 を大きく，ピッチ P を小さく保ち，三次元コイル形状を線材に与えないことである．

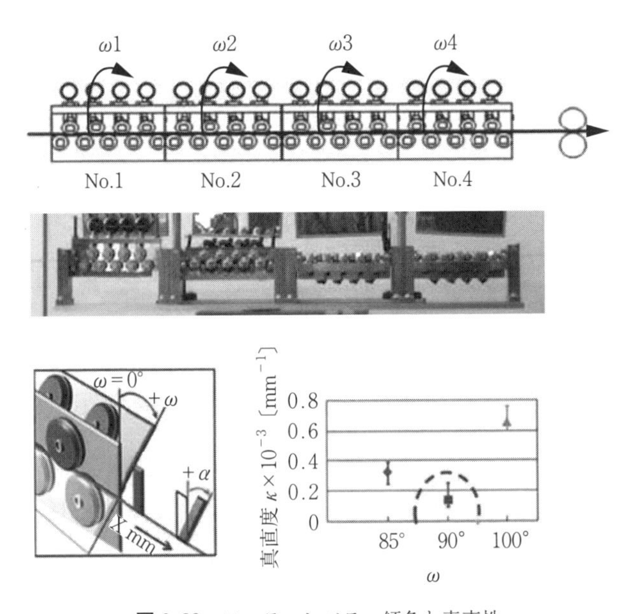

図 6.28　ローラーレベラー傾角と真直性

6.1.6 温間引張矯正

温間引張矯正は，棒材を 1 本ずつチャックして張力を与える方法，あるいはコイル線材を連続的に加熱炉で温間にし，入出側のブライドルロールなどで引張り，コイル状あるいは直棒化する方法でばね鋼 [38)]，りん青銅 [39)~42)]，金線 [43)] などでの研究および実用化事例がある．

圧延された線径 6.6 mm のコイル状のチタン合金線材 Ti–6Al–4V を連続式温間引張矯正した事例を**図 6.29** に示す．線材はピンチローラーを介してペイオフリールから巻戻され，千鳥状に配置された垂直・水平型のローラー矯正機（レベラー）で粗矯正される．入側ブライドルロールに巻付け後，高周波誘導加熱装置により線材を急速加熱させ，保温・水冷・空冷後に出側ブライドルロールにより引張力を付与する．チタン合金は温度依存性が大きく，常温に比べ 700℃では耐力が 1/4 以下に減少する．この耐力の減少により，温間引張矯正が有効に発揮できる．張力を大きくすると材料が絞られ寸法が縮小するため（ダイレス伸線の原理），温間矯正では寸法変動の少ない引張強さの 2 ～ 3％の張力が最適である．**図 6.30** に示すように変態点の 850℃付近の加熱を除けば，650 ～ 750℃の付近で安定した真直度が得られている．なお，コイルを巻戻し直棒化する際に発生する線材自転を拘束すると真直度が悪化するので，線材を送るピンチローラー圧力は最小限にとどめる必要がある [44]．

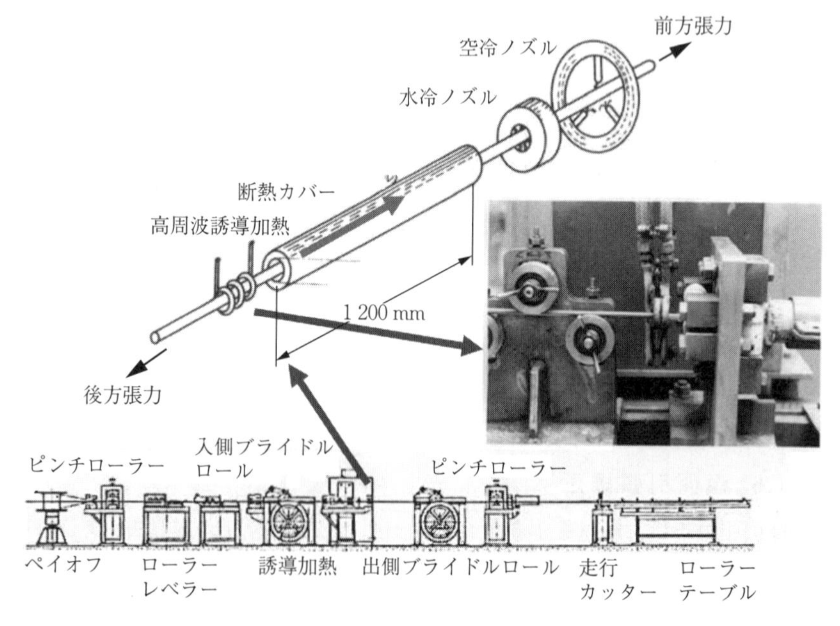

図 6.29　チタン合金線の温間引張矯正

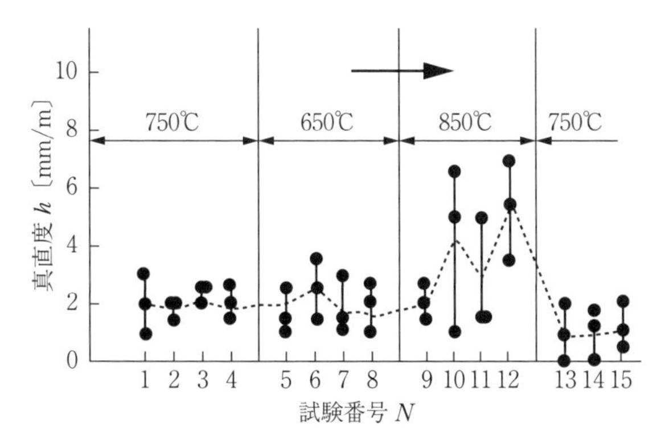

図 6.30　チタン合金線の最適矯正温度条件

つぎに，高強度りん青銅線（引張応力 1 000 MPa，線径 0.089 mm）を用い，**図 6.31** に示すように素線の線形状を 6 種類用意し，線径形状と真直度との関係を検討した[45),46)]．No.1 は曲がりやねじれが最も大きい素線，No.6 は曲がりもねじれも少ない真直に近い素線である．コイル形状の良好な No.6 の素線は 250 ～ 300℃で目標値を満たす高真直な線材を得ることができた．しかしコイ

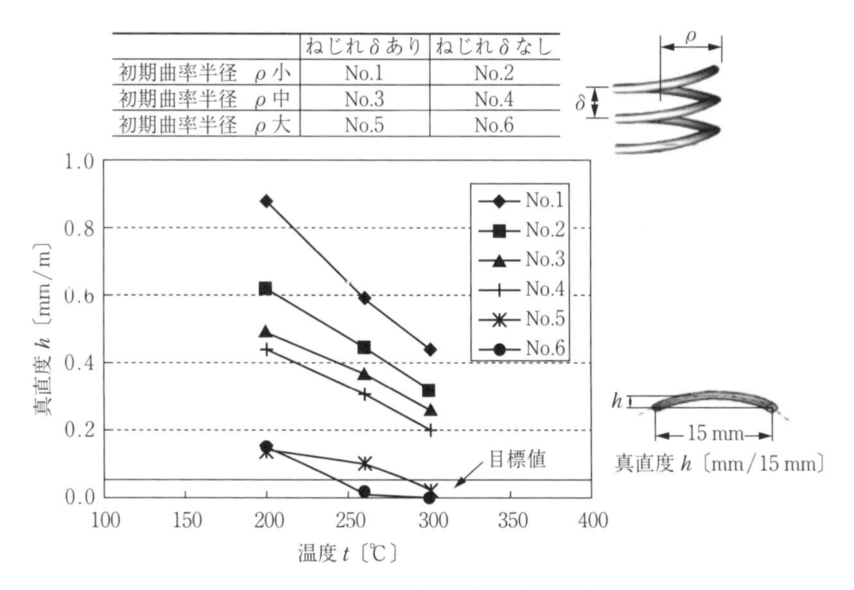

	ねじれ δ あり	ねじれ δ なし
初期曲率半径　ρ 小	No.1	No.2
初期曲率半径　ρ 中	No.3	No.4
初期曲率半径　ρ 大	No.5	No.6

図 6.31　コイル形状ごとの矯正効果

ル形状の不良なNo.1～4では加熱温度を300℃に上げても目標値から大きく外れる結果となった．温間矯正の真直度も矯正前の素線の形状に大きく依存することが観察された．

りん青銅細線のほかに，直径0.07 mmの純タングステン（引張強さ2 600 MPa）の矯正を試行してみた．りん青銅線は曲率ゼロ（真直）が可能であるが，純タングステンは曲率ゼロを達成することがきわめて困難である．真直度はそれぞれの材料の微小ひずみ領域での加工硬化特性に関係している．**図6.32**に各材料，各温度における応力-ひずみ線図を示す．りん青銅は300℃での温間矯正時には微小ひずみ領域（1%前後）でのn値がゼロであるが，それ以外の材料，温度ではn値が相対的に高い．ここでn値とは加工硬化の度合いを表し，0～1の間の範囲にあり，この値が大きいと加工硬化の程度が大きくなる．**図6.33**の応力-ひずみ線図に示すように，曲がりのある線材を真直になるよう引張力を加えると上部凸側では圧縮ひずみ，下部凹側では引張ひずみが発生する．引張矯正の原理はこの真直になった状態から出発し，凹側，凸側にそれぞれ引張矯正ひずみε_1を付与する矯正法である．除荷後，微小ひずみ領域での$n>0$のように，n値が大きい場合は除荷後の上下スプリングバック量の差$\varepsilon_G=\varepsilon_\beta-\varepsilon_\alpha$に相当する曲がりが残る．一方，$n$値がゼロに近く応力-

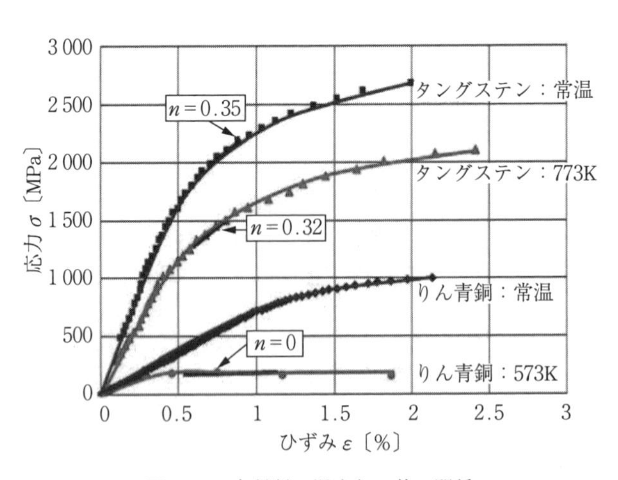

図6.32　各材料の温度とn値の関係

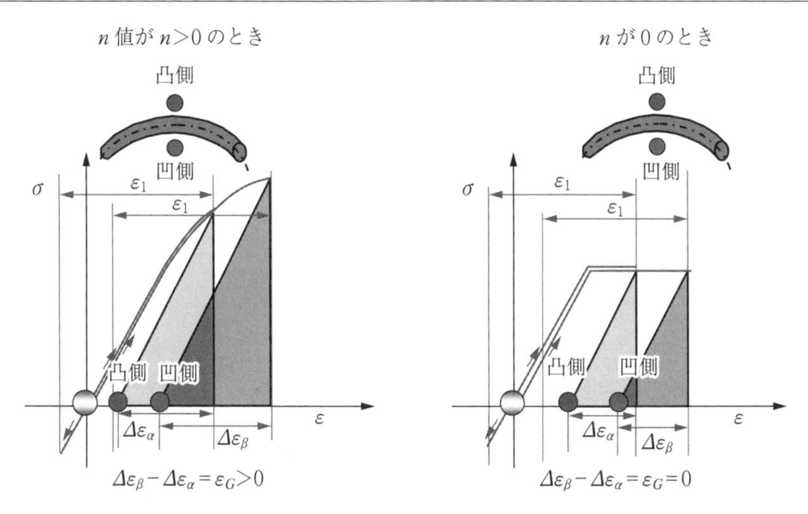

図6.33 矯正と材料のn値の関係

ひずみ線図が平行になる場合，スプリングバック量の差ε_Gはほぼゼロとなり真直が達成されやすくなる．このように温度を上げてn値が小さくなると高真直化しやすく，温間域に温度を上げてもn値の大きな線材は高真直が難しい[47),48)]．

6.1.7 細線の回転ブレード矯正

回転矯正機は太丸サイズには太径用スピナーノズル矯正機（**図6.34**（a）），数十µmまでの極細線には細径用回転ブレード矯正機（図（b））と，線径に応じて押込み工具形状を変え幅広く使われている．ここでは，最近厳しい真直度が要求されるようになった細線矯正を紹介する．

回転矯正は長手方向だけでなく周方向の矯正も可能である．**図6.35**に示すように，ブレードのコマを押込んで，線材に曲率を最初大きく，徐々に小さくする逓減矯正となるよう設定するのが基本である．二つの回転ブレードは相互に逆方向に回転させ，矯正中の線材のねじれを軽減している．線材は出側のピンチロールで送り出される．**図6.36**（a）にステンレス線（線径0.35 mm，降伏応力1 500 MPa）を使用して回転ブレード矯正（コマ間隔L=5 mm，後方

（a） 太径用スピナーノズル矯正機

（b） 細径用回転ブレード矯正機

図 6.34　棒線用回転矯正機の外観

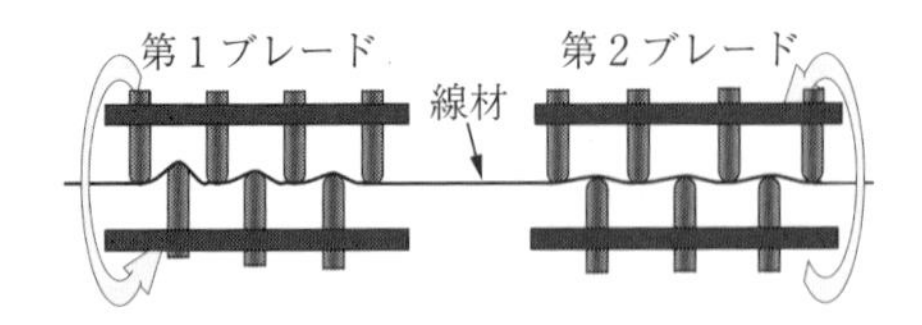

図 6.35　回転ブレード矯正機のメカニズム

張力（破断応力の 3%程度），各ブレードの回転数 $r=2\,000$ rpm，送り速度 $v=600$ mm/min）で試験した真直性の結果を示す[49),50)]．押込むコマは偶数番目とし，逓減曲率法で矯正した．その結果真直度 $\kappa=1.96\times10^{-5}$ mm^{-1} が得られたが，線材を多本数並べて観察すると，隣り合う線材の間に隙間が確認（小う

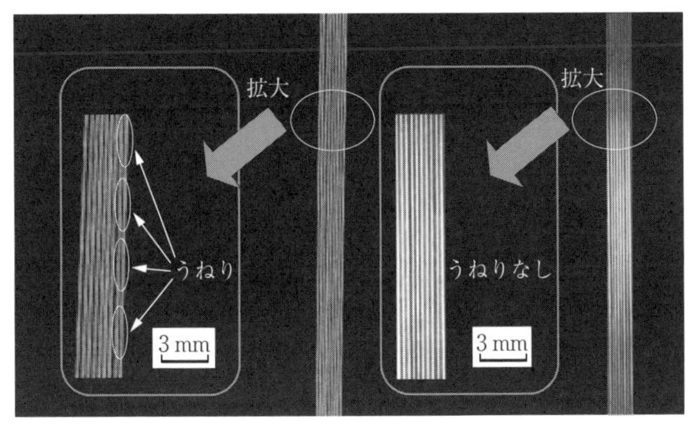

（a） 繰返し曲げ・曲げ戻し後　（b） ねじり矯正後

図 6.36 繰返し曲げとねじり矯正の真直度比較

ねり）された．

細線を矯正するためには真直度のみならず，小うねりも同時に小さくする必要がある．米谷らは[51] **図 6.37** に示すように，線径 1 mm の洋銀線で回転ブレード矯正中の線回転が多いほど，送りピッチが細かいほど真直性は向上する

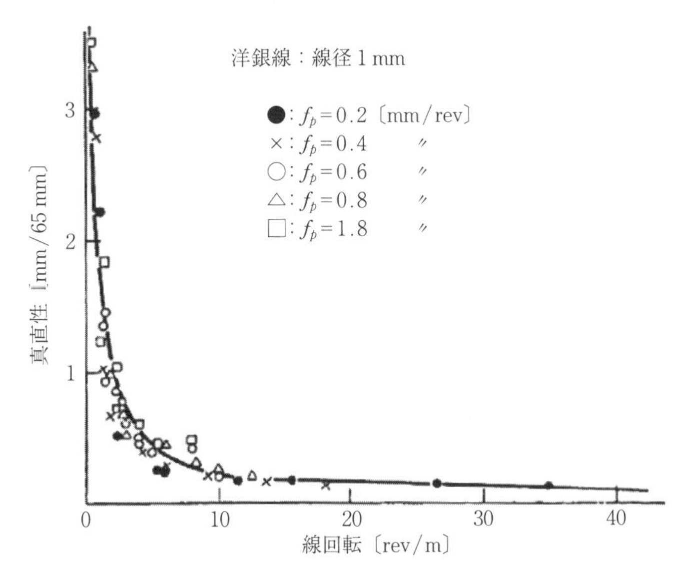

図 6.37 矯正中の線回転と真直性

とした．そこで，**図 6.38** のように，従来の繰返し曲げによる逓減曲率法から第 2 ブレードの中央のブレードのみを調整し，曲げのみならずねじりを線材に誘発するねじり矯正法を試みた．あらかじめ先端の細線を目印として 90°に曲げておきその回転角に注目した．**図 6.39** に第 2 ブレードの中央のコマの押込

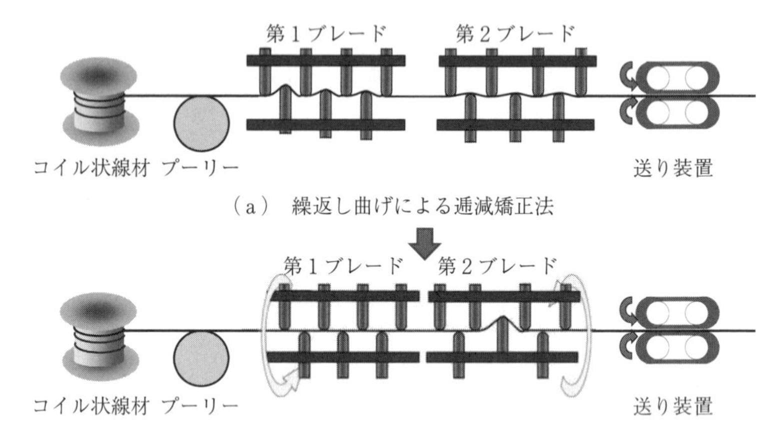

図 6.38　繰返し曲げとねじり矯正法

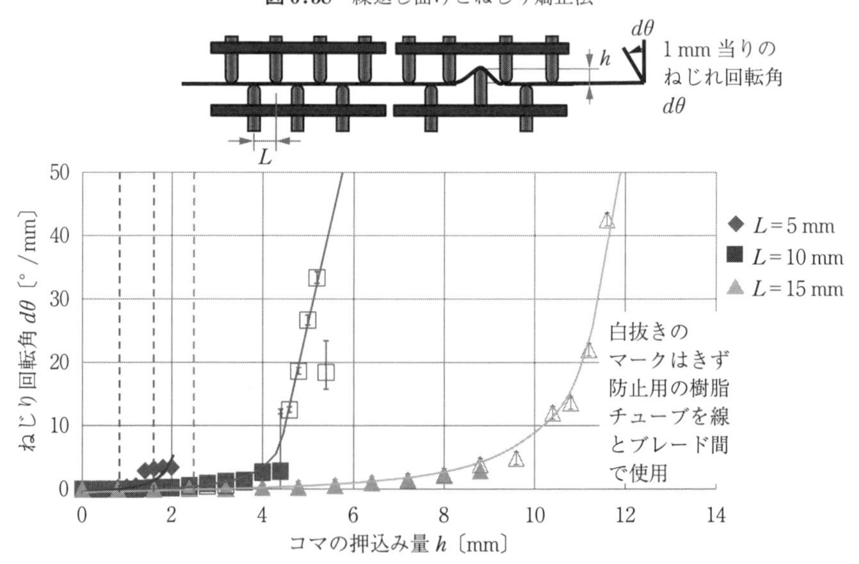

図 6.39　回転ブレード矯正の押込み量とねじれ角

み量 h と線の1mm当りのねじり回転角 $d\theta$ を示している．コマの押込み量 $h=0$ とは真直な鋼線にコマが接触した点とする．h が小さい間はねじり回転角が小さいが，大きくなると急にライン中で線が回転しはじめる．この角度はコマのピッチ間隔 L で調整できる．図6.37に示すように，線回転（ねじり回転角）が小さい場合は真直度のばらつきが大きいが，線回転が大きくなると曲率はほぼゼロに収斂し，うねりのない高い真直性が得られている．図6.36（b）に示すように真直度 κ は $2.62\times10^{-6}\,\mathrm{mm}^{-1}$ となり，曲げ戻しのみによる真直度よりも1ケタ向上している．押込み量によって曲げ変形あるいはねじり変形のいずれかが選択される．押込み量が小さい場合，変形エネルギーの小さい曲げ変形，反対に押込み量が大きいと変形エネルギーの小さいねじり変形となる[52)]．

さらに**図6.40**に示すように，回転型ブレード矯正と温間引張矯正を組み合わせて矯正すると，回転ブレードで矯正された素材が温間矯正されるので，真直度 $\kappa=1.81\times10^{-6}\,\mathrm{mm}^{-1}$ で，かつうねりがより小さくなる[50),53)~55)]．

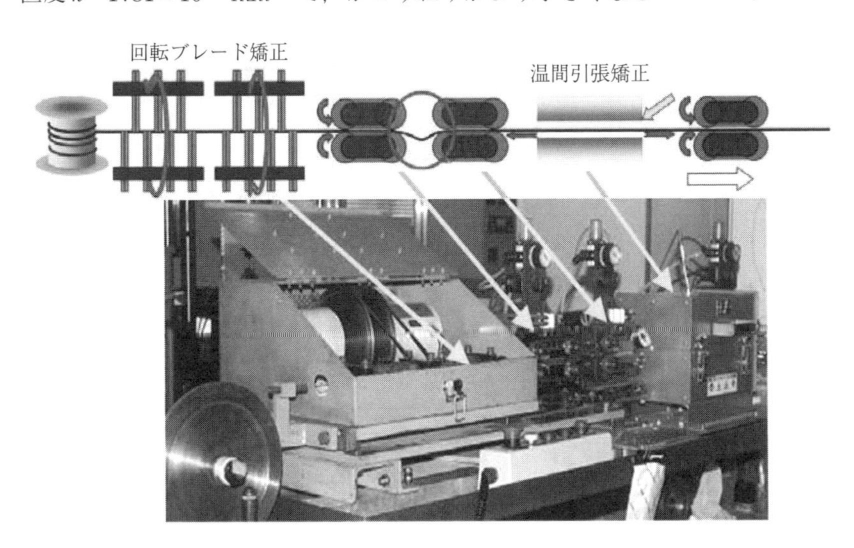

図6.40 回転ブレードと温間引張りの連続強制ライン

図 6.41（口絵 5 参照）に回転ブレード矯正法の FEM シミュレーション結果を示す．複雑な回転矯正後の線材のうねりや真直と送りピッチとの関係，および加工中の応力，ひずみや矯正後の残留応力が定量的，視覚的に観察できる．

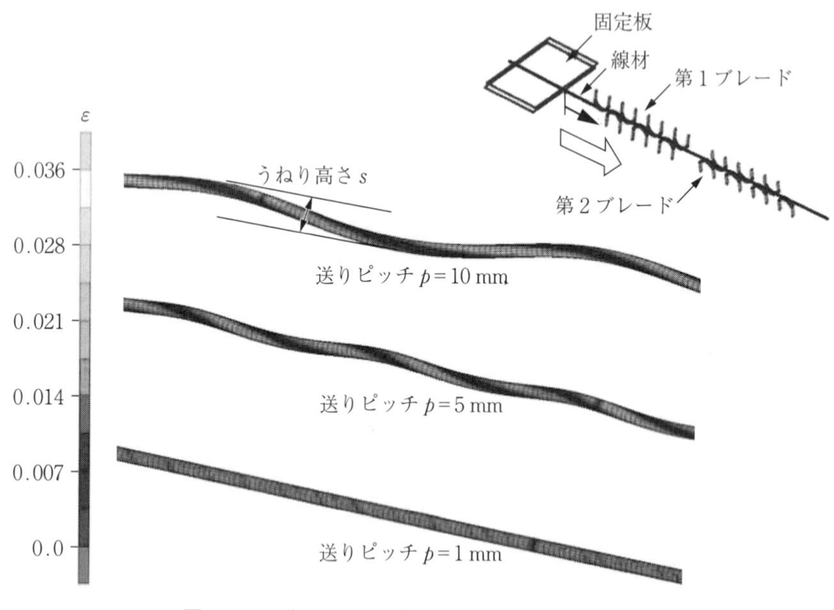

図 6.41　回転ブレード矯正の FEM シミュレーション

6.1.8　棒線矯正の要点

表 6.1 に，棒線矯正における材料と矯正加工の留意点をまとめて示す[14]．最近の真直度の要求は，現状の材料技術および矯正技術の限界に近いほど高度

表 6.1　圧延，引抜き，矯正における留意点

圧延素材	引抜き・伸線	矯　正
•内質の均一性（圧延温度，冷却方法，結晶粒のばらつき，局部マルテン，ベイナイトなど） •偏径差，長手方向の寸法変動（引抜き率のばらつき） •材料のねじれ	•ダイス形状（ダイス角，ベアリング長さなど） •パスラインへのダイス取付け，同芯度 •ダイスの偏摩耗 •潤滑の固化 •引抜き力，逆張力の変動	•適切な塑性変形の確保 •十分な加工曲率逓減 •鋼線矯正時の線回転，ねじれ •矯正機の剛性，精度

である．1960～1980年代の文献は宝の山，温故知新である．現場経験を積んだ先達の意見拝聴はきわめて大切である．最近はシミュレーション解析が重要な手段となってきている．実機ではできない実験も再現でき，答えは右か左かを予想してくれる大切な手段になってきている．

6.2 管 の 矯 正

6.2.1 管矯正機の概要

角管などの異形管の矯正は棒線やほかの形材と同様に，ローラーレベラー式の矯正機により行われる．しかし円管では，矯正中の曲げ変形時に素材がへん平変形して横方向に逃げやすいので，ローラーレベラー式では十分な矯正効果は望めない．一方，電縫鋼管の連続造管ラインでは，上下一対の2ロールスタンドを造管方向に対して水平ならびに垂直方向に複数個千鳥配置にした矯正機が使用されている．以上はいずれも管回転ができない特殊な例であるが，一般的に管材矯正には，材料に回転送り曲げを付与する，いわゆるロータリー式の矯正機が広く使われている．ロータリー式矯正機には，主として棒材用に広く使用されている2ロール式と，3個以上のロールで構成された多ロール式とがある．2ロール式は対向ロールカーブの形状の違いにより材料に曲げ加工を加える．このため曲げ支点間距離はロール胴長に収まる短い長さとなるので素材端部や短い曲がりは直しやすいが，断面のつぶれの心配から管の矯正には不向きであり，一般的に適用可能な肉厚／外径比は10%以上である．また管にきずを付けやすいという問題もある．多ロール式では，曲げ支点間隔がロールスタンド間距離に相当するため長くなり，結果としてロール荷重が小さくすむので管材の矯正に適している．またロールの斜交角度が大きいので高速で処理できるという特長ももつ．本節では，管材の矯正に広く用いられている多ロール式について述べる．

図6.42に多ロール矯正の例を示す．いずれの場合も素材進行方向に斜めに交わる鼓形ロールで，素材に回転送りを与える方式である．図（a）は近年最

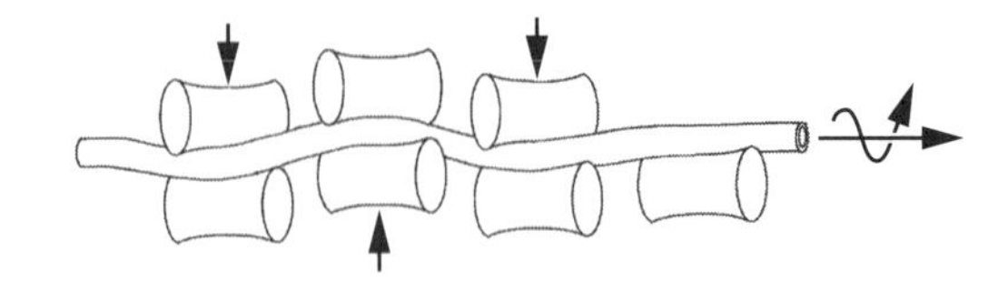

（a） 7ロール式（2−2−2−1型）

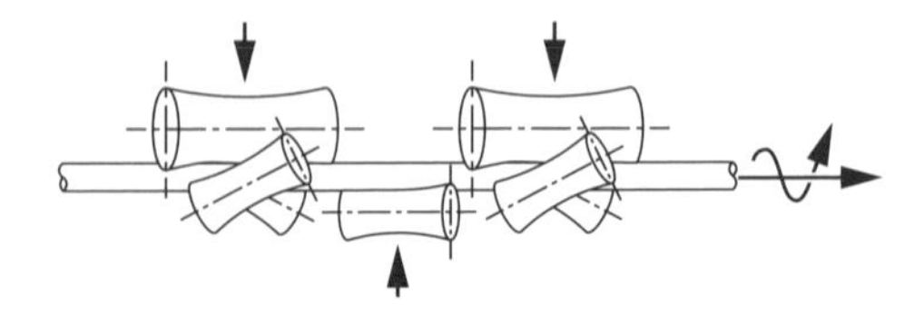

（b） 対向7ロール式（3−1−3型）

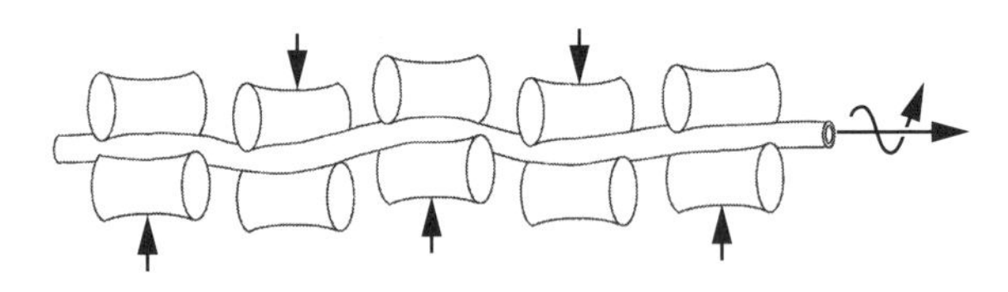

（c） 10ロール式（2−2−2−2−2型）

図6.42　管材の多ロール矯正機の例

も広く用いられている7ロール式（2-2-2-1型）である．スタンド間の管材長手方向の曲げ変形と中央スタンドの対向ロールの圧下による断面の楕円化変形の双方で矯正効果を得ることが特徴である．中央の対向ロール内のへん平変形で接触部を広げ，低荷重で曲げたわみが小さくなるようにする．これは管端曲がりを除く働きもする．一方，厚肉の管材の場合には，ロールスタンド間隔を広げ中央ロールの曲げ荷重を下げるようにする．図（b）は対向7ロール式（3-1-3型）である．対向3ロールはほぼ120°間隔で配置され，駆動される1ロールは径が大きく，ほかの2ロールは非駆動で径は小さい．この対向3ロールは少ないへん平変形ですませられる利点があり，大径薄肉管で特に使用される．

図（c）は10ロール式（2-2-2-2-2型）である．スタンド間で多数回の繰返し曲げを付与できる特徴を利用して，主として小径管の高精度な矯正を目的として用いられている．

ロールを素材通過方向と斜交させる角度，いわゆる斜交角度を高くして生産性を向上させることが多ロール式の特徴の一つであり，一般的に高速処理が求められる小径サイズほど高角度が採用されている．例えば外径6～15 mmでは40～50°，50～150 mmでは30°，450～600 mmでは17°前後が用いられる場合が多い．一方，角度を小さくすればロールとの接触長が増すので，荷重分布が広がる．断面の楕円化で与えるたわみの量は小さくてすむことになるため，特に大径サイズ用の設備規模の増大を抑制するうえで有効である．

圧延や引抜きを行う管の製造で，ロータリー式矯正機の使用は品質管理上大きな意味をもっている．真直性改善だけでなく，断面形状のくずれ（ゆがみ，楕円，外径寸法のずれなど）の修正あるいは表面磨きの作用もあるので，製品の品質改善や不良救済の役割も担っている．

上記で鼓形と称した凹面のロールは，数学的には単双曲線回転面といわれるもので，一つの直線を同一平面上にないほかの直線を軸に，回転させて作られる．そのときの軸がロールの軸になる．したがってこのロール曲面は，その曲面の上に乗る斜めの直線をもっている．この直線は幾何学的には母線と呼ばれる．

6.2.2 矯正時の変形状況—回転送り曲げ

進行方向に斜交するロールの回転で，管材は回転しながら送られていく．その送りの過程で曲げが与えられる．**図6.43**は多ロール矯正過程の例である．

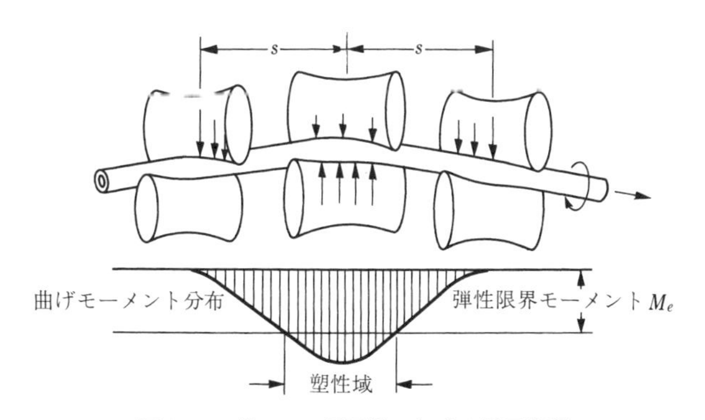

図6.43 多ロール矯正機における矯正過程

通過する素材の変形状態は曲げモーメントの値で弾性域と塑性域になり，変形域を通過する過程において素材が複数回回転するため交互に曲げ・曲げ戻しを受けながら通り抜けていくことが変形の特徴である．曲げモーメントの分布の山の数は，具体的なロールの数と配置で変わってくる．すなわち回転しながら曲げモーメントの山を乗り越えて進んでいく．また管軸方向に作用する曲げモーメントだけでなく，**図 6.44** に示す断面の楕円化の作用も矯正効果に加わってくることが管材矯正の特徴である．なお隣接するスタンド間の高さの差をオフセット，対向ロール間で管材に付与されるへん平変形量（外径圧下量）をクラッシュと称す．

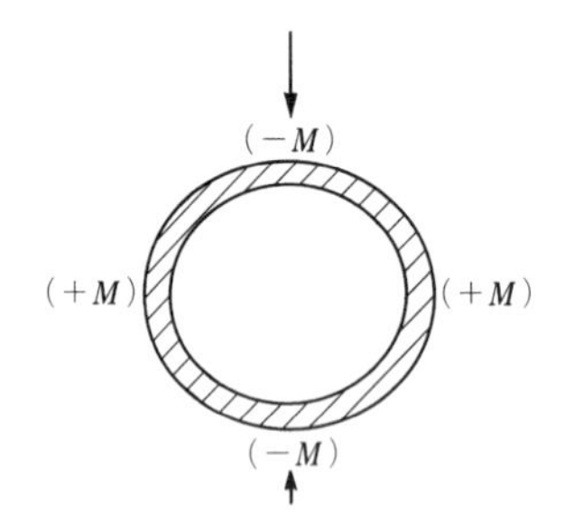

図 6.44　管材に与えるへん平変形

以上の変形状態は，オフセット，各スタンドのクラッシュ量，ロール形状，ならびに個々のロールで個別に調整される斜交角度設定などの複数のパラメータに左右され，かつ弾性変形と塑性変形が三次元的に複雑に混在する状態を呈するため，三次元弾塑性 FEM にて矯正現象を定量的に解析評価することは必ずしも容易ではない．これに対し，工業的な操業技術の検討や現象理解のためには初等解法も有用であるため，まずは以下にその事例について紹介する．

6.2.3　管材矯正の解析 [56)]

〔1〕 解析の進め方

矯正では，管に回転送りを与えて，オフセット（曲げ）とクラッシュ（へん平）を同時に加えて，管の真直度と真円度の向上を図っている．管断面のある一点に注目して矯正時のひずみを追跡すると，オフセットに対しては軸方向，クラッシュに対しては周方向の引張りと圧縮の繰返し変形となっている．このような軸と周の２方向の変形の相互作用のために，矯正現象はきわめて複雑になる．

理論解析を簡単にするために，つぎの２段階に分けて組立てる．

（a） **第１段階**　まず，変形についてオフセットとクラッシュを分離して解析する．この段階では管に回転と送りは与えずに，単にオフセットによる曲げとクラッシュによるへん平の変形を独立に負荷するものとする．こうした前提のもとに，オフセットによる軸方向ひずみ ε_l とクラッシュによる周方向ひずみ ε_θ を位置（軸・周・半径方向）の関数として求める．

（b） **第２段階**　ついで，第１段階で独立に求めた両ひずみ ε_l，ε_θ の重ね合わせが成り立つものとして応力を求める．管断面内の任意の点の位置は矯正時の回転送りを考慮して幾何学的に追跡できる．点の位置が決まれば，ひずみ増分 $d\varepsilon_l$，$d\varepsilon_\theta$ が第１段階で求まったひずみ ε_l，ε_θ から計算できる．さらに，このひずみ増分から応力–ひずみ関係式を介して，応力増分 $d\sigma_l$，$d\sigma_\theta$ が計算できる．なおこの応力計算では平面応力（σ_l，$\sigma_\theta \neq 0$，$\sigma_r = 0$）を仮定する．

このようにして，管断面の各点について，矯正中のひずみ，応力および弾塑性状態の履歴などが理論計算される．

〔２〕 **オフセットによるたわみ変形**

ここでは７ロール式（2–2–2–1 型）を取り上げる．**図 6.45** にオフセットの変形モデルを示す．管はスタンド i でロールとの接触域 $2l$ で等分布荷重 p_i を受けるものとする．変位の境界条件は各スタンドでのオフセット量 δ_{oi} で与えられる．仮定の主となるものは単純曲げ論理の基礎仮定である．

（a） **曲げモーメント M と曲率 $1/\rho$ の関係**　外径 d_o（$=2r_o$），内径 d_i（$=2r_i$）の管は，外径 d_o の丸棒から外径 d_i の丸棒を取り除いたものと考えることができる．これらの丸棒を曲げるのに必要な曲げモーメントをそれぞれ M_o，M_i とすれば（図（a））

$$M = M_o - M_i \tag{6.2}$$

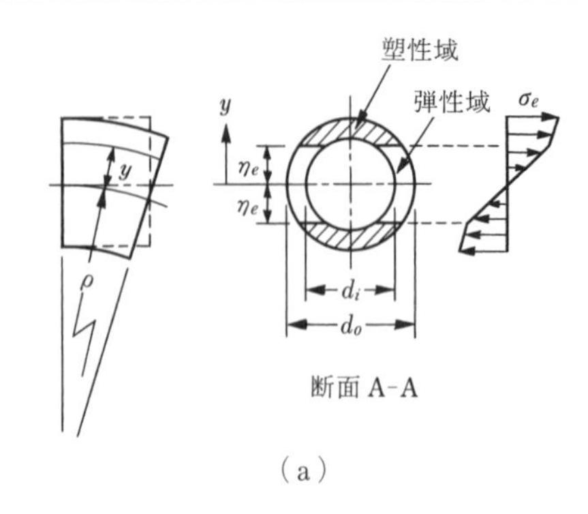

（a）

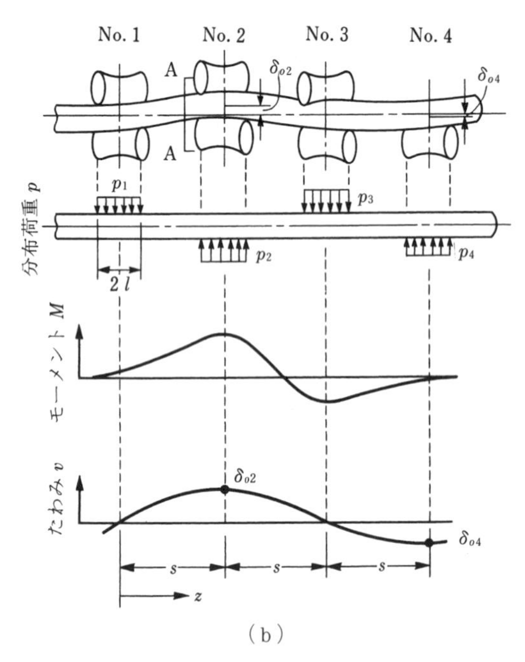

（b）

図 6.45　オフセットの変形モデル[56)]

弾性状態では

$$M_o = \frac{EI_o}{\rho}, \quad M_i = \frac{EI_i}{\rho} \tag{6.3}$$

弾塑性状態では[57)]

$$
\begin{cases}
M_o = \dfrac{EI_o}{\rho}\left[1-\left(1-\dfrac{F}{E}\right)\left\{1-\dfrac{2}{3\pi}\left(3\sin^{-1}C_o + C_o(5-2C_o^2)\sqrt{1-C_o^2}\right)\right\}\right] \\
M_i = \dfrac{EI_i}{\rho}\left[1-\left(1-\dfrac{F}{E}\right)\left\{1-\dfrac{2}{3\pi}\left(3\sin^{-1}C_i + C_i(5-2C_i^2)\sqrt{1-C_i^2}\right)\right\}\right] \\
\text{ただし}\ \eta_e > r_i\ \text{のときは}\ M_i = \dfrac{EI_i}{\rho}
\end{cases}
\tag{6.4}
$$

ここで，E はヤング率，σ_e は降伏応力，ε_e は弾性限ひずみ（$=\sigma_e/E$），応力–ひずみ線図は弾性域（$\varepsilon \leqq \varepsilon_e$）では $\sigma = E\varepsilon$，塑性域（$\varepsilon \geqq \varepsilon_e$）では $\sigma = \sigma_e + F$（$\varepsilon - \varepsilon_e$），$\eta_e = \sigma_e \rho / E$，$C_o = \sigma_e \rho / (E r_o)$，$C_i = \sigma_e \rho / (E r_i)$，$I_o = \pi d_o^4 / 64$，$I_i = \pi d_i^4 / 64$ である．

（**b**） **分布荷重 p_i と M の関係**　管に働く p_i とそれによる M の関係の一般式は次式に整理できる（図 6.45（ｂ））．

ロールと材料の接触域：$(n-1)s - l_i < z < (n-1)s + l_i$

$$
M = \mathrm{sign}\,(n)\, p_n [z-(n-1)s-l_i]^2 + \sum_{i=1}^{n-1} \mathrm{sign}\,(i)\, 2p_i l_i [z-(i-1)s-2l_i] \tag{6.5}
$$

非接触域：$(n-1)s + l_i < z < ns - l_i$

$$
M = \sum_{i=1}^{n-1} \mathrm{sign}\,(i)\, 2p_i l_i [z-(i-1)s-2l_i] \tag{6.6}
$$

ここで，n は当該スタンド番号（図 6.45 では $n \leqq 4$）である．

$$
\mathrm{sign}\,(i) = \begin{cases} 1 & (i = 1,\ 3,\ \cdots) \\ -1 & (i = 2,\ 4,\ \cdots) \end{cases}
$$

また，p_i はつぎの釣合い式を満たさねばならない．

$$
\sum_{i=1}^{n} = 2p_i l_i = 0 \tag{6.7}
$$

（**c**） **オフセットによるたわみ曲線 v の決定**　p_i が与えられると，式(6.5)，(6.6) から M が軸方向位置 z の関数として求まり，ついで $1/\rho$ が式(6.4) から求まる．たわみ v と $1/\rho$ の関係はつぎの微分方程式で与えられる．

$$\frac{d^2v}{dz^2}=\frac{1}{\rho} \tag{6.8}$$

以上の連立方程式（6.2）～（6.8）を与えられた変位境界条件（オフセット量 δ_{oe}）のもとに解いて，たわみ曲線が決定できる．ただし，この問題を数式を与えて解くことは一般には困難であり，収束計算で求める必要がある．なお，ロールと管の接触長 l は一般にロール長の60%程度である．

〔3〕 クラッシュによる変形

図6.46 にクラッシュの変形モデルを示す．クラッシュの変形は，上下ロールから集中荷重 P_c を受ける管断面のへん平変形で近似し，これを初期曲率 $1/\rho_o$（$\rho_o=(d-t)/2$）をもつ曲がりはりの問題として解析する．変位の境界条件は，管の上下点の変位（$\delta_c/2$）である．解析は材料力学における曲がりはりの理論[58] を塑性域まで拡張して行われる．単純曲げの基礎仮定のほかに，簡単化のために，① 肉厚外径比 t/d は1に比べ小さい，② 中立軸は肉厚の中心

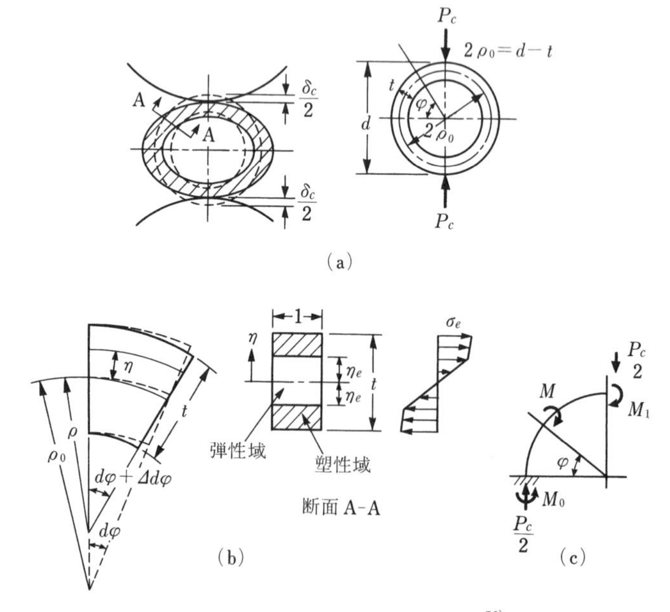

図6.46　クラッシュの変形モデル[56]

線と一致し，中心線の伸縮は無視できる，と仮定する．

（a） **曲げモーメント M と曲率変化 $1/\rho-1/\rho_0$ の関係**　上記の仮定から，周方向ひずみ ε_θ は曲率変化による成分のみとなり，次式で与えられる．

$$\varepsilon_\theta=\eta\left(\frac{1}{\rho}-\frac{1}{\rho_0}\right) \tag{6.9}$$

このとき，応力分布は真直はりのそれと等しくなる．

弾性状態では（図 6.46（b）参照，軸方向は単位長とする）

$$M=EI\left(\frac{1}{\rho}-\frac{1}{\rho_0}\right)=EI\Delta\kappa \tag{6.10}$$

弾塑性状態では[59)]

$$M=M_e\left\{\frac{3}{2}\left(1-\frac{F}{E}\right)+\frac{F}{E}\cdot\frac{\Delta\kappa}{\Delta\kappa_e}-\frac{1}{2}\left(1-\frac{F}{E}\right)\left(\frac{\Delta\kappa_e}{\Delta\kappa}\right)^2\right\} \tag{6.11}$$

ここで，$I=t^3/12$，$\Delta\kappa=1/\rho-1/\rho_0$，$\Delta\kappa_e=1/\rho_e-1/\rho_0=2\sigma_e/(Et)$，$M_e=\Delta\kappa_e EI$．なお，$M_e$，$\Delta\kappa_e$ はそれぞれ弾性限でのモーメント，曲率変化である．

（b） **クラッシュ荷重 P_c と M の関係**　変形の対称性より，図 6.46（c）のように断面の 1/4 を考えればよい．

$$M=M_0+P_c\rho_0\frac{1-\cos\varphi}{2} \tag{6.12}$$

未知の M_0 は変形の対称性より，水平断面（$\varphi=0$）と垂直断面（$\varphi=\pi/2$）では，変形後も傾き角は直角であって変化しないという条件から求まる．

（c） **クラッシュによるへん平変形の決定**　**図 6.47** において，曲がりはり軸心上の 1 点 C（x_1, y_1）の x，y 方向の変位 Δx_1，Δy_1 および傾き角の変化

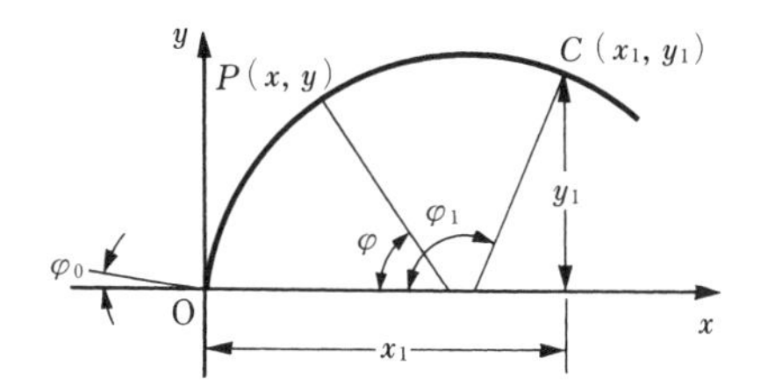

図 6.47　へん平変形曲線

$\Delta\varphi_1$ は，点 P（x, y）の微小軸線距離 ds に生じる回転 $\Delta d\varphi$ が点 C に及ぼす作用を積分すれば求められる．ここで，点Oを水平直径上に，点 C を垂直直径上（すなわち荷重点）にとれば

$$x=\rho_0(1-\cos\varphi),\quad y=\rho_0\sin\varphi,\quad x_1=y_1=\rho_0,\quad \varphi_0=0,\ \varphi_1=\frac{\pi}{2}$$

となる．管断面のへん平変形による水平直径，垂直直径および傾き角，それぞれの変化量 $2\Delta x_1$，$2\Delta y_1$ および $\Delta\varphi_1$ は次式で与えられる．

$$2\Delta x_1=\rho_0\int_{\varphi_0}^{\varphi_1}\Delta\kappa(y_1-y)\,d\varphi=2\rho_0\int_0^{\pi/2}\Delta\kappa(1-\sin\varphi)\,d\varphi \tag{6.13}$$

$$2\Delta y_1=\rho_0\int_{\varphi_0}^{\varphi_1}\Delta\kappa(x_1-x)\,d\varphi=-2\rho_0\int_0^{\pi/2}\Delta\kappa\cos\varphi\,d\varphi\ (\equiv-\delta_c) \tag{6.14}$$

$$\Delta\varphi_1=\rho_0\int_{\varphi_0}^{\varphi_1}\Delta\kappa\,d\varphi=\rho_0\int_0^{\pi/2}\Delta\kappa\,d\varphi\ (\equiv 0) \tag{6.15}$$

以上の諸式において，P_c が与えられると式（6.12）から M が φ の関数として決定でき，さらに曲率変化 $\Delta\kappa$ が式（6.10），（6.11）から求まり，最終的にたわみ Δx_1，Δy_1 および $\Delta\varphi_1$ は式（6.13）～（6.15）から決定できる．

以上の連立方程式を与えられた変位の境界条件（クラッシュ量 δ_c）のもとに解く．ただし，この問題を数式を与えて解くことは一般には困難であり，収束計算で求める必要がある．

〔4〕 オフセットによるへん平変形

管の曲げには必ずへん平変形を伴うが，この変形の理論解析は難しいので，実験的な手法を採用する．実験は両端を単純支持した管の中央部に分布荷重を与えて管を曲げた．供試材には炭素鋼管を用いた．実験結果を**図6.48**に示す．実験結果より，曲げ曲率（r/ρ）とへん平（δ/d）の関係は次式に整理できる．

$$\frac{\delta}{d}=0.0021\left(\frac{d}{t}\right)^{1.86}\left(\frac{r}{\rho}\right)^{\log(d/t)^{0.25}+0.46} \tag{6.16}$$

矯正時のクラッシュ量には，この値が含まれていることになる．

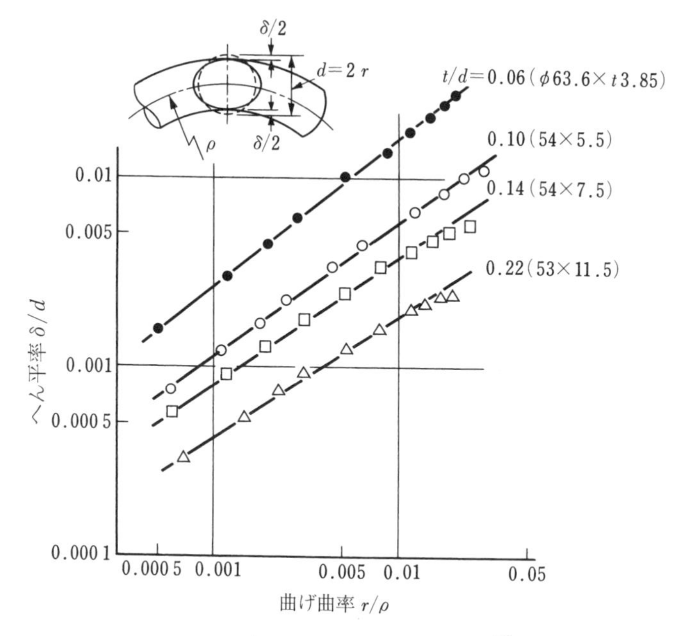

図 6.48 管の曲げに伴うへん平変形[56)]

6.2.4 矯正におけるひずみと応力

〔1〕 解 析 例

図 6.49 に管内面の一点に注目しその点の矯正中のひずみ，応力および弾塑性状態の履歴の計算例を示す．矯正中のひずみは比較的単純な履歴を示すが，応力および弾塑性状態の履歴はかなり複雑になる．塑性変形のほとんどはロール直下のみで発生していることがわかる．

〔2〕 実 測 例

実機矯正機を用いて，矯正中のひずみおよび残留応力分布の測定を行った．**図 6.50** に管内面にひずみゲージを貼付して測定したひずみ履歴を示す．理論値と実験値は比較的よく一致している．

この解析により，矯正中のひずみと応力の履歴の変化が精度よく把握できていると考えられる．多ロール矯正におけるひずみの分布状態を考えるうえで参考になる検討結果といえよう．

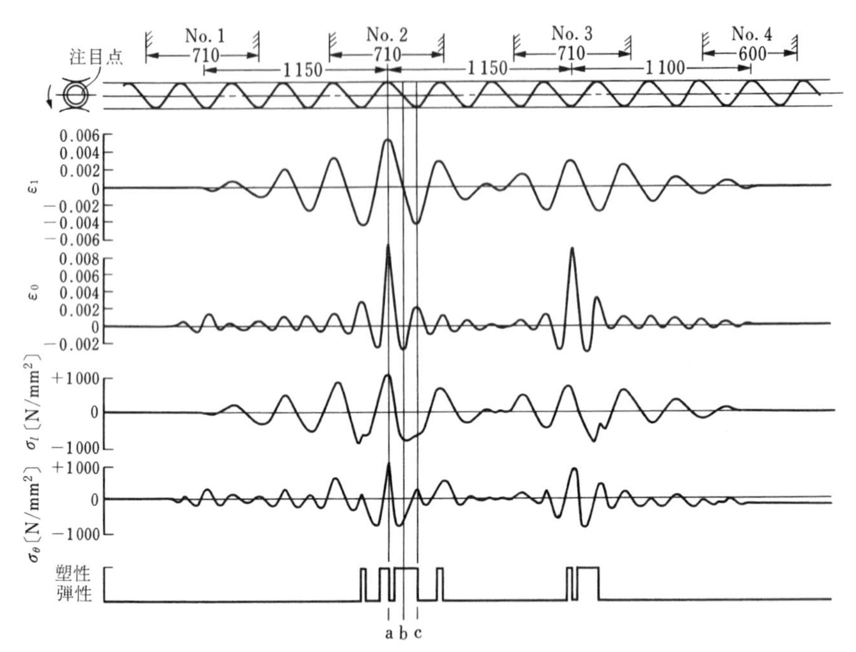

管：Mn 鋼，ϕ 177.8×t 10.36，矯正条件〔mm〕：δ_{o1}，δ_{o4} = 25，0；δ_{c1}，δ_{c2}，δ_{c3}，= 1，4，4

図 6.49　矯正中のひずみ，応力および弾塑性状態の履歴（計算値）[56)]

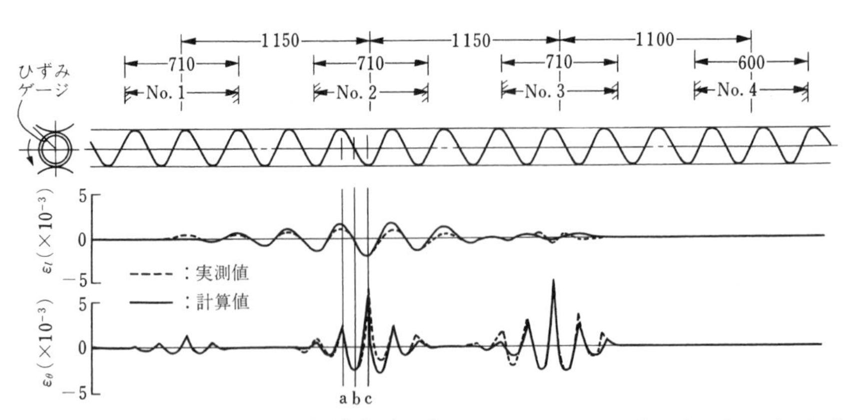

管：Mn 鋼，ϕ 177.8×t 10.36，矯正条件〔mm〕：δ_{o1}，δ_{o4} = 10，−10；δ_{c1}，δ_{c2}，δ_{c3}，= 1，3，3

図 6.50　矯正中のひずみ履歴 [56)]

一方近年急速に進歩した有限要素法を用いて，三次元弾塑性解析モデルにより，複雑かつ微妙な矯正加工現象を解明する試みがなされ始めている[60)～64)]．解析所要時間の短縮や解析精度向上などの課題に対してさまざまな取組みがなされており，今後，実工程，工具設計へのFEM解析技術の活用が期待される．

6.2.5 矯正条件決定の考え方

矯正作業の主要な管理項目である矯正条件の設定について述べる．矯正効果は矯正時の負荷曲率と材料の降伏曲率の関係で決まる．矯正前の材料の初期曲がりの曲率 κ_{o0}，初期楕円の曲率 $\Delta\kappa_{c0}$（真円管からの曲率変化量）を次式で定義する．**図6.51**に初期変形の様式を示す．

$$\begin{cases} \Delta\kappa_{o0} = \dfrac{1}{\rho_0} = \dfrac{8h}{l^2} \\ \Delta\kappa_{c0} = \dfrac{1}{\rho_A} - \dfrac{1}{r_0} = \left\{ \left(1 + \dfrac{\Delta d}{2d}\right) \middle/ \left(1 - \dfrac{\Delta d}{2d}\right)^2 - 1 \right\} \middle/ r_0 \end{cases} \tag{6.17}$$

ただし，$d = (d_1 + d_2)/2$，$r_0 = (d - t)/2$，$\Delta d = d_1 - d_2$，t は肉厚を示す．

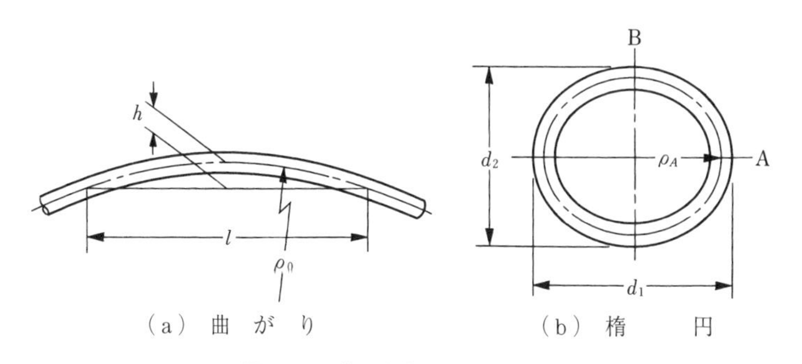

（a） 曲 が り　　（b） 楕 円

図6.51 管の初期曲がりと楕円

ここで，寸法 ϕ 50×t 5，降伏強さ $\sigma_e = 300\ \mathrm{N/mm^2}$ の材料を例にとれば，通常の矯正前の初期曲がりは $h/l = 5/1\,000$，楕円量 $f/d = 0.5/50$ 程度であるから，初期曲率は $\kappa_{o0} = 4\times10^{-5}\ \mathrm{mm^{-1}}$，$\Delta\kappa_{c0} = 6\times10^{-4}\ \mathrm{mm^{-1}}$ となる．一方，曲げおよび楕円に対する弾性限曲率をそれぞれ κ_{oe}，$\Delta\kappa_{ce}$ とすれば

$$\kappa_{oe}=\frac{2\sigma_e}{Ed}, \quad \Delta\kappa_{ce}=2\sigma_e Et \tag{6.18}$$

である．ただしEはヤング率とする．上記材料では，$\kappa_{oe}=6\times10^{-5}\,\mathrm{mm}^{-1}$，$\Delta\kappa_{ce}=6\times10^{-5}\,\mathrm{mm}^{-1}$となる．この例で示されるように，一般に矯正前の管の初期曲がり，楕円量は弾性限程度の小さな値である．

つぎに矯正条件の設定法の例を説明する．矯正中の変形の程度を表す指標として，オフセットδ_o，クラッシュδ_cそれぞれに対応する管断面の塑性率ξ_o，ξ_cを導入する．ここで，$\xi_o=1-2\eta_o/d$，$\xi_c=1-2\eta_c/t$（**図6.52**）．ξ_o，ξ_cと弾性限で無次元化されたδ_o/δ_{oe}，δ_c/δ_{ce}の関係は**図6.53**のように整理でき，材料寸法，材質によらずほぼ一義的な関係がある．ここで，管の弾性限オフセットδ_{oe}，弾性限クラッシュδ_{ce}は次式で与えられる（図6.45，図6.46）．

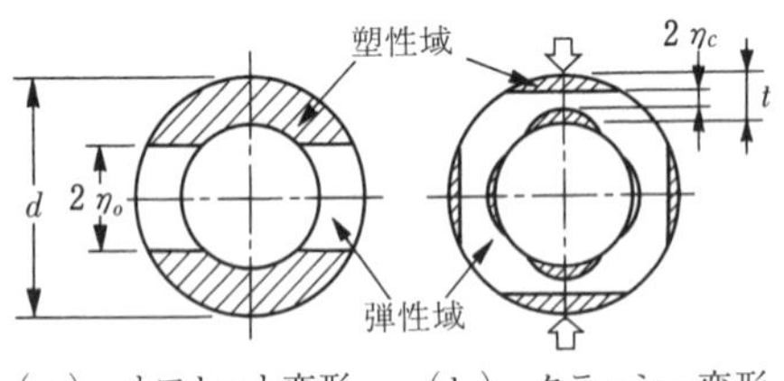

図6.52　オフセットおよびクラッシュ変形による塑性域[56)]

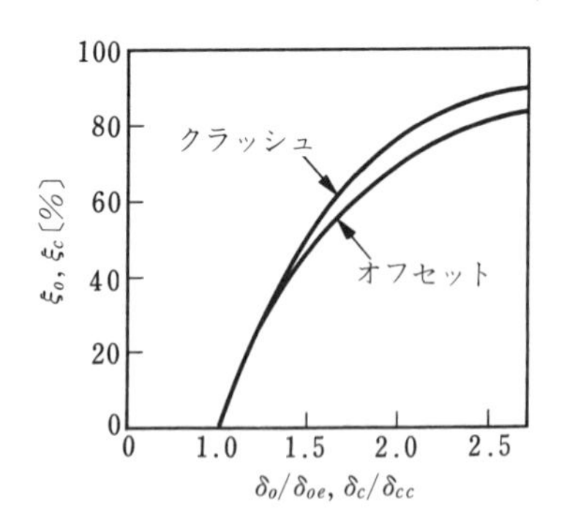

図6.53　オフセット，クラッシュと塑性率の関係[56)]

$$\delta_{oe} \fallingdotseq 0.6\frac{S^2}{d}\cdot\frac{\sigma_e}{E}, \quad \delta_{ce} = 0.23\frac{(d-t)^2}{t}\cdot\frac{\sigma_e}{E} \tag{6.19}$$

形状矯正効果と矯正材の品質は塑性変形に関係するから，結局，矯正条件の設定は目標塑性率 ξ_o, ξ_c を与えて，図 6.53 の関係から目標 δ_o, δ_c を決定することになる．

ξ_o, ξ_c とそれらに対応する負荷曲率 κ_{ow}, $\Delta\kappa_{cw}$ の関係は次式で与えられる．

$$\kappa_{ow} = \frac{\kappa_{oe}}{1-\xi_o}, \quad \Delta\kappa_{cw} = \frac{\Delta\kappa_{ce}}{1-\xi_c} \tag{6.20}$$

矯正に必要な負荷曲率は，通常の初期曲がりや楕円量ならば，管の対向式多ロール矯正の場合の目安として，$\xi_o \fallingdotseq 35\%$, $\xi_c \fallingdotseq 75\%$（すなわち $\kappa_{ow} = 1.5\kappa_{oe}$, $\Delta\kappa_{cw} = 4\Delta\kappa_{ce}$）で良好な形状矯正ができる．一方，板のローラーレベラーでは，管のオフセットに対応する曲げの負荷曲率は $\kappa_w \fallingdotseq 4\kappa_e$ と管に比べ大きな値をとっている[65]．管の場合には，κ_{ow} は作業性とロールきずの問題から実際にはあまり大きくとれず，その分をクラッシュによって補っていると考えられる．

6.2.6 管の矯正における寸法変化

ロータリー矯正は優れた能力をもつため，実作業では曲がりおよび楕円形状の矯正そのものは，通常は作業者の経験と勘によっても比較的容易に対処できる．しかし，特に厳しい寸法精度を要求されるシリンダーチューブ用鋼管などの場合には，単に矯正機だけで高寸法精度を達成することは難しく，矯正前の加工工程でも厳しい寸法形状管理が要求される（内径 ϕ100 特殊鋼管の例：内径 −0.35 ～ +0.05 mm，曲がり<0.5 mm/m，JIS G 3473：内径 −0.6 ～ +0.1 mm，曲がり<0.8 mm/m）．

棒材の 2 ロール式ロータリー矯正の場合に矯正後に素材の径が太ることを 6.1 節で述べたが，管材ではこれは肉厚の増加になる．この現象は棒材にて述べたと同様，矯正過程中に素材軸方向に働く圧縮力の作用によると理解される．

図 6.54 に 7 ロール式（2-2-2-1 型）矯正における焼なましした鋼管の長さ変化の例を示す[66]．肉厚外径比 t/d で 12 ～ 15%付近を境界にして，厚肉側

で長さが増加（外径減少），薄肉側で長さが減少（外径増加）している．これは管矯正に特有な現象である．

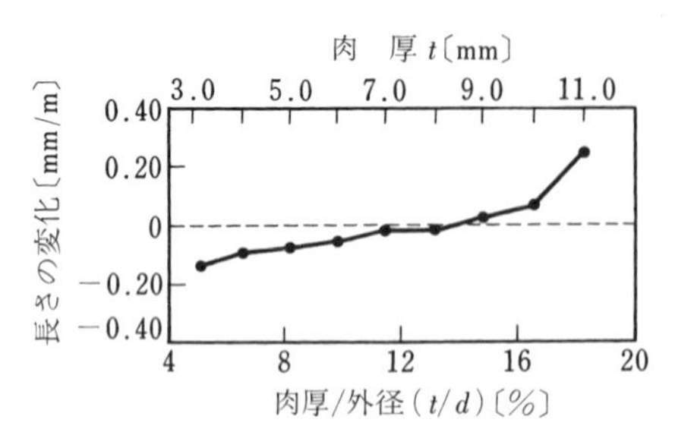

図 6.54　長さの変化と肉厚外径比（t/d）の関係[66]

薄板，厚板，形材の矯正加工は素材メーカー内の重要な技術であり，研究・技術者が現場と一体になって取り組んでおり，年々技術向上が図られている．しかし，棒，線，管の矯正は二次加工メーカーが主体で，研究者が少ないうえに現場の情報が素材メーカーの技術者や研究者に生の形で届きにくい．それが技術の進歩を足踏みさせている一因ともなっている．両者がより交流して問題点の共有，その解決に注力することが大切である．

引用・参考文献

1)　日比野文雄：塑性と加工，**9**-2（1961），359-366.
2)　曽田長一郎：塑性と加工，**5**-41（1964），345-357.
3)　日比野文雄：塑性と加工，**11**-116（1970），635-643.
4)　荒木甚一郎：塑性と加工，**12**-29（1971），768-775.
5)　鈴木弘：塑性加工，（1980），245，裳華房.
6)　日比野文雄：塑性と加工，**22**-248（1981），869-874.
7)　日比野文雄：日本機械学会誌，**24**-270（1983），678-685.
8)　西岡多三郎・西岡猛：塑性と加工，**8**-73（1967），90-94.
9)　日本塑性加工学会：矯正加工―板，管，棒，線を真直ぐにする方法―，（1992），コロナ社.
10)　日比野文雄：塑性と加工，**35**-400（1994），537.
11)　塑性加工学会編：第 225 回塑性加工技術セミナー，引抜き・矯正加工の研究およびその応用，（2017），51-64.
12)　木内学：塑性と加工，**37**-428（1996），900-906.
13)　日本鉄鋼協会編：棒線工学フォーラムテキスト，棒線材矯正技術の最前線，（1998）.

14) 浅川基男：塑性と加工，**39**-447（1998），338-341.
15) 訓谷法仁・浅川基男：塑性と加工，**38**-433（1997），147-152.
16) 浅川基男：塑性と加工，**41**-468（2000），69-73.
17) 浅川基男：日本ばね学会誌，（2017），6-8.
18) Pawelski, O.：塑性と加工，**5**-41（1964），445-456.
19) Pawelski, O.：Stahl und Eisen, **72**（1952), 1298-1301.
20) Pawelski, O.：Stahl und Eisen, **82**-13（1962), 836-846.
21) Pawelski, O.：Stahl und Eisen, **82**-21（1962), 1410.
22) Pawelski, O.：Arehiv fur das Isenhuttenwesen, **9**-38（1967), 1-12.
23) 錦古里洋介・浅川基男・鈴木得功・柳橋卓・浜孝之：塑性と加工，**42**-491（2000），62-66.
24) 柳橋卓・浜孝之・小野田雄介・浅川基男：塑性と加工，**46**-537,（2005），50-54.
25) Mutrux, A., Berisha, B., Hochholdinnger, B. & Hora, P.：LS-DYNA Anwenderforumu,（2008), 33-40.
26) Kuboki, T., Huang, H., Murata, M., Yamaguchi, Y. & Kuroda, K.：Steel Res. Int., **81**（2010), 584-587.
27) 加藤正和：日本鉄鋼協会第138回圧延理論部会資料，10（2013).
28) 斉藤誠・戸田宣・種村凱夫・藤倉正国・大石康夫：電気製鋼，**39**-5（1968），3-11.
29) 荒木甚一郎・鈴木弘：塑性と加工，**13**-132（1972），3-13.
30) 鈴木弘・荒木甚一郎・山本直道：塑性と加工，**15**-156（1974），35-41.
31) 日比野文雄：塑性と加工，**2**-9（1961），359-366.
32) 徳永春雄：塑性と加工，**2**-9（1961），367-372.
33) 日比野文雄：塑性と加工，**5**-41（1964），359-366.
34) 高谷勝・永井博司・須藤忠三・益居健，塑性と加工，**21**-234（1980），621-628.
35) 須藤忠三・浅川基男，塑性と加工，**31**-352（1990），658-663.
36) 濱田亮太・浅川基男・入沢辰之介・相澤重之・永平めぐみ・甘利正彦：鉄と鋼，**95**（2009），780-787.
37) Nishimura, K., Asakawa, M., Kitazawa, M. & Yokoyama, A.：Wire J. Int.,（2011), 64-69.
38) 長屋稔・太田武夫：塑性と加工，**10**-107（1969），896-899.
39) 西川誠治・鈴木真次郎・下里省夫，塑性と加工，**10**-107（1969），855-890.
40) 西畑三樹男：塑性と加工，**14**-145（1973），130-135.
41) 西畑三樹男・原田英雄：りん青銅の基礎と応用，（1997），日刊工業新聞社.
42) 赤城正・横田貞介・五弓勇雄：鉄と鋼，**63**-1（1977），139-146.
43) 山下勉・吉田一也・佐藤寛之：平成16年度塑性加工春季講演会講演論文集，（2004），229-230.
44) 浅川基男：平成12年度塑性加工春季講演会講演論文集，（2000），55-56.

45) 柏山大・浅川基男・関谷傑・前田綾子・沖野晃久：第 54 回塑性加工連合講演会講演論文集，(2003)，461-462.
46) 柏山大・浅川基男・内藤正雄・沖野晃久：平成 16 年度塑性加工春季講演会講演論文集，(2004)，227-228.
47) 占部元彦・浅川基男・梶野智史・吉田将大：鉄と鋼，**95** (2009)，794-800.
48) Urabe, M., Asakawa, M., Kajino, S., Hamada, R. & Kashiyama, D.：Wire J. Int., (2009), 66-71.
49) 浅川基男：塑性と加工，**52**-602 (2011)，331-335.
50) 浅川基男：塑性と加工，**55**-639 (2013)，306-310.
51) 米谷茂・金子瑞雄・小早川誠市・矢入美登国：塑性と加工，**5**-41 (1964)，403-416.
52) 林弘治・和田知之・浅川基男：第 42 回塑性加工連合講演会講演論文集，(1991)，169-172.
53) 茅野修一・浅川基男・加藤夏輝・鶴見一樹・作本興太・菅野登美夫：平成 25 年度塑性加工春季講演会講演論文集，(2013)，173-174.
54) 鶴見一樹・浅川基男・加藤夏輝・占部元彦・吉田将大・作本興太・菅野登美夫：塑性と加工，**55**-640 (2014)，435-439.
55) 鶴見一樹・浅川基男：塑性と加工，**55**-647 (2014)，1122-1123.
56) Furugen, M. & Hayashi, C.：Proc. 3rd Int. Conf. on Steel Rolling, (1985), 717-724.
57) 西原利夫：日本機械学会誌，**29**-16 (1926)，711.
58) 鵜戸口英善：材料力学，(1966)，306，裳華房.
59) 益田森治監修：薄板の曲げ加工，(1958)，39，誠文堂新光社.
60) 出宮久士・吉村英徳・三原豊：材料とプロセス，21 (2008)，1176.
61) 山口洋平・天野達也・久保木孝・村田眞・山川富夫・黒田浩一：第 59 回塑性加工連合講演会講演論文集，(2008)，475-476.
62) 出宮久士・吉村英徳・三原豊：材料とプロセス，22 (2009)，447.
63) 黒田浩一・大田尾修治・奥井達也・久保木孝・黄河：第 63 回塑性加工連合講演会講演論文集，(2012)，245-246.
64) 大田尾修治・黒田浩一・山川富夫・奥井達也・久保木孝：第 63 回塑性加工連合講演会講演論文集，(2012)，247-248.
65) 曽田長一郎：精密機械，**44**-4 (1978)，73.
66) 三瀬真作・白藤禎男：塑性と加工，**15**-41 (1964)，367-376.

7 テンションアニーリング

7.1 矯正方法とその原理

7.1.1 矯正作業の概要

この方法は，対象となる素材に所定の張力を加えて平坦あるいは真直にし，その状態で加熱炉を通過させ，連続的に矯正しようとするものである．したがって素材は，コイルになる板材あるいは線材ということになる．そしてその内容からテンションアニーリング（tension annealing）またはホットストレッチング（hot stretching）と呼ばれている（以下では前者に従い TA と略す）．

〔1〕 矯 正 装 置

図 7.1 は，TA 処理に使われる装置の概略である．同図で No.2 ブライドルロールは，コイルを必要とする速度で引張る機能をもち，No.1 ブライドルロールは張力検出装置からの信号で張力を所定の値に保つ役割をする．また矯正時の炉内は，アンモニア分解ガスなどの非酸化性雰囲気となっている．

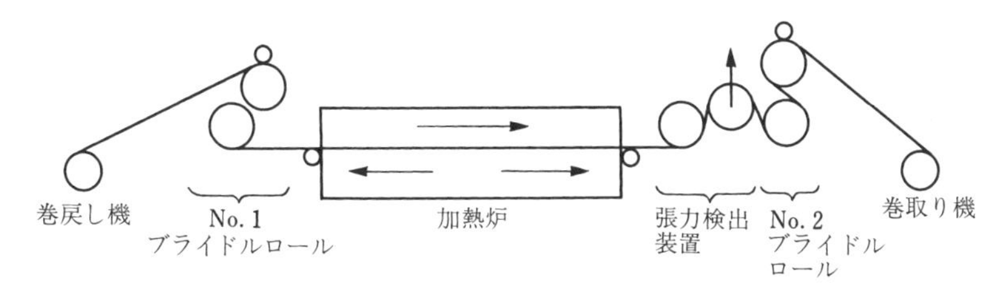

図 7.1 TA ライン装置の概要

〔2〕 実　施　例

TA処理は，精密小物部品用の材料になる1mmくらいまでのステンレス鋼，銅–ニッケル合金，鉄–ニッケル磁性合金などの薄板や細線の製造に使用されている[1]．またばね材となるピアノ線，ステンレス鋼線，プレストレストコンクリートに用いられるPC鋼線，タイヤ補強用ビードワイヤなどの各種高張力鋼線の製造に広く用いられている．鋼線でその寸法は，直径0.05mmのはり灸用から長大つり橋を支えるケーブルの素線（直径5.12mm）にまで及んでいる．

7.1.2 矯正の原理

図7.2は具体例をもとにTA処理の内容を表したものである．図（a）は矯正に必要な張力と温度の関係で，温度を上げることで低い張力で矯正できることを示している．また図（b）はある温度における矯正に必要な最小張力とその温度での降伏応力との関係を調査した結果である．矯正温度が特定の温度より高くなると，矯正に必要な最小張力はその温度における降伏点以下の値でよいことが示されている．そしてその値はこの例では常温時の引張強さの2～8%以下であった．このように加熱条件を選べば，常温時の降伏応力に比べてきわめ

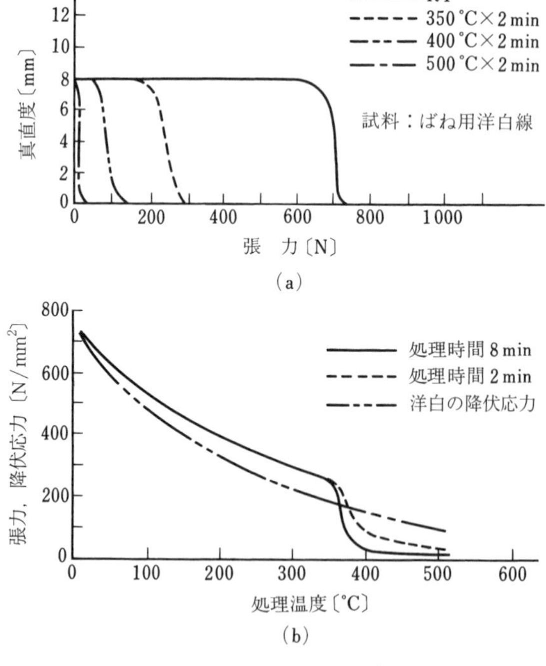

図7.2　TA処理説明図[2]

て低い張力でも矯正できるというのが，この処理法の特徴である．

この現象の説明は，応力除去焼なましに対する説[3]を使って行われている[4]．曲がりをもつ残留応力のある板が，弾性的に引張られた状態を考える．板厚内の各層で微小な引張試験片を想定し，そして一定温度に保たれている間，その全ひずみ量も一定であるとする．そうすると全ひずみ ε は

$$\varepsilon=\varepsilon'+\varepsilon''=\frac{\sigma}{E}+\varepsilon'' \tag{7.1}$$

ここで，ε' は弾性ひずみ，ε'' は非弾性ひずみ，σ は応力，E はヤング率とする．

室温であれば張力の束縛を解くと復元するが，全ひずみが一定の状態で温度が上昇してクリープが起きると，弾性ひずみが減少し，その分，拘束状態に合う非弾性ひずみに変化する．それによって不均一な弾性的回復がなくなり拘束時の状態が保たれることになる．したがって処理の効果はひずみの変化に関係ある温度，時間およびクリープ特性に影響される．TA が有効であるためには，クリープ抵抗を十分に下げる温度まで上げ，適当な時間保持してクリープを行わせることが必要である．

全ひずみ一定とするこの変化は，式（7.1）から

$$\frac{1}{E}\cdot\frac{d\sigma}{dt}=-\frac{d\varepsilon''}{dt} \tag{7.2}$$

になる．これは金属組織になんの変化もないときの，応力弛緩和とクリープ速度の関係を示すものである．熱処理矯正中に弾性ひずみが非弾性ひずみに変わることに合わせ，残留応力の減少が起きることが知られる．

矯正が張力の作用に基づくことは，3 章の常温で行うストレッチャーと同じである．しかし矯正原理はまったくそれとは異なっていて，降伏点以下の張力によるクリープの発生を動作原理としている．したがって形状改善の能力は大きくはない．形状に合わせて必要とされる材料の力学的あるいは物理的諸特性から，温度や処理時間が制約される．むしろ特性が主となるのが普通である．それで要求を満たす特性をもち，形状がよいものを得るためには，予備矯正を行うことが必要である．ローラーレベラーやロータリストレートナーと併用す

ることで，内部ひずみの少ないよい特性の材料を得ることができよう．

7.2　処理条件と矯正効果

7.2.1　処理条件の影響

図 7.3 は，ばね用細線で求めた，真直度に及ぼす加熱時間と張力の影響である．この事例では，ばねとしての特性（ばね限界値，引張強さ）の処理温度と張力による変化を調べ，処理温度はそれに基づいて選ばれている[5]．クリープの発生を原理とするのなら，加熱時間と張力の効果はいずれもそのことを裏付けるものといえよう．

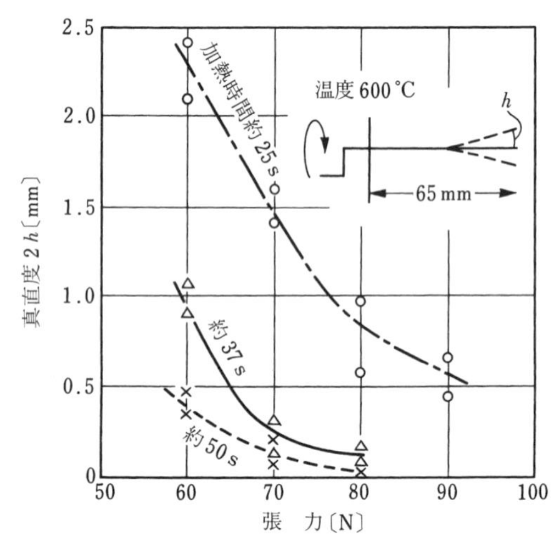

試料：直径 0.55 mm　Cu-Ni-Si 線

図 7.3　TA 処理条件と真直度[5]

図 7.4 は薄板の材料特性と平坦度の関係を示す事例[1]である．この例に見られるように，ある処理温度が特性の点から望ましいとしても，平坦度の点では不足ということが起きる．条件を選ぶに当たっては，材料の特性（力学的，磁気的ほか）を優先するのが普通である．短時間のクリープによる，この矯正法の形状改善能力は元来小さいうえ，さらに材料の特性からその能力は抑えら

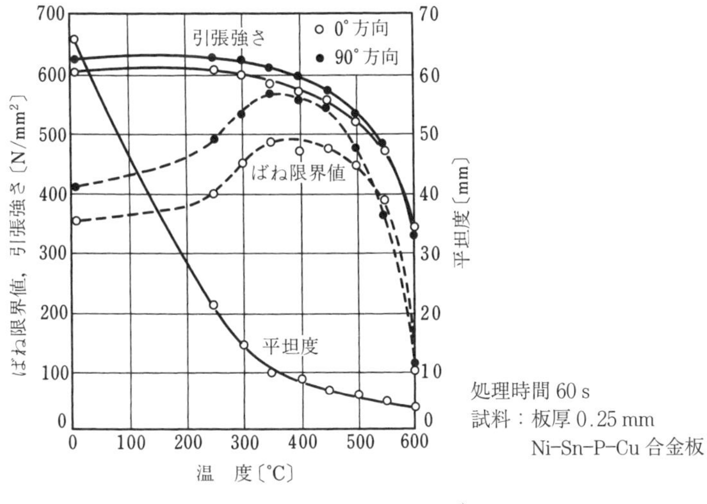

図 7.4 TA 処理の効果[1)]

れている．平坦度や真直度への要求によっては，ほかの機械的方法による予備矯正を考えることが必要である．

7.2.2 矯 正 効 果

先の図 1.2 に示したように，板の圧延方向の表面に沿う長さの幅位置による違いとして，その凹凸形状を見ることができる．**図 7.5**（a）は，その方法で

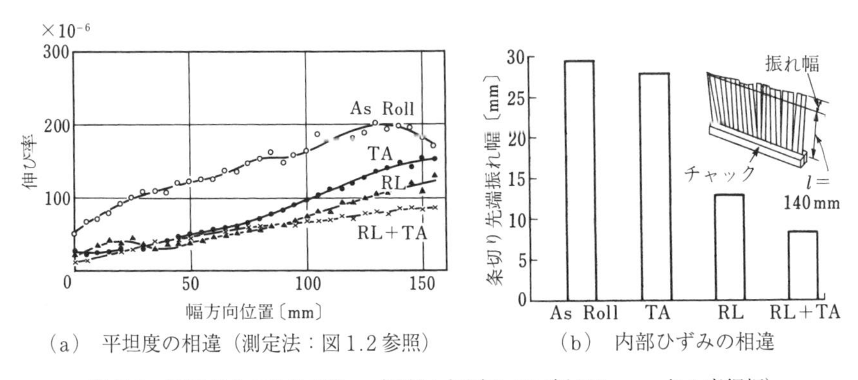

（a） 平坦度の相違（測定法：図 1.2 参照）
（b） 内部ひずみの相違

図 7.5 矯正方式の効果の違い（試料：板厚 0.42×幅 180 mm りん青銅板）

この矯正法の効果を調べた結果である．はじめの圧延のままの試料（As Roll）は，右縁が左縁よりも長く，平面に展開できない形状である．TA 処理で，どの幅位置でも張力方向に伸ばされる．右縁の曲がりも減って平面には近付くが，左縁との差には変わりはない．ローラーレベラー後の試料（RL）と比べても，それには及ばないことがわかる．しかしローラーレベラー後の TA 処理試料（RL＋TA）では，左右の差が大きく減少し，平面にかなり近付く．

図（b）は，図示のように試料を条切りして先端の振れを見たものである．試料先端の幅方向の反りに，開放された内部ひずみが重畳したものといえる．この結果からも TA には，ローラーレベラーなどの機械的矯正を事前に行うことは効果があるといえよう．

図 7.6 は，図 7.5 と同様にローラーレベラーによる矯正を併用したときの効果を見たものである．矯正前試料（As Roll）は，板幅中央が短い耳伸びといえる対称的状態のものである．処理後の試料（RL＋TA）の平坦度はかなりよいと判断される．平面といえる右側に比べ，左縁にはわずかのふくらみが残った．矯正前の対称性から見れば，TA 時点での左右張力の違いの影響も考えられる．薄板では，張力の均一性への考慮が必要であろう．

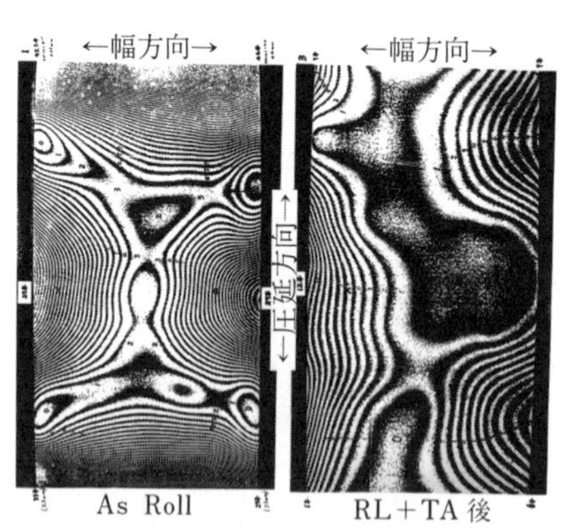

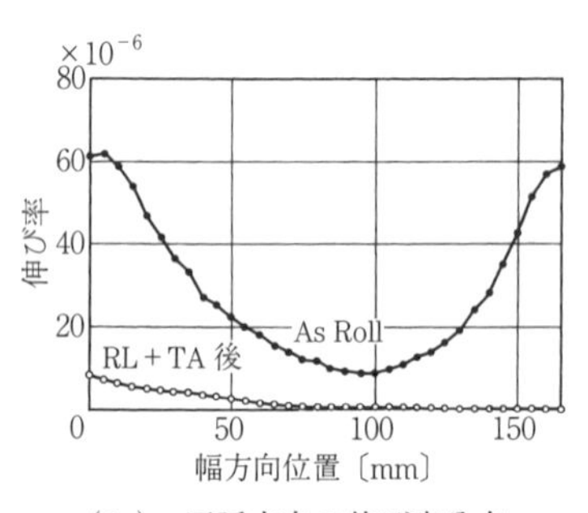

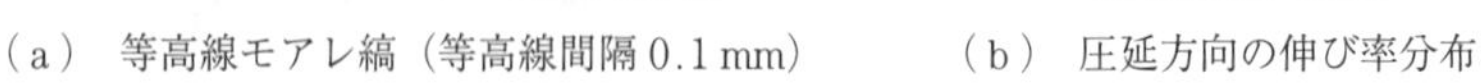
（a） 等高線モアレ縞（等高線間隔 0.1 mm）　　（b） 圧延方向の伸び率分布

図 7.6 TA による平坦度改善事例（試料：板厚 0.16 mm　ステンレス鋼板）

引用・参考文献

1) 西畑三樹男：精密機器用金属材料，(1985)，26，日刊工業新聞社.
2) 橋本健治：特公昭 44-32286.
3) 日本熱処理技術協会ひずみ研究部会編：残留応力，(1970)，128，共立出版.
4) 長屋稔・太田武夫：塑性と加工，**10**-107 (1969)，896-899.
5) 西畑三樹男：塑性と加工，**14**-145 (1973)，130-135.

8　矯正と材料特性

8.1　スリッターひずみの除去

圧延された広幅の薄板は，所定の幅寸法に切断されてから，その後の加工に供される．コイル材の幅切断は，回転刃使用のスリッターによっている．その切断で板幅縁部には残留応力が生じる．**図 8.1** は TA 処理（7 章参照）した試料をスリッターで条切りし，その影響を見たものである[1]．すなわち縁部の一部に，機械的力が作用しないエッチングでスリットを入れると，内部ひずみが解放されて，図中にあるように切断時の影響がたわみとなって現れる．なお影

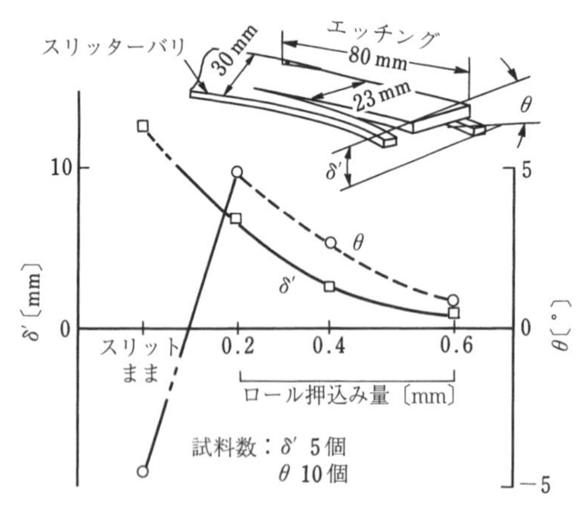

試料：板厚 0.25 mm，SUS 304 H，TA 処理
使用レベラー：ロール直径 7.7 mm，本数 27 本

図 8.1　スリッターひずみのレベリングによる除去[1]

響の度合は切断時の条件によって変わってくる[2)].

このたわみ量を指標に，スリッターひずみの改善に対するローラーレベリングの効果を見ると，同図の結果になる．ローラーレベラーで平坦度を与えると，スリッターひずみも減らせることになる．そしてレベリング時のロール押込み量が大きいとき，その効果も大きい．

以上の事柄はローラーレベラーのもつ残留応力低減の機能が，スリッターの悪影響を除くのに役立つことを示すものでもある．

8.2 板 の 成 形 性

8.2.1 ストレッチャーストレインの防止

低炭素鋼薄板のプレス成形では，ストレッチャーストレインといわれるひずみ模様の発生への注意が必要である．このひずみは**図 8.2** に示す素材の応力-ひずみ曲線の降伏点伸びと本質的にはまったく同じものである．この素材の降伏特性を変えるため，スキンパスと並んで古くからローラーレベラーによる矯正が行われている．その防止効果は，スキンパスではその圧延により生じた塑性変形帯と非塑性変形帯が交互に並ぶ微視的な不均一にあるとされている[3)]．レベリングでも生じた変形に程度の違いはあるが，同様なことと見られている[4)].

図 8.3 はレベリングによる応力-ひずみ曲線の変化例である[5)]．母材Vの圧延方向にロール押込み量を変えてレベリングし，0°，45°，90°の 3 方向に引張

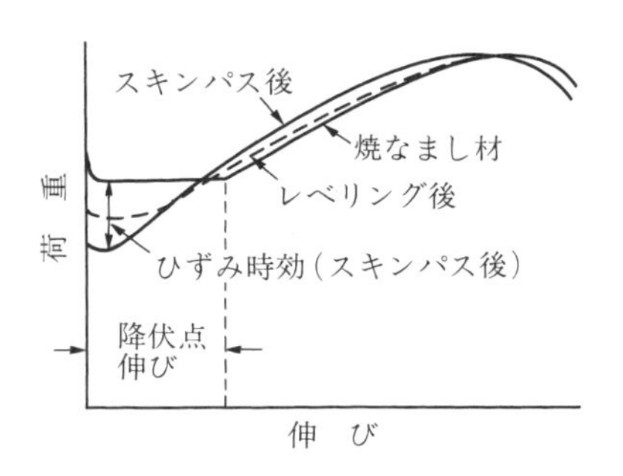

図 8.2 降伏点伸びとレベリング

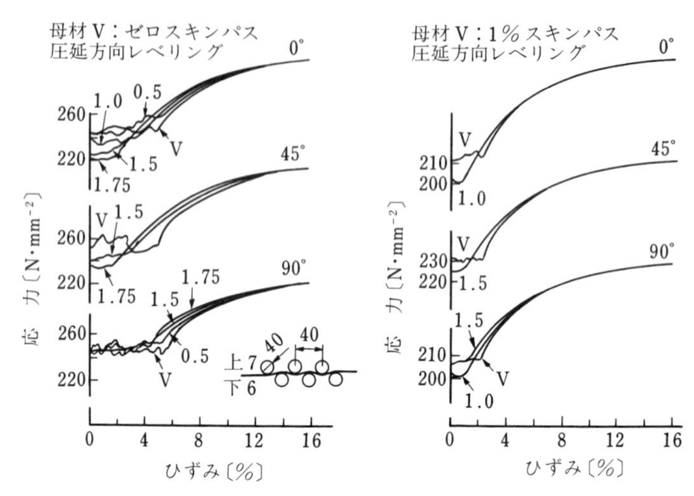

試料：板厚 0.9 mm，低炭素リムド冷延鋼板，0°，45°，90°は圧延方向に対する角度，0.5，1.0，1.5，1.75 はロール押込み量

図 8.3　降伏点伸びに及ぼすレベリング条件の影響[5)]

試験を行った結果である．スキンパスと違いレベリングにはその効果に方向性がある．すなわちレベリング方向では降伏点の低下と降伏点伸びの減少は顕著であるが，45°方向ではその効果が減じ，さらに直角方向では降伏点伸びにわずかな減少が見られる程度になる．ただスキンパスにレベリングを重畳した場合には，スキンパスのもつ効果の等方性が利いてくる．

図 8.4 は，レベリングによっていったん低下した降伏点伸びが，ひずみ時効で回復することを示している[6)]．なお同図の 1 週間以上は 100℃湯中処理による人工時効からの換算時間である．スキンパス後の鋼板でも回復が同様に起きるが，レベリング後の時効変化の方がやや早い[4)]．このことを考慮し，レベリング後の短時間のうちにプレス加工することが必要である．

このストレッチャーストレイン防止のためのレベリングでも，ロール押込み量の選択が必要である．また圧延方向だけでなくその直角方向にも処理すると，効果が大きくなる．ただ同一方向の 2 回通しでは効果は見られない[6)]．

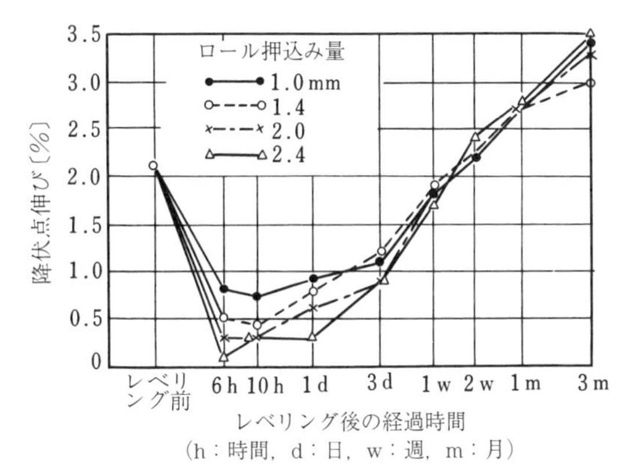

試料：板厚 1.2 mm，SPC-2
使用レベラー：ロール直径 60 mm，本数 23 本

図 8.4　レベリング後のひずみ時効[6)]

8.2.2　成形性への影響

基本的な量として引張試験で求める張出し性に対する n 値と絞り性に対する r 値は，レベリングでいずれも低下している[5)]．この状況はスキンパスでもほぼ同じである．これらの値の変化からは，ストレッチャーストレインに対するものとは違って，一般的な成形性へのレベリングの有利性は認められない．しかしまたそのことを調べたデータも少ない．

以下では成形性一般に通じることではないが，成形性試験に現れたレベリングの影響を見てみる．

〔1〕　ポンチ張出し性[5)]

図 8.5 はロール押込み量の影響を見た例である．ここではレベリングによる大きな変化は見られないが，ポンチ形状およびフランジ拘束条件を変えた場合あるいは複合張出し試験では，条件により h_{max} の低下も起きている．

〔2〕　コニカルカップ値とエリクセン値[7),8)]

図 8.6 はこれら二つの値のレベリング後の時効変化を示すものである．これからレベリングの成形性の改善効果がわかるが，この場合も処理後のプレス加工までの時間が重要なことがわかる．

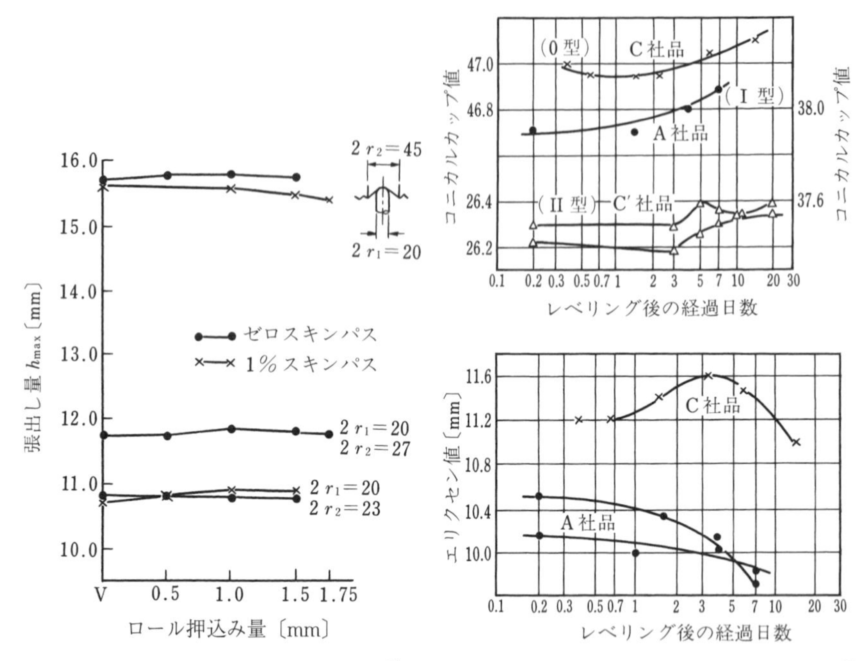

図 8.5　レベリングとポンチ張出し性[5]
（試料：図 8.3 に同じ）

図 8.6　成形性のレベリング後のひずみ時効[7]
（試料：板厚 0.6〜1.0 mm，SPC-1）

8.3　高炭素鋼線の特性変化

8.3.1　ば ね 用 鋼 線[9]

ばね材として使用されるピアノ線などの各種鋼線は，矯正後にばねに成形されることが多い．矯正のため生じた線径や機械的性質の変化が，問題になる場合も出てくる．例えば，矯正中の軸方向圧縮ひずみに起因して線径が0.5%程度とわずかに増加し，矯正度とともに線径が増加する傾向が見られる場合がある．

図 8.7 はピアノ線についての機械的性質の変化を見た結果である．

引張強さ σ_B は矯正度の増加に伴い徐々に低下し，0.2%および0.02%耐力の $\sigma_{0.2}$ と $\sigma_{0.02}$ もそれと同様の傾向を示している．これに対して伸びと絞りは

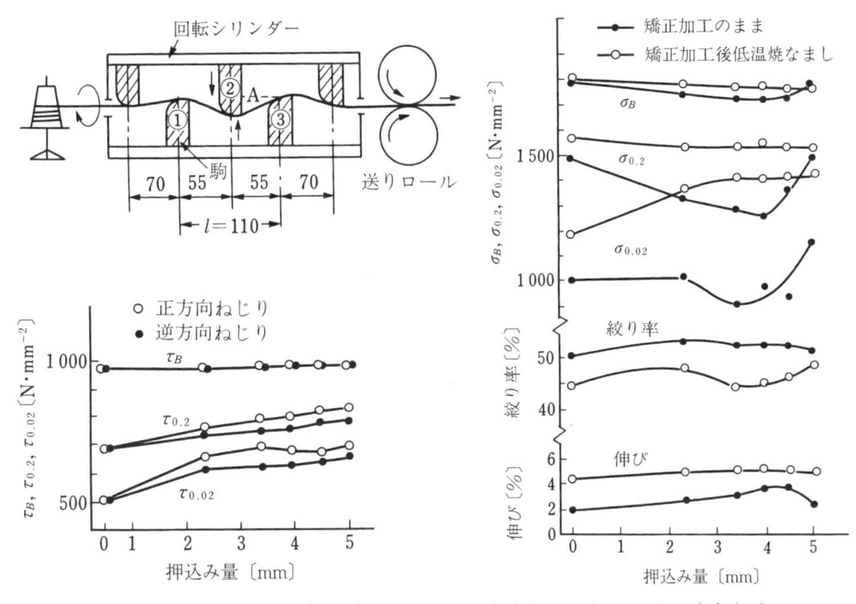

試料：線径 4.0 mm，ピアノ線 SWP-B，ねじり方向はシリンダーと同方向を正

図 8.7　矯正によるばね用鋼線の機械的性質の変化[9]

増加する傾向にある．

また矯正時のねじりの影響は，ねじり試験によるせん断応力 τ_B と $\tau_{0.2}$ および $\tau_{0.02}$ の変化で求められる．同図は，ねじりの影響が $\tau_{0.2}$ と $\tau_{0.02}$ に現れ，低温焼なましでそれが消えることを示している．

この図に見られた矯正に伴う変化は，量的な違いはあるが，併せて行ったほかのばね用鋼線（JIS SWO-V，SWOSM-B，SUS 304-WPB）においても，同様であることが認められている．

8.3.2　温間矯正の効果[10),11)]

高炭素鋼線の特性に対する温間矯正の影響が求められている．素材の加熱は塩浴あるいは高周波誘導で行われる．**図 8.8**（a）に見られるように，冷間での矯正とは違い，引張強さ，耐力とも温間では矯正後向上している．矯正後の直径の太り方にも違いがあり，図（b）のように高温になると細くなる場合

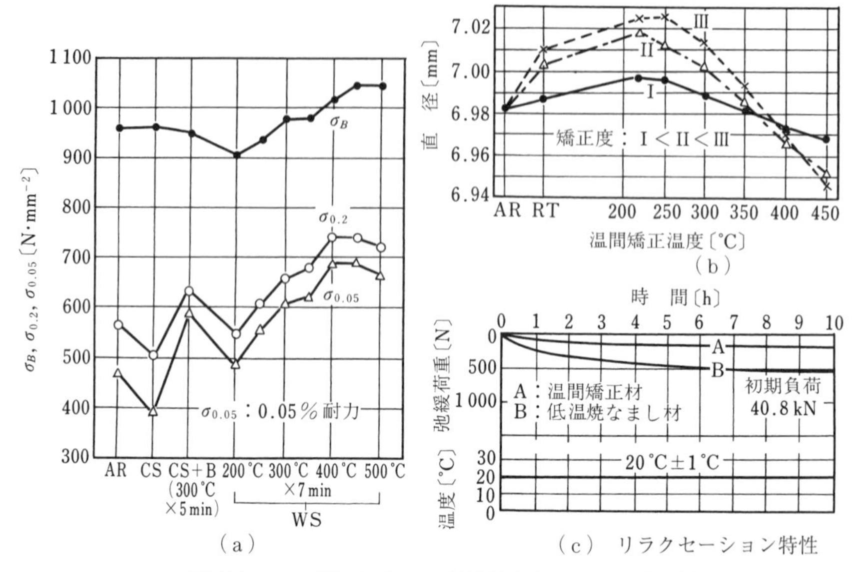

AR：熱延材，CS：常温矯正，B：低温焼なまし，WS：温間矯正

図 8.8　温間矯正による高炭素鋼線の機械的性質の変化[10),11)]

もある．

また図（c）は，負荷時のひずみを一定に保つときの荷重変化特性すなわちリラクセーション特性である．特性値に大きな改善が見られるが，この値は矯正時の温度でも変わり，300℃以上でよい結果を示している．温間でのリラクセーションでも温間矯正材の方がその値は小さい．

温間での矯正は真直度だけでなく，素材の材質改善が期待できる加工熱処理法の一つと考えられる．

8.4　機械的性質の変化

8.2節および8.3節に記した以外の，矯正に伴う機械的性質の変化事例を以下に記す．

〔1〕 ローラーレベラー

表8.1[12] と**図8.9**[13] は，ばね材として使用される洋白材についての結果である．降伏応力に対応するといわれるばね限界値の上昇が見られる一方，引張強さが低下し伸びが増す加工軟化を示している．またMg合金（Al 7%）圧延材で，圧延方向あるいはその直角方向いずれにレベリングしても，耐力 $\sigma_{0.1}$ の低下がレベリング方向だけに起きることが報告されている[14]．

表8.1　レベリングによるばね材の機械的特性の変化（試料：板厚1.25 mm 洋白）[12]

試　料	引張強さ〔N/mm²〕	伸　び〔%〕	ばね限界値〔N/mm²〕	疲労破断回数	
				応　力 245 N/mm²	応　力 392 N/mm²
12段圧延機による圧延材	681	2.0	546	2 700 000	240 000
上記＋ローラーレベラー矯正	607	2.8	600	3 800 000	210 000
上記＋低温焼なまし	733	8.3	621	> 50 000 000	360 000

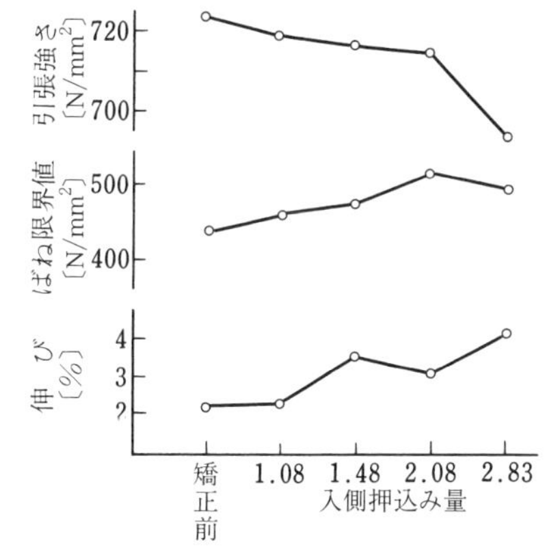

試料：板厚0.23 mm 洋白（圧延まま）
使用レベラー：ロール直径20 mm
ロールピッチ22 mm
ロール本数19（上9，下10）
各点試料数5個平均

図8.9　レベリングによる機械的性質の変化[13]

〔2〕 テンションレベラー

表8.2は，テンションレベラーによって生じる機械的性質の変化の傾向をまとめたものである[15)~18)]．矯正直角方向への影響も求められている[18]．

表 8.2　低炭素鋼板の機械的性質の変化（矯正時の伸び 0.5% 以下）[15)~18)]

降伏点	上昇傾向	降伏伸び	減少
引張強さ	上昇傾向	n 値	減少
破断伸び	数% 程度減少	r 値	変化わずか
エリクセン値	0.2 ~ 0.3 mm 劣化	板幅縮み	長手方向伸びの 1/10 程度
CCV	変化わずか		

〔3〕 **ロータリストレートナー**

図 8.10 は 5 ロールの矯正機による結果である[19)]．引張強さと伸びには矯正による変化は見られないが，比例限と耐力 $\sigma_{0.1}$ および $\sigma_{0.25}$ には減少が生じている．ただし，ステンレス鋼管では比例限の低下と耐力 $\sigma_{0.2}$ の上昇が見られるものもあり，試料材質の加工硬化特性に依存すると考えられる．

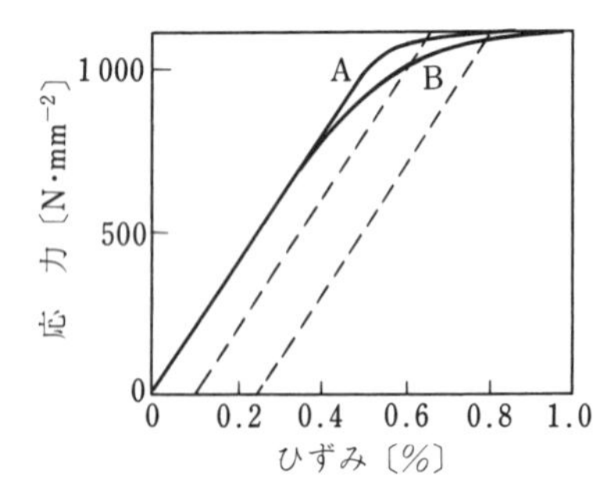

図 8.10　応力–ひずみ特性に及ぼす矯正の影響（En26（1.5% Ni–Cr–Mo）棒鋼）[19)]

8.5　残留応力の変化[20)]

プレスによる曲げ戻し矯正と引張矯正後の残留応力の変化については，それぞれ 2 章と 3 章に記した．ここでは残留応力の測定法の概要とともに，ローラーレベラーなどの，素材を連続的に送って処理するほかの矯正法について残留応力への影響を記す．

8.5.1 残留応力の測定法

残留応力の測定法には，破壊試験法と非破壊試験法があり，その原理については米谷[21]が詳しく記している．破壊試験法は，残留応力を測定したい部位の周囲にある材料を除去して，残留応力を解放させることによって生じる変形量を測定する方法である．具体的には測定部位にひずみゲージを貼り付けておき，その周囲の部分を除去していく方法，同心円状に配置したひずみゲージの中心部にドリルによって穴を空ける方法など[22]がある．ひずみの測定結果から残留応力への換算は，残留応力が働いていた部分に外力が働いた状態での変形量を弾性理論などから算出する．

非破壊試験法としてはX線法が代表的である[23]．金属材料の原子間距離が応力によって変化する性質を利用して，X線回折によりひずみを計測する方法であり，表面の局所的な残留応力の測定に適している．最近では，入射X線の走査を不要として，測定時間を短縮した残留応力測定装置も開発され[24]，比較的容易に残留応力を測定できるようになった．また，X線の代わりに中性子回折装置を使用することで，材料の内部の残留応力を測定する方法も知られている[25]．

矯正加工の効果を定量的に評価するためには，材料表面の残留応力だけでなく，内部の残留応力分布を測定することが行われる．一般的には，測定対象となる部材の一部を逐次除去しながら，その都度部材の変形量を測定することで残留応力を推定している．ただし，除去する部分が大きすぎると部材に塑性変形が生じてしまい，元の状態の残留応力から変化してしまうため，あらかじめ残留応力を予測して適切な除去量を設定する必要がある．

テンションレベラーなどの矯正加工による残留応力分布の変化を測定するには，板の片面からエッチングによる逐次除去加工を行い，残留応力の開放による板の反り曲率を測定する方法がとられる[26]．一方，鋼管の残留応力分布の測定には，Sachs法が知られている[21]．これは，鋼管の内層を逐次除去しながら，除去による鋼管の軸方向長さおよび外径の変化を測定することで，残留応力を求める方法である．また，内層からの除去だけでなく外層から逐次除去によるものと組み合わせることで，測定精度を上げることが可能である．

ただし，残留応力分布の測定には微小な変形量の測定に高い精度が要求されるとともに，逐次除去加工に長時間を要するという課題がある．そこで，部材の残留応力分布を近似的に表現したうえで，簡易的に推定する方法も提案されている[27]．

8.5.2 板材の残留応力

〔1〕 ローラーレベラーの効果[28]

ローラーレベラー通過時の変形で残留応力分布が，① 細分化され，② 均一化し，③ 減少していく，ことが4章の解析でわかった．**図8.11**は，それを確かめるための実験の結果である．

この実験では，図（a）のように残留応力を与えた試料により，矯正条件（ロールの本数と押込み量）の影響を求めている．図（c）は，はじめの分布が正負反対のものの比較である．解析の通りローラーレベラーには初期の違い

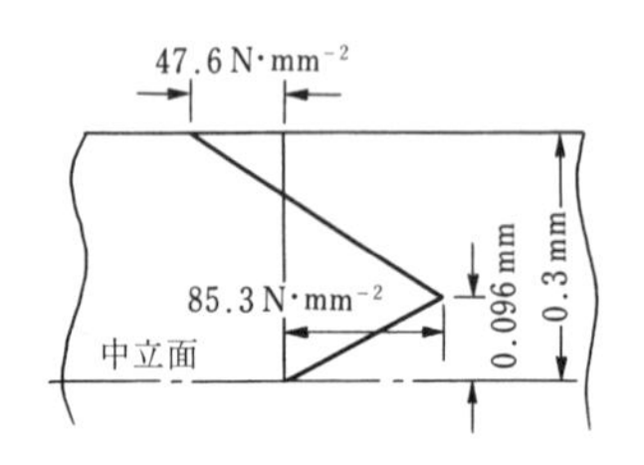

（a） 曲げ変形で与えた矯正前試料の残留応力分布計算値（試料：板厚0.6 mm，洋白）

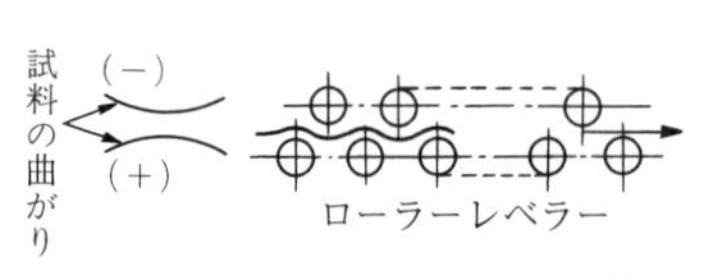

（b） 矯正条件

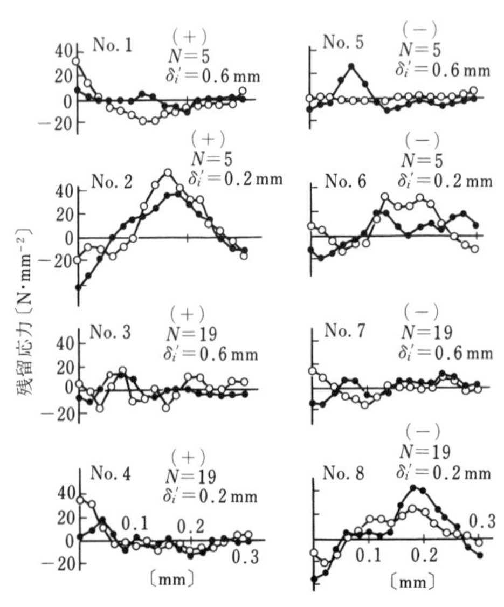

（c） 長手方向残留応力の板厚内分布

図8.11 ローラーレベラーと残留応力[28]

を消す，またその値を減らす作用があることが，これから見てとれよう．

こうした残留応力の低減あるいは除去も，形状の改善だけでなくローラーレベラーのもつ大きな機能と考えられる．前述のスリッターひずみ除去も，この機能の現れといえよう．

〔2〕 テンションレベラーの効果

5章の解析が示すように，矯正時の曲げ変形は張力下で行われるので，板厚内の残留応力分布は均一化はされるが，必ずしも減少はしない．**図8.12**は，実験的にそのことを示すX線による残留応力の測定結果例である．

図（b）は試料表裏の値の幅方向の分布で，図（c）は厚さ方向の分布である．試料表裏でその値が違う．幅方向に一様にはなるが，ローラーレベラーでのような低減はなく，増加している．また板厚内の値も同様に増している．いずれも解析と一致する結果になっている．

図8.13は条切りした試料先端の振れを示すものであ

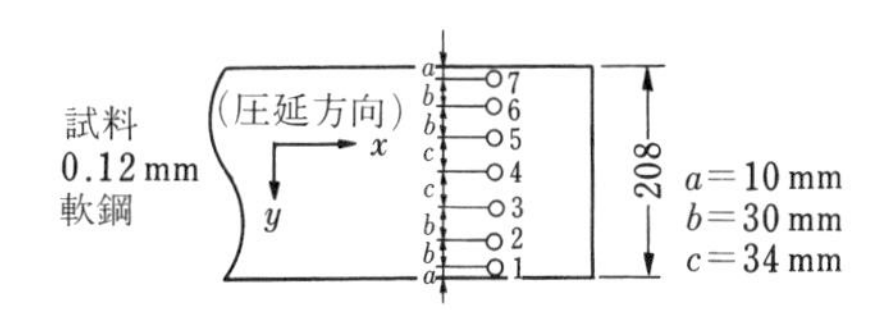

（a） X線残留応力測定箇所

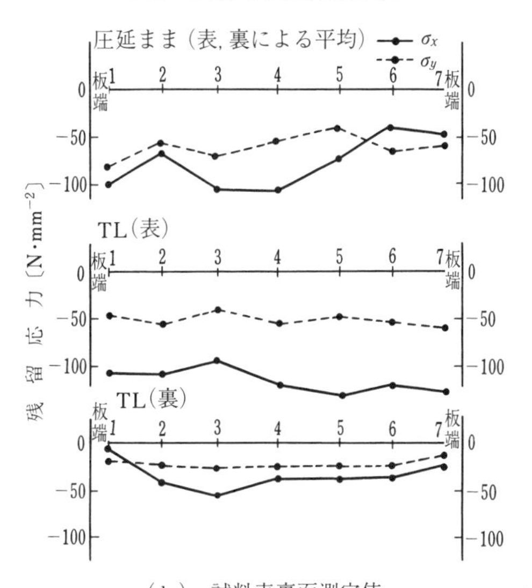

（b） 試料表裏面測定値

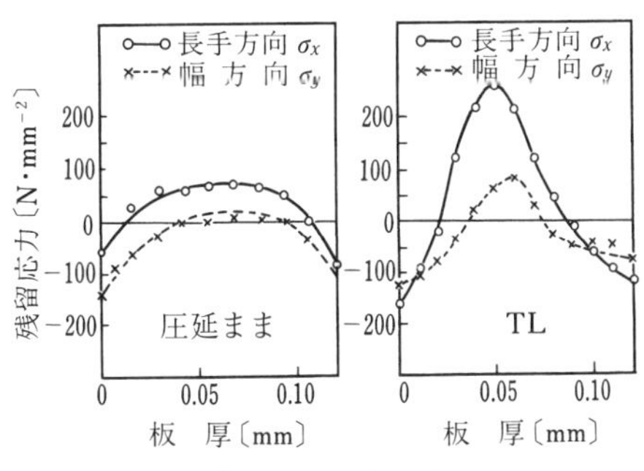

（c） 板厚内分布

図8.12 テンションレベラーと残留応力

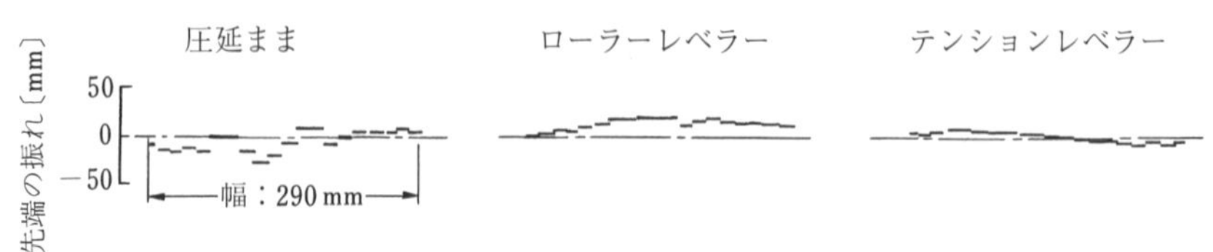

試料：板厚 0.25 mm，42 合金，条切り長さ 170 mm での先端の振れ（図 7.5 参照）
条切りはエッチングによる

図 8.13　ローラーレベラーとテンションレベラーの違い[29)]

る[29)]．これも併せて考えれば，テンションレベラーは残留応力は減らせないが，均一化する能力はローラーレベラーより大きいといえる．

8.5.3　鋼管の残留応力

図 8.14 は，矯正後の鋼管の周方向残留応力分布の測定例である[30),31)]．残留応力分布は外面引張り，内面圧縮で，これは対向式ストレートナーで多く見られる分布である．

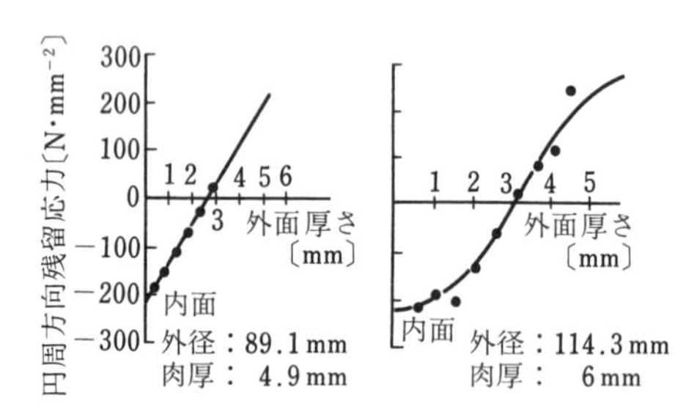

図 8.14　鋼管の矯正後の円周方向残留応力[30)]

図 8.15 は矯正後の鋼管の円周上にたがいに 90° をなす 2 か所の位置での軸方向残留応力の測定例である[32)]．2 か所の位置の位相ずれと対応し，残留応力分布も位相ずれを生じている．これは残留応力が渦巻状の分布であることを示しており，矯正中の回転送りに起因するものである．

図 8.16 は油井用鋼管の矯正と降伏強さ，残留応力，コラップス強度の関係の定性的な傾向を示している[33)]．矯正によりコラップス強度が大幅に低下す

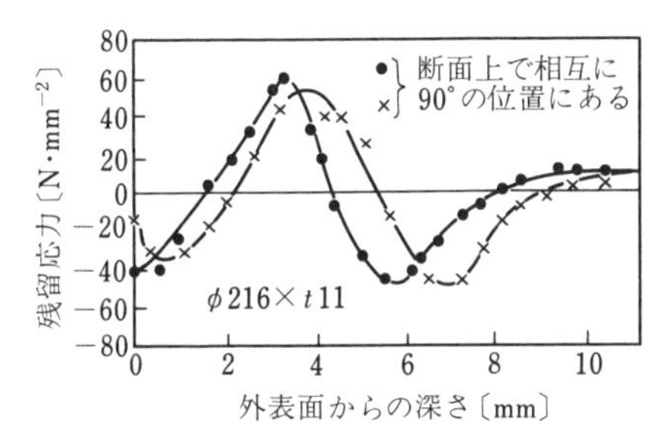

図 8.15 鋼管の矯正後の軸方向残留応力[32)]

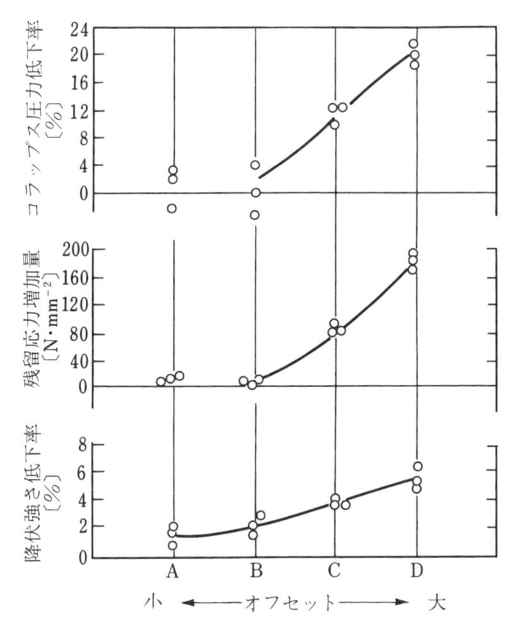

図 8.16 鋼管矯正条件と矯正前後の機械的性質の変化（矯正前を基準）[33)]

るが，これは残留応力およびバウシンガー効果によるものである．この対策として，矯正条件の適正化による残留応力の低減ならびに矯正後の時効処理や温間矯正によるバウシンガー効果の消失ないし低減が有効といわれている．

残留応力があると，材料を切断ないし切削加工をしたときに新たな変形を生じることがある．このように矯正時に発生する残留応力は，材料の機械的性質や寸法精度の面から一般に好ましくなく，矯正条件の適正化は重要な課題である．

引用・参考文献

1) 日比野文雄・青木勇：第 33 回塑性加工連合講演会講演論文集，(1982)，171-174.
2) 日比野文雄・青木勇：塑性と加工，**26**-289 (1985)，207-211.
3) 周藤悦郎：ストレッチャ・ストレイン，(1974)，日本金属学会.
4) Verduzco, M. & Polakowski, N. H.：J. Iron Steel Inst., **204** (1966), 1027-1033.
5) 宮内邦雄・岩崎利雄・坂口敏明・吉田清太：理化学研究所報告，**44**-1 (1968)，30-42.
6) 小林敏郎ほか：芝共ニュース，34 (1961)，19.
7) 阿部邦雄：芝共ニュース，34 (1961)，49.
8) 第 III 期コニカルカップテスト研究会報告書，(1960).
9) 大方一三・中田秀一・竹之下伸治・平野一雄：ばね論文集，26 (1981)，27-34.
10) 五弓勇雄・岸輝雄・小椋学：日本金属学会誌，**32**-3 (1968)，289-294.
11) 赤城正・横田貞介・五弓勇雄：鉄と鋼，**63**-1 (1977)，139-146.
12) 古矢元佑・中川邦夫・笠間良雄・横山克彦：塑性と加工，**14**-145 (1973)，125-129.
13) 日比野文雄：塑性と加工，**2**-9 (1961)，359-366.
14) Calnan, E. A. & Tate, A. E. L.：J. Inst. Metals, **79** (1951), 455-464.
15) 是川公毅・益居健・中井尚・衛藤博之・熊坂清：住友金属技術誌，**28**-1 (1976)，1-15.
16) 日下部俊・平沢忠夫：塑性と加工，**8**-78 (1967)，374-380.
17) 川並高雄・小森英幸・矢羽野莞爾：塑性と加工，**10**-107 (1969)，891-895.
18) 川口清：鉄鋼界，**29**-7 (1979)，44-49.
19) Wallance, J. F. & Thompson, D. H.：J. Iron Steel Inst., **197** (1961), 149-153.
20) 日比野文雄・瀬山長重：塑性と加工，**24**-270 (1983)，678-685.
21) 米谷茂：残留応力の発生と対策（第 5 版），(1987)，17-114，養賢堂.
22) 中代雅士・三上隆男・松田昌悟・三谷幸寛・高久泰弘：IHI 技報，**53**-3 (2013)，54-58.
23) 田中啓介・鈴木賢治・秋庭義明：残留応力の X 線評価―基礎と応用―，(2006)，養賢堂.
24) 鈴木章司・内山宗久・相澤徹也：塑性と加工，**56**-659 (2015)，1044-1047.
25) 鈴木裕士・友田陽：波紋，**17**-4 (2007)，228-231.

26) 的場哲：鉄鋼製造プロセスにおける微小塑性変形とそれに起因する諸問題の研究, 名古屋大学 (1995), 博士論文, 193-196.
27) 例えば, 今井宏：鉄と鋼, **42**-1 (1955), 23-28.
28) 日比野文雄・国井明彦：塑性と加工, **11**-116 (1970), 635-644.
29) 日比野文雄：塑性と加工, **22**-248 (1981), 869-874.
30) 矢崎陽一・丸山和士・福永信一：鉄と鋼, **63**-4 (1977), S372.
31) 矢崎陽一・東山博吉・丸山和士・笹平誠一・中島浩衛：鉄と鋼, **63**-11 (1977), S647.
32) 徳永春雄：日本機械学会論文集, **26**-172 (1960), 1720-1726.
33) 古堅宗勝・大藪研一・原田誠・岡田道雄・井上順之, 岡沢亨：鉄と鋼, **64**-11 (1978), S693.

9 矯正設備と作業

9.1 引 張 矯 正

引張矯正機（ストレッチャーレベラー）は，厚板高強度材では高い平坦度が得られる，残留応力が小さく材料の信頼性が高い，材料表面の鏡面を維持できるなどの優れた特長をもっている．このため航空機用材料，車両外板，タンクの赤道板などの素材製造時の矯正に使われている．

押出し材などの複雑な断面形状をもつものには，ねじれを除くため引張ねじり矯正機（トーションストレッチャー）が使用されている．

9.1.1 ストレッチャーレベラー

〔1〕 設　　　　備

図 9.1 は設備の一例である．構造的には小容量のオーバプルタイプと，10 000 kN を超える大容量のセンタプルタイプとに分けられる．後者では，引

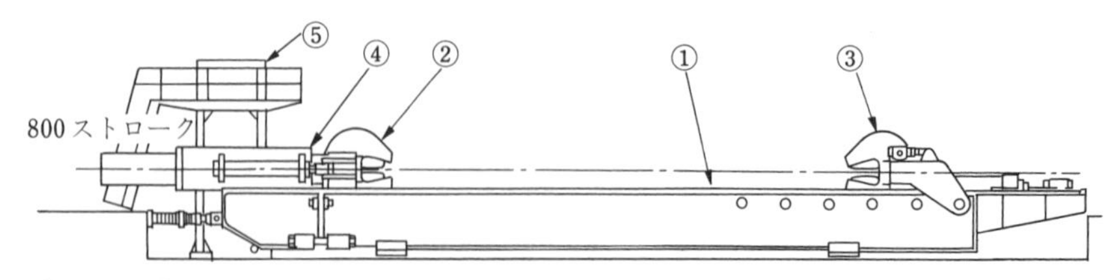

① コラム，② メイングリップヘッド，③ テールグリップヘッド，④ メインシリンダー，⑤ 油圧装置

図 9.1　ストレッチャーレベラー（オーバプルタイプ）

張力によるコラムに加わる曲げモーメントを避けるため，素材のグリップ面をコラム幅中央に合わせている．

グリップ部のクランプティースは，板中央部から順次外側へ向かってつかむ動作を行い，しわを発生させないよう装置上工夫されている．またティースは摩滅に対し交換が可能となっている．

引張力は油圧装置でメインシリンダーにより与えられる．この油圧装置は，初期たるみの吸収のため引張速度は可変となっているが，引張速度の微調整のため可変吐出し量型放射ポンプが使用されている．大容量のものの油圧系では，矯正中に材料破断が起きたときの保護に，安全装置を設けることもある．

生産設備としては，入出側に設けられる搬送用テーブル，糸巻状に生じた幅縮みを定尺幅に切断除去するサイドシヤー，グリップ部を切断するエンドシヤーなどと併せてラインが作られる．

〔2〕 作　　業

与える引張ひずみは，ステンレス鋼では 0.8 ～ 1.1%，アルミニウム系では 0.4 ～ 1.0% 程度であるが，平坦度は材料表面の反射光を見ることで普通管理できる．

薄板材では 0.6 ～ 1.0 mm が板厚の下限となる．クランプ近傍で幅方向の拘束のため良好な平坦度が得られないこと，また幅方向に座屈を起こしやすいことがその理由である．座屈は板厚 / 板幅比が 1/1 500 以下で生じやすいが，この防止のため 2 ～ 4 枚の重ね引きも行われる．こうした薄板では，噛込み前の平面度に留意し，不均等な引張りが生じないように配慮する必要がある．

クランプティースの寿命は材料によるが，一般に 2 ～ 10 万枚といわれ，摩滅による矯正効果の低下を避けるため，定期的な点検と交換が必要である．クランプで生じるきずは，矯正後にエンドシヤーで 30 mm 程度切り落とされる．

矯正不良の多くは引張量の過不足による．はじめの形状，熱処理の状況で適した値が変わるので注意と経験が必要である．降伏比の大きい材料では矯正作業が難しく，塑性係数の大きい材料は矯正効果はよくない．

最近では，生産性，歩留まり，矯正能力の点で優れたテンションレベラーが普及してきたので，薄板の領域では特殊な場合を除いてあまり使用されなくなってきている．

9.1.2　トーションストレッチャー

〔1〕　**設　　備**

その構造は板材のストレッチャーでの引張機構のほかに，メイングリップヘッドを捻回させる機構があり，一般に油圧モータで歯車を使って正逆いずれの角度にも回転可能になっている．なお作業効率の点から両グリップヘッドとも回転させるものもある．

グリップヘッドに装着されるジョー（jaw）は，板材用と異なり4方向から締め付ける構造になっている．このため素材寸法によってジョーを交換する必要があり，またその交換が容易なように考慮されている．

〔2〕　**作　　業**

形鋼や特殊断面形状の材料は，引張りの状態でねじりを与え，そのねじりを正逆数回繰返して，しだいに角度を小さくすれば矯正される．矯正効果は，引張力，ねじれ角およびねじり回数で影響される．特に材料内に生じる残留せん断応力はねじり回数で影響される．

9.2　厚板の矯正

9.2.1　厚板用矯正設備

厚板工場のレイアウトを**図9.2**に示す．厚板の製造プロセスで発生する形状不良を除去するため，ローラーレベラー，プレス矯正機が使用される．ローラーレベラーは設置場所によりプリレベラー，ホットレベラー，コールドレベラー，熱処理レベラーに分類される[1]．

① **プリレベラー**：加速冷却装置の直前に設置し，均一な冷却効果を得るために，熱間圧延で発生した大きな反りを熱間で矯正する．

② **ホットレベラー**：熱間圧延や加速冷却装置の後段に設置し，圧延や冷却

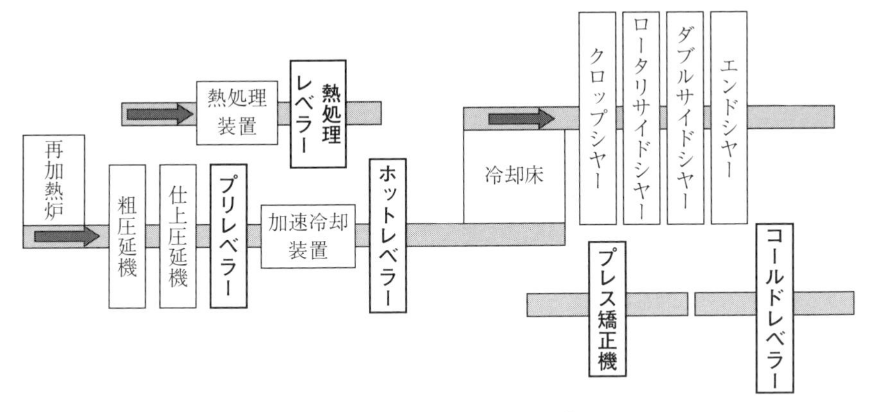

図 9.2 厚板工場レイアウト[1)]

で発生した反りやひずみを熱間で矯正する.

③ **コールドレベラー**：オフラインに設置し，冷却後に残った圧延ひずみ，熱ひずみ，残留応力を冷間で矯正するローラーレベラー．冷却床下流のインラインに設置されることもある.

④ **熱処理レベラー**：熱処理設備の後段に設置し，熱処理過程で発生したひずみや残留応力を温間または冷間で矯正する.

⑤ **プレス矯正機**：押し曲げ矯正する設備で，ローラーレベラーでは矯正困難な極厚板を冷間で矯正する.

〔1〕 ローラーレベラーの概要

図 9.3 に代表的なロール配置を示す．ワークロールのたわみを抑えるため，その軸方向数か所にバックアップロールが設置されている．**図 9.4** に代表的なバックアップロール配置を示す.

ワークロールの入出側に設置されるホールドダウンロールは板噛込みと矯正効果に対する補助として使用され，ワークロールとは独立して圧下量の調整が可能である.

ノックダウンロールはホールドダウンロールおよびワークロールだけでは噛込みが困難な熱間圧延で生じた素材先端の上反りを小さくする目的でレベラーの入側に設置される.

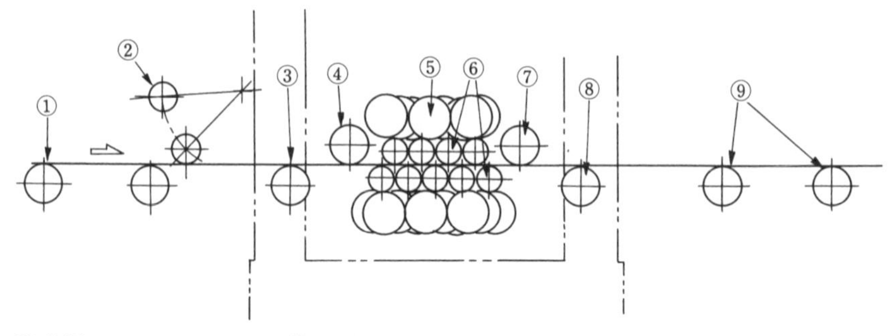

① 入側ローラーテーブル　④ 入側ホールドダウンロール　⑦ 出側ホールドダウンロール
② ノックダウンロール　⑤ バックアップロール　⑧ 出側サポートロール
③ 入側サポートロール　⑥ ワークロール　⑨ 出側ローラーテーブル

図 9.3　厚板レベラーロール配置図

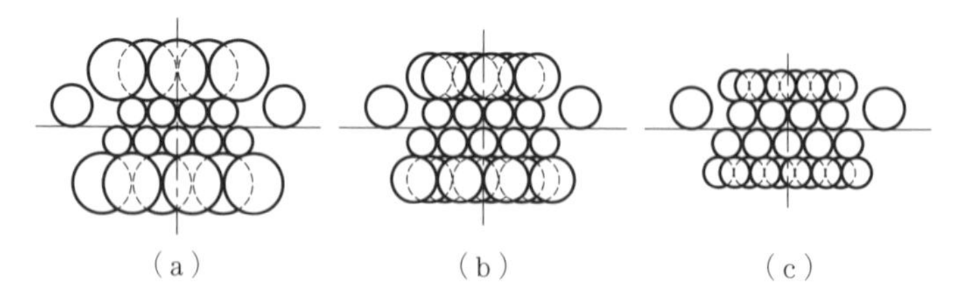

図 9.4　代表的なバックアップロール配置

図 9.5 にローラーレベラーの全体図を示す．クラウン，コラム，下部フレームなどで構成されるハウジングの中に昇降可能な上部フレームと上ロールキャリッジが設置される．下ロールキャリッジは下部フレーム上に固定されている．上ロール群の圧下傾動はレベラー上部にある圧下調整装置で設定される．圧下調整装置には電動圧下スクリュー式と油圧圧下式がある．**図 9.6** に油圧圧下式の構造図を示す．油圧式では矯正反力によるハウジングの伸びの補償，矯正中の圧下量調整，テーパープレートの矯正も可能である [2)]．また誤圧下時の過荷重に対する安全装置の機能もある．

図 9.7 にロール駆動方式の比較を示す．（a）に示すように，ワークロールはユニバーサルスピンドル，ピニオンネスト，減速機を介して電動機により駆動される．誤圧下などによる異常な衝撃トルクからユニバーサルスピンドルと

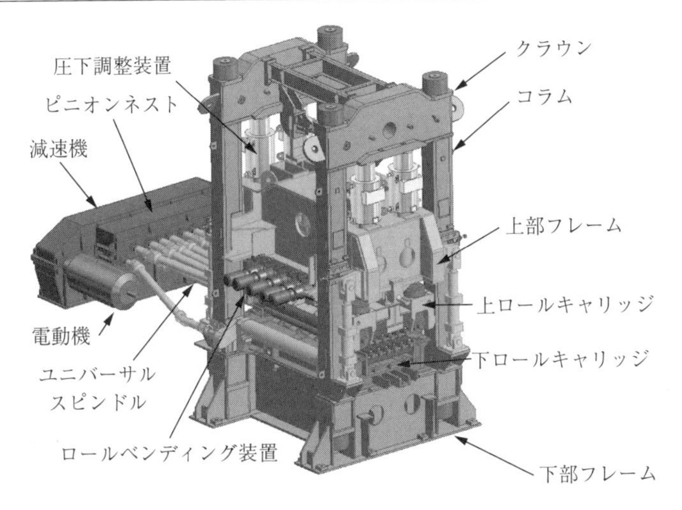

図 9.5　ローラーレベラー全体図

減速機を守るため，シヤーピンカップリングあるいはスリップクラッチなどの安全装置が駆動部に設けられている．本図のように1台の電動機ですべてのロールを駆動する場合，ロール周速と板表面速度とがロールごとにわずかに異なることにより，駆動部とロール間でトルク循環が起こり，一部のロールに負荷が集中する問題があった[3]．この現象を緩和するため，図（b）に示すようにロール群をグループに分け，それぞれを単独の電動機で駆動することも行われている．近年では高強度材の矯正が増え，矯正トルクも増大していることから，図（c）に示す個別駆動が主流になりつつある．

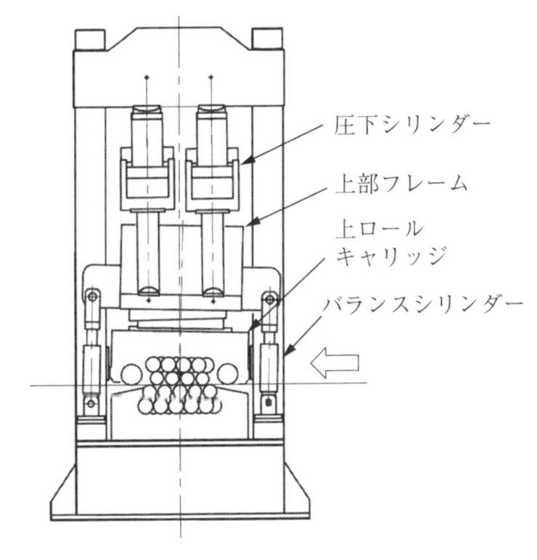

図 9.6　油圧圧下式の構造

ロールベンディング装置はおもに板幅方向に圧下量差を与えて耳波，中伸び

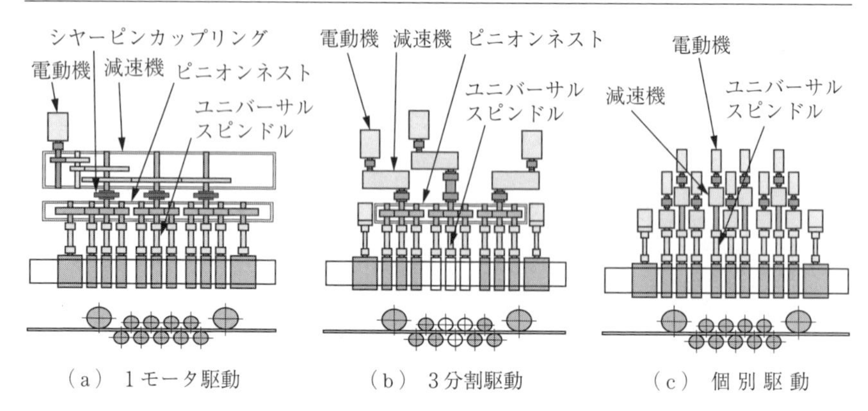

図 9.7　駆動方式の比較[1)]

などの部分ひずみを矯正する目的と矯正反力によるワークロールの板幅方向たわみを補正する目的で使用されている．**図 9.8** にウェッジ式ベンディング装置の構造を示す．上部フレームと上ロールキャリッジの間に板幅方向に複数列設置されたウェッジを調整することにより，たわみを補正する構造となっている．ウェッジの調整量は材料強度，板厚，板幅および圧下量から予測される反力に基づいてプリセットされる．近年では矯正中に調整可能な油圧式ベンディング装置（**図 9.9**）を採用した設備も導入されている．油圧式では矯正荷重お

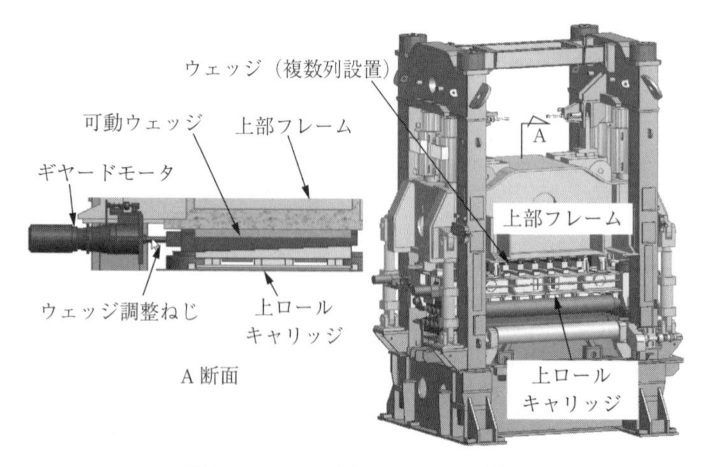

図 9.8　ウェッジ式ベンディング装置

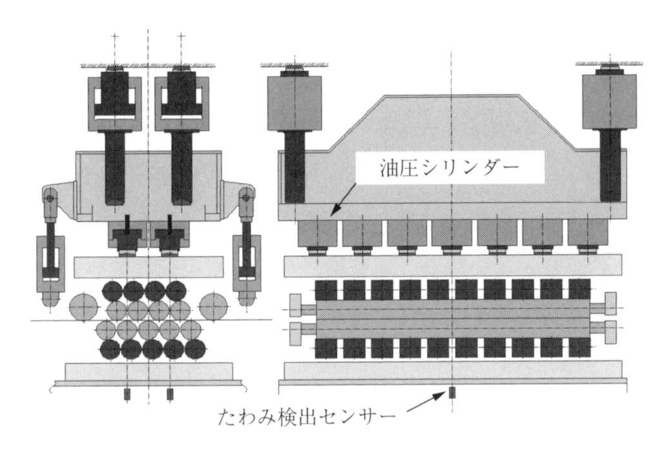

図 9.9　油圧式ベンディング装置

よびフレームたわみの実測値に基づき自動でたわみ補正を行うことにより，狙い通りの圧下量が保持でき，矯正の信頼性が大幅に向上している[4]．

〔2〕 **ホットレベラー**

加速冷却が一般的になり，低温での矯正が増えたことにより，反力容量が30 000 ～ 40 000 kN クラスの比較的大きなレベラーが導入されている．対象となる板厚は 5 ～ 100 mm 程度，ワークロール径は 200 ～ 360 mm 程度である．厚さ 10 mm 以下の薄物矯正用の小径ロール群を設置したコンビネーション方式もある[5]．**図 9.10** にコンビネーション方式のロール配置例を示す．

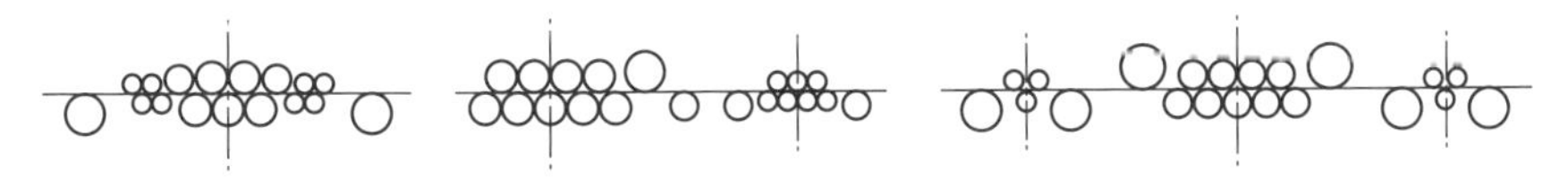

図 9.10　コンビネーション方式レベラーのロール配置例

ロールの冷却はワークロール，バックアップロールへの外水冷に合わせ，ワークロールを内水冷するのが日本，韓国では一般的である．

また，スケールによるロールきずの発生を防ぐため，レベリング前に高圧水でデスケーリングを行う．

〔3〕**プリレベラー**

プリレベラーは加速冷却装置の前面に設置されるホットレベラーで，均一冷却のために大きな反りを矯正することを目的としている．高い平坦度は要求されないため，ロール本数は4～7本と少なめで，ロール径400 mm 程度，反力容量4 000～15 000 kN 程度の小型のレベラーが多い．矯正速度は3～150 m/min 程度で，加速冷却装置と同期して運転され，1パス矯正が前提となる．仕上げ圧延機との距離が近い場合，圧延機で長尺材を圧延しているときに板がレベラー内に入ってくるために，レベラーの搬送速度が300 m/min を超える場合がある．高速搬送時にワークロールとバックアップロールがスリップしてロールきずが発生するのを防ぐために，矯正時以外はワークロールをバックアップロールと接触しないようにワークロールを昇降させる機能を有するレベラーもある[6)]．

〔4〕**コールドレベラー**

ホットレベラーとのおもな違いは以下といえよう．

- 常温から200℃程度の板を矯正するため，ロール冷却を必要としない．
- 素材先端の上反り修正が不要なので，ノックダウンロールも不要である．
- オフラインに設置されるためレベリング速度は最高で60 m/min 程度が多い．
- 処理量より確実な矯正効果に重点が置かれて大反力容量の設備が要求される．近年では反力容量100 000 kN クラスのレベラーも導入されている．

コールドレベラーでは矯正中にはく離したスケールを除去し，押しきずを防止する目的でエアパージが行われる．押しきずが問題となり，強圧下できずにせっかくの矯正能力が発揮できないこともあるため，押しきず対策が重要となる．

薄物高強度材から厚物まで幅広い矯正範囲が要求されるコールドレベラーでは，1種類のロールでは対応できなくなっていることから，ロール本数を切り替える方式のレベラーも導入されている．**図9.11**，**図9.12**にその例を示す．

キャリッジ交換方式を採用した100 000 kN クラスのレベラーでは，従来プレスで矯正していた厚さ70 mm の板も矯正が可能となっている．

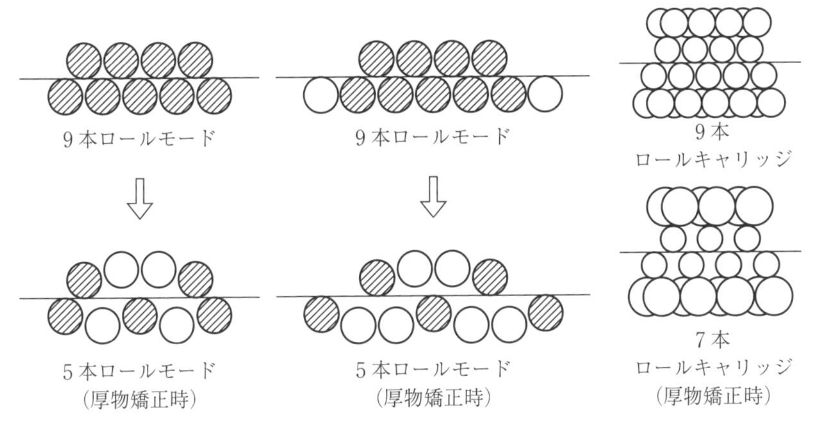

図9.11　ロールリトラクト方式　　**図9.12**　キャリッジ交換方式

〔5〕 **プレス矯正機**

加圧力は5 000 ～ 45 000 kNの規模で，矯正用具を付けたラムが板幅方向に移動できる構造になっている．鋼板長手方向の位置決めは，前後面のテーブルロールで行われる．**図9.13**にその一例を示す．

図9.13　プレス矯正機

9.2.2 厚板の矯正作業

〔1〕 **矯正設備の使い分け**

厚板の矯正にはローラーレベラーとプレス矯正機が使用される．

ホットレベラーは圧延のままの大板を熱間で矯正するので，圧延時の温度むら，矯正後冷却むらと変態が影響して，冷却床での冷却，幅仕上げ切断，長さ仕上げ切断時に再びひずみが発生することがあり，これをコールドレベラーで矯正する．

熱処理レベラーは，おもに焼入れひずみを焼戻し完了時に除去するのに用いられる．また，コールドレベラーで矯正困難なひずみや内部応力の除去を目的として，材質上許容される温度で熱処理炉により焼なまし後，矯正することもある．熱処理レベラーはコールドレベラーを兼ねることもある．

プレス矯正機は極厚板の矯正やレベラーでは矯正困難な端部ひずみの矯正に用いられる．

〔2〕 矯正作業の自動化

材質，温度および寸法情報から圧下量ならびに矯正速度が自動設定され，矯正反力によるコラムやフレームの変形を圧延機の AGC のごとく自動補正するのが一般的になりつつある．コールドレベラーでは平坦度計の導入が進んでおり，矯正後形状の自動合否判定が実施されている．また近年では矯正前に平坦度を測定し，圧下量を自動設定する試みも始まっている．レベラー出側への平坦度計設置例を**図 9.14** に示す．

図 9.14　平坦度計の設置例

〔3〕 製品品質に関する注意点

主要な事項を以下に記す．

① レベリングではスケールの噛込みに注意する必要がある．ホットレベラーでは高圧水スプレーが用いられているが，不均一冷却による冷却後の熱ひずみ，過度の温度低下に注意を要する．コールドレベラーではエアパージにより矯正ではく離したスケールの除去を行うが，スケール性状によってはエアパージでは不十分であり，押しきずが発生することもある．矯正の上流工程である圧延から冷却までのプロセスでスケールの厚みを薄くするなどのアプローチも必要である．

② ホットレベラーではバックアップロールの摩耗が進むと板耳部に矯正力が片寄り，耳部が薄くなることがあるので注意を要する．

③ 平坦に見える厚板でも条切りなどの切断を行うと，曲がりや反りが発生することがある．内部応力の釣合いの変化が原因であるので，強圧下矯正（降伏領域を大きくする）により，残留応力を分散することで，切断後の形状変化を低減することが可能である．**図 9.15** にレベラーを使用した残留応力の低減効果を示す．図（b）に示すように，板を長手方向にスリットし，スリット後のキャンバー量の測定を行った（図（a））．棒グラフの左側が未矯正材，右側が矯正材の測定結果である．本結果か

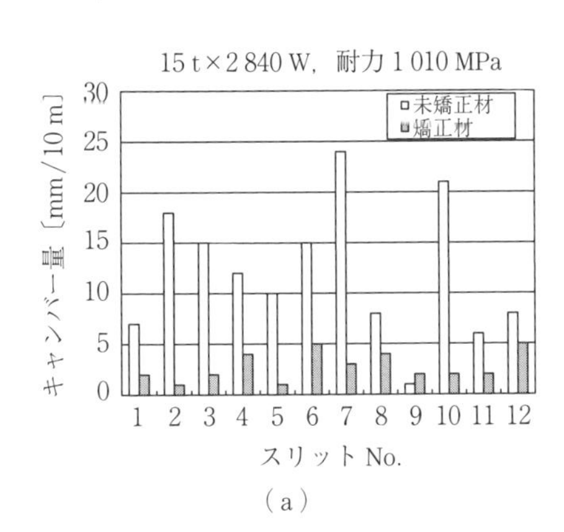

（a）

（b）

図 9.15 レベラーによる残留応力の低減効果 [4)]

らキャンバー量が平均的に1/5になっており，レベラー矯正により，
残留応力を低減できたことがわかる[4]．

しかしながら矯正時に板幅方向の圧下量偏差が大きいと，矯正により残留応力を付与してしまうので，ロールベンディング装置を使用し，圧下量偏差を小さくすることが重要になってくる．

切断後ひずみを完全に防止するには，応力除去焼なましも必要になる．

9.3 薄板の矯正

板厚6～7 mm付近から下の薄板用の矯正機としてストレッチャーレベラー，ローラーレベラーおよびテンションレベラーの3種類が挙げられる．ここでは9.1節に記したストレッチャーレベラーを除く二つについて，また特に薄板材製造段階で使用されるテンションレベラーに重点を置いて記すことにする．

9.3.1 薄板用矯正設備

〔1〕 ローラーレベラー

設備の大きさとしては，例えば**図9.16**のような比較的薄手の冷延鋼板の製造に使用されるものから，部品加工の段階で使われる卓上型のものまである．それらは大きさの違いはあっても，構造的にあるいは機能的には9.2節の厚板用とほぼ同じである．ただ薄板では，ロール押込み量のわずかの違いが矯正効果に大きく影響するので（4.6.1項参照），押込み量の調整機構は精度が高く，かつ再現性が高い（検出精度1/100 mm）ことが要求される．一般にワークロールの径が細くなるので，厚板用同様に複数列のバックアップロールで支持される．

鉄鋼あるいは非鉄の薄板用では，ロール幅方向に置いた複数のバックアップロール列の高さを個々に操作して，板幅方向でロール押込み量を微小に変える機構でワークロールを任意にたわませる機能を有しているものが多く使用され

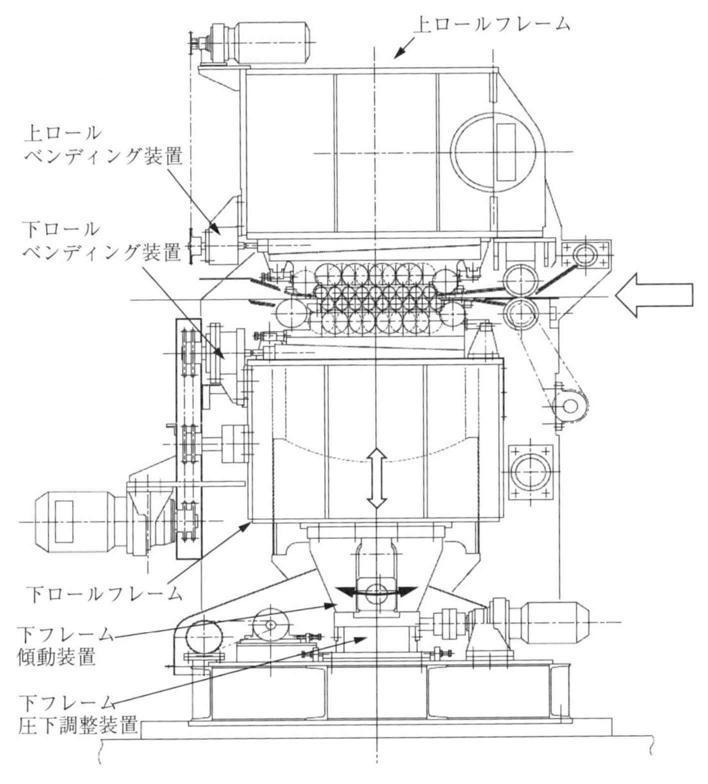

図 9.16 冷延鋼板シート用ローラーレベラー

ている．このロールのたわみ操作は素材板の耳波，中伸びなどの形状に対応して，ロール押込み量を場所により調整する装置である．**図 9.17** はそうした機能をもつレベラーでのロールたわみの利用例である．上ロール群は両端の軸受部はベッドに固定され，その内側の各バックアップロール列は個別に昇降させてたわみ形状が調整できる．下ロール群は，例えば放物線カーブになるようにバックアップロール列を連動調整してレベラーフレームのたわみ補正などを可能にしている．下フレームの入側と出側の圧下装置の操作により，上ロール群に対する押込み量が設定される．なお上下ロール間隔をロール軸方向に傾斜をもたせて設定させることも可能な装置もある．切板用では逆走矯正ができるように配慮されている．

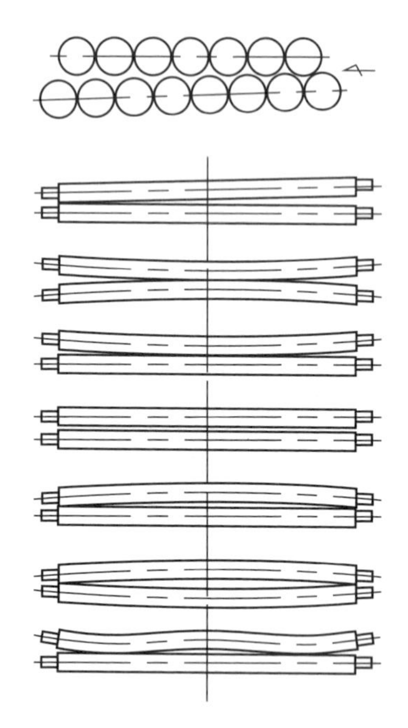

図 9.17　ワークロールへのたわみ付与例

〔2〕 テンションレベラー

その基本的構造は，図 9.18 に示すようにレベラー本体と張力を付与する入側および出側ブライドルロールから構成されている．レベラー本体は対象材料，設置目的，ライン速度などで各種の構造が採用されているが，ロールユ

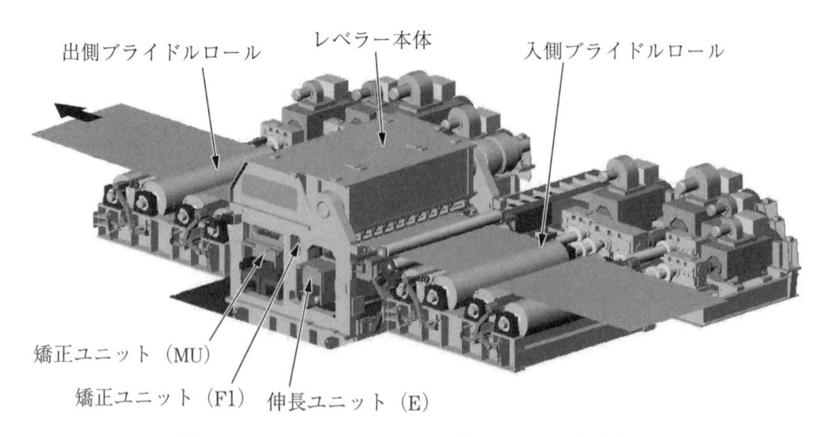

図 9.18　テンションレベラー（Type C）の基本構成

ニットはおおむね**図 9.19** の構成に集約できる．最初に伸長ユニット（E）で伸び率を与え，圧延ひずみを矯正した後に，矯正ユニット（F1，F2，MU）で伸長ユニットで発生したC反りとL反りを矯正するという機能分離をしたユニット構成としている．

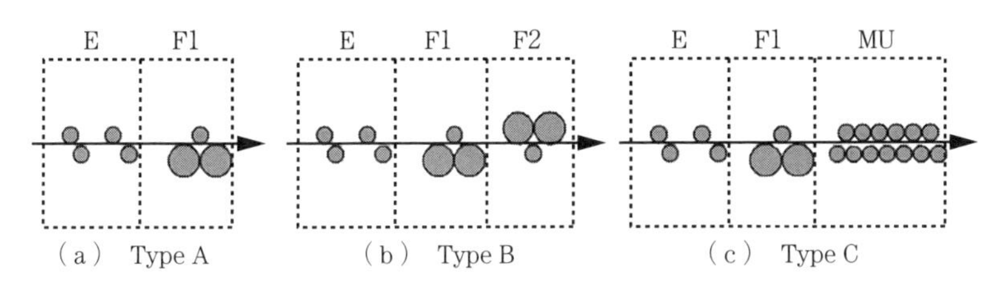

図 9.19 テンションレベラーの基本構成[7)]

Type A（図 9.19（a））は一般炭素鋼，ステンレス鋼の焼なまし材用の構成であり，矯正張力が比較的低いため，伸長ユニットでC反りが発生せず，L反り矯正ユニットが設置されているだけの比較的簡素な構成である．Type B（図（b））は一般炭素鋼，ステンレス鋼のハード材（降伏応力 800 MPa くらいまで）を対象としたロール構成である．この場合は伸長ユニット（E）でC反りを発生させることが多く，C反り矯正ユニット（F1）とL反り矯正ユニット（F2）をもつ．Type C（図（c））はL反りを Type B よりさらに安定させる必要がある場合に適用する．降伏応力が 800 MPa を超える一般炭素鋼，ステンレス鋼，速度が 800 m/min を超える設備，ブランク反りが問われる材料などはこの構成となっている[7)]．

ワークロールの位置調整は，ロールフレームを電動ウォームジャッキで昇降させて行われる．ロールは原則的には非駆動である．

初期のテンションレベラーは，前後ブライドルロールにより張力を設定する方式であった．元板形状不良に応じた必要伸び率が得られる張力を設定する方法である．矯正理論から考えると，伸び率を直線的に制御することが好ましいが，当時のアナログ制御の直流電動機では，直接伸び率を制御することは制御精度の観点から不可能であった．この制御精度を補うために，機械的な差動装

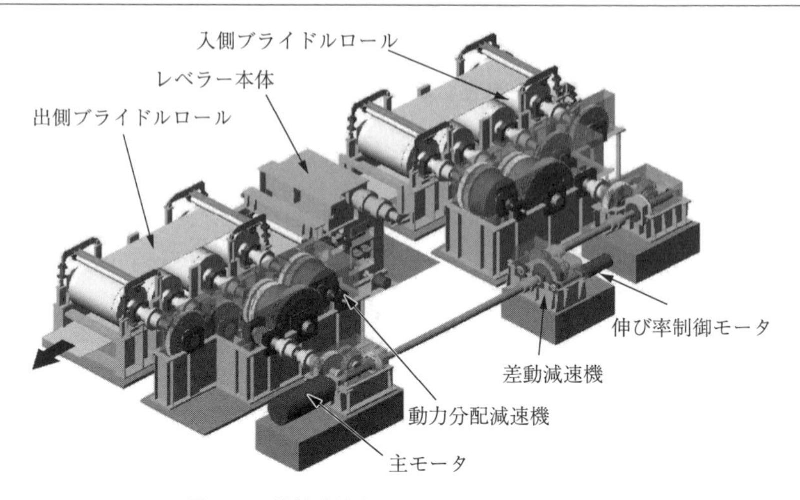

図 9.20　機械連結式ブライドルロール駆動装置

置（**図 9.20**）が採用され，直流電動機速度制御精度の 30 倍を超える精度の向上を達成している[8]．

近年，交流電動機とベクトルインバータ制御の著しい技術向上の結果，速度制御精度は，定格速度時 0.01％が安定して得られるようになった．このような背景から，各ブライドルロールに直接電動機を接続して伸び率を制御する方式が一般化した．しかしながら，高速ライン，高張力ラインあるいは実運転速度範囲の広いラインでは，設備投資額や低速での制御精度確保などの理由で，差動装置を使用した機械連結式ブライドル駆動装置が有効に採用されている[8]．

図 9.21 は冷延鋼板の薄物（0.1 ～ 0.4 mm）コイル用の高速テンションレベラーで，1 340 m/min の処理速度をもつものである．この例に見られるように，一般に厚さ 0.1 ～数 mm，板幅 2 300 mm 程度までの熱延・冷延鋼板，けい素鋼板，ステンレス鋼板，りん青銅板，アルミニウム合金板，チタン合金板などの各種コイル材に使用されている．

なお軟質の薄板材に対する簡易型として，ローラーレベラーの前段に非駆動のローラーレベラーを配置して，これを伸長ユニットとするラインが開発され，実用化されている[9]．**図 9.22** にその概要を示す．

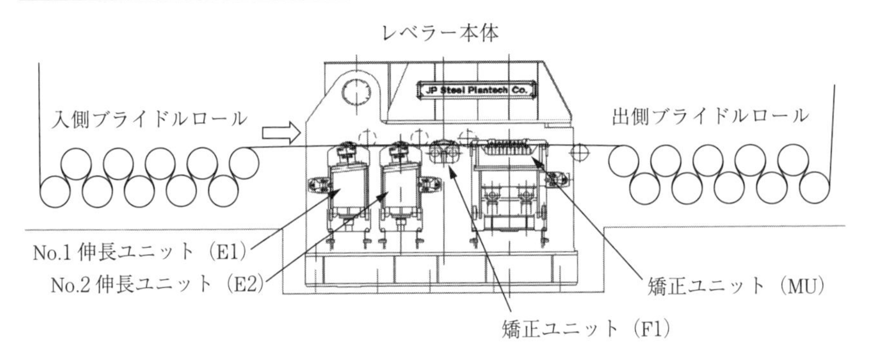

図 9.21 高速テンションレベラー

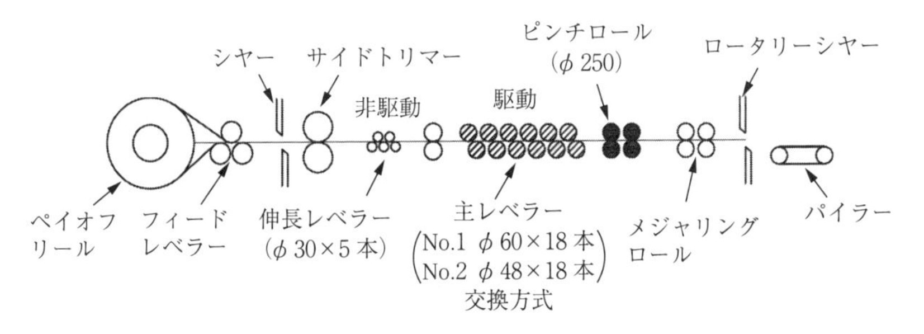

図 9.22 簡易テンションレベラー[9)]

初期のテンションレベラーは薄板の最終処理ラインに設置され，製品の品質向上のための形状矯正がおもな用途であった．最近では各種プロセスラインに導入され，形状矯正用設備として欠くことができないものになっている．**図 9.23** にはそうした適用例を示した．

〔3〕 **ハイドロテンションレベラー**[10),11)]

矯正原理は通常のテンションレベラーと同じであるが，静水圧による流体膜を利用して，板に大きな曲率を与えることに特徴がある．**図 9.24** に静水圧流体膜を利用したヘッダー断面図を示す．I 型ヘッダー（図（a））は極小径ロールのバレル部を静水圧で保持する構造であり，II 型ヘッダー（図（b））は曲率をもつヘッダー面に圧力流体を噴射する構造である．実機の設備構成と設備仕様を**図 9.25** および**表 9.1** に示す．1 000 mm 以上の板幅に対して

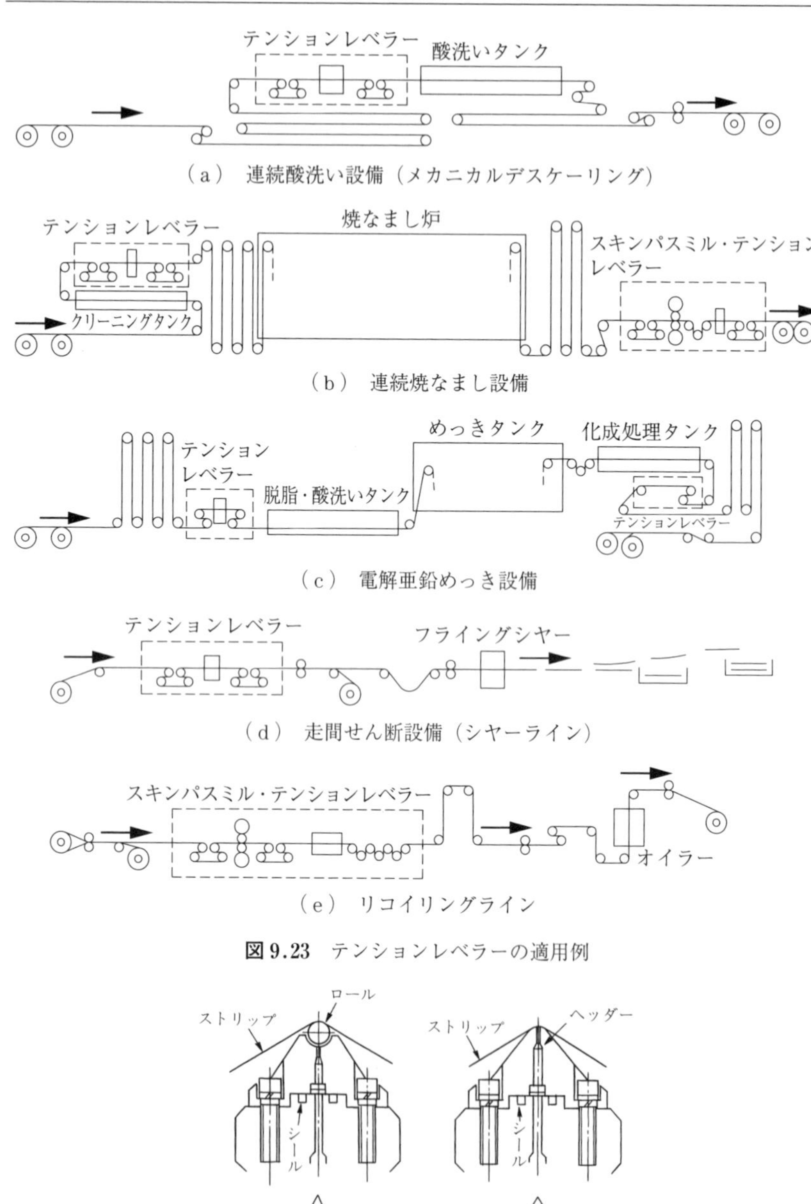

図 9.23　テンションレベラーの適用例

図 9.24　ヘッダー断面図[10)]

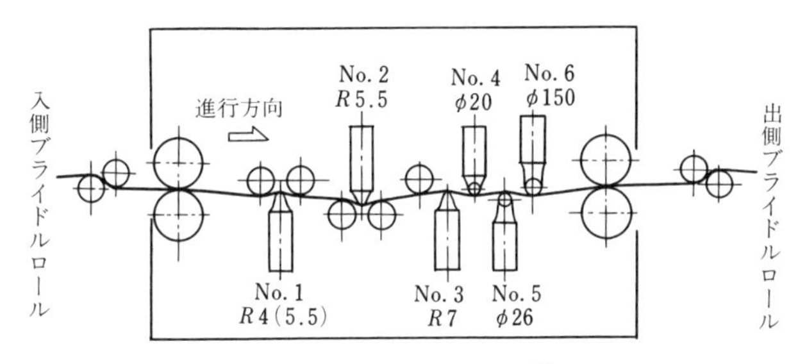

図 9.25　矯正具の配列[10)]

表 9.1　ハイドロテンションレベラーの設備仕様

取扱い材料	冷延鋼板，板厚 0.1 ～ 0.3 mm，板幅 450 ～ 1 067 mm
取扱いコイル	内径 508 mm，外径 max 1 830 mm，重量 max 18 000 kg
ライン速度	max 610 m/min
レベリング能力	伸び max 1.5%（機械系仕様）
テンションブライドル能力	入出側張力 max 40 kN，入出側張力差 max 10 kN
制御方式	伸び制御
流体供給ポンプ	高圧ポンプ 15 MPa×950 l/min 低圧ポンプ　6 MPa×200 l/min

10 mm 以下の曲率半径を与えることが可能である．通常のテンションレベラーに比べて曲率を大きくできるので，低張力でも十分な伸びが得られるメリットがある．現在のところ，一般に普及するまでには至っていない．

9.3.2　薄板の矯正作業

〔1〕　ローラーレベラー

2 台のレベラーを直列に配置し，サイドトリマーおよびフライングシヤーを併せて，コイルせん断ラインが作られている（**図 9.26**）．この設備は，コイル化した薄手の熱延鋼板から能率よく定尺材を作るためのものである．そこで得られた定尺材は平坦であるほか，条切りなどの加工で反りが発生しないことが必要である．そのため前段のレベラーでは強圧下し，機械的性質を均一化することに重点が置かれ，後段のレベラーは平坦度を与えることが目的になる．

したがって，前段のレベラーは高い剛性をもたなければならないが，さらに

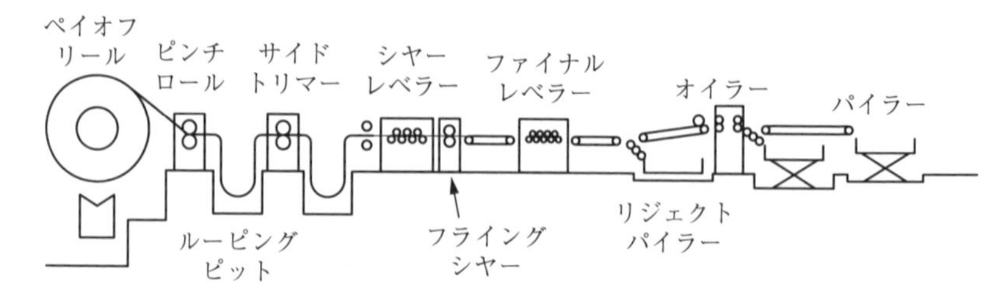

図 9.26　コイル材せん断ライン

使用時に不均一を逆に与える結果にならないよう，上下のロールの並行あるいはたわみに注意が必要である，具体的にはバックアップロールの利き方，圧下設定指針の正確さなどが挙げられる．

薄板では表面きずへの注意が厚板以上に重要になってくる．例えば

- バックアップロールのマークが板に転写されるので，適正な時期でのロール交換（中間ロールを組み込んだ 6Hi ロール構成とすれば，4Hi ロール構成の 2 ～ 3 倍の期間使用できる）
- 切板ではトップ噛込み時のスリップきず防止
- 板に付着した異物がロールに付着して堆積，固着して発生する押しきずや転写きずの防止（板とロールに液や油をスプレーするウェットレベリングで低減できる）

などへの注意が要求される．

また 3 mm 程度以下の薄板になると，軽負荷であることから，調整機構を手動操作式としたものもある．使い方も少量を技能で処理した時代の経験に影響されやすい．部品加工段階では小型の多数の機種が用いられており，そこでは薄板製造段階と違い，技術的に管理されたといえない使用事例が存在する．そのいくつかを以下に記す．

- 中伸びでは両縁に，耳波では幅中央に薄板を重ね置きして，そのままレベリングしている．重ねた部分を伸ばして形状改善を図ろうとするものである．改善効果は見られるが，経験をもとにした試行錯誤的内容といえる．
- バックアップロールの高さを調整して，ロールをたわませる機構がある．

しかし，調整作業は試行錯誤的になる．この機構が有効になるためには，板の形状の定量的評価法が必要であろう．

- ロール押込み量は入側を大にし，平坦度は出側で調整することがレベラー使用上の基本である．しかし小型機の多いプレス加工部門では技術管理が不足して，正しい使い方になっていない場合がある．

〔2〕 **テンションレベラー**

表面きず発生防止には先のローラーレベラーに対するのと同じ注意が必要であるが，非駆動ロールにウェットレベリングを適用する場合は，ロールを補助駆動して液膜によるロールスリップを防止する対策が重要である[12]．

図 9.27 はウェットレベリングを適用したステンレス用テンションレベラーで，板表面およびロール部に特殊水溶液をスプレーして，異物を流失させて押しきずなどの発生を防止している．レベリング後に水溶液を絞り，乾燥させる装置を装備している．

図 9.27 ウェットレベリングを適用したステンレス用テンションレベラー

ブライドルロールの材質と表面性状は，対象材料に応じ適正な材料，表面性状の選定を必要とする．通常ポリウレタンライニングされたものが使用される．熱延鋼板でスケールの付着しているものでは，パーライト鋳鉄など安価なものが使用されていたが，近年寿命の長い高硬度の鋳鋼あるいはタングステンカーバイト溶射などが使用されるようになった．亜鉛めっきされた鋼板では，ショットブラスト後クロムメッキし，耐摩性の向上と防錆性をもたせたロールが利用されている．

ライン速度が高速になるにつれて空気の巻込み，ストリップに付着した圧延油によるハイドロプレーン現象を生じ，ストリップの拘束力が大幅に低下する．これを防止し十分な張力を付与できるよう，ロール表面に固体接触部を確保するためのさまざまな表面処理が施されるようになっている[13]．

以下には，実機で知られた結果の中から，作業上の特徴となる事項を記す[14]．

- 実操業では通常0.2～0.3%の伸び率で，良好な平坦度が得られている．
- 板端部の降伏応力が低い材料で生じる耳波は，伸長ユニットの最終ロールとしてテーパーロールを使用すれば除くことができる．**図9.28**は同ロールの例である．板幅変化に対応させ，**図9.29**のような片側テーパーシフト方式も行われている[15]．
- 矯正後の巻取り張力が大きいと，**図9.30**（a）に見られるように局部的

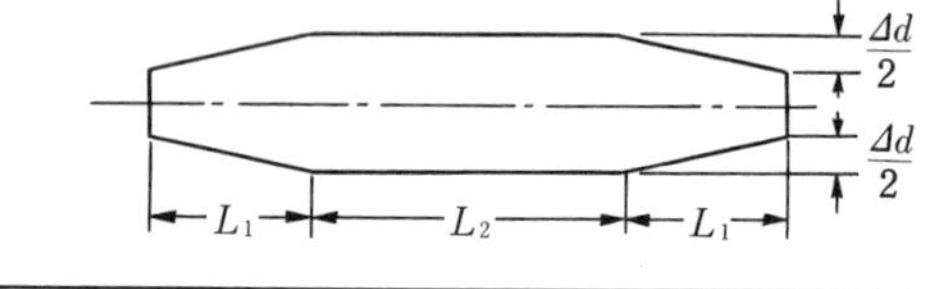

種類＼寸法	L_1	L_2	Δd	対象板幅
A	475 mm	500 mm	2.4 mm	850 mm 以下
B	425	600	1.4	1 000
C	425	600	2.8	〃
D	275	900	1.8	1 270

図9.28　実機使用テーパーロール代表例[14]

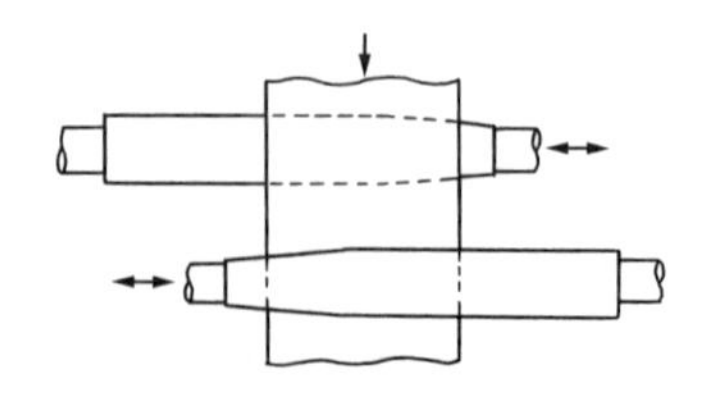

図9.29　片側テーパーロールのシフト方式[15]

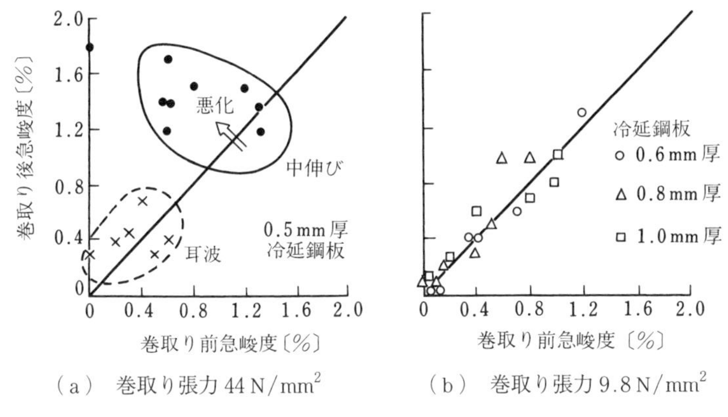

（a） 巻取り張力 44 N/mm^2　（b） 巻取り張力 9.8 N/mm^2

図 9.30 巻取り張力の影響[14)]

な耳波や中伸びが発生する．張力値を下げれば図（b）のように解消される．なおその値で輸送中や保管時に座屈が起きてはならない．

9.3.3 近年の高強度材への対応

近年，各種製品の省エネ化，コンパクト化の要求から部材のさらなる軽量化が求められ，各種金属材料においても高強度薄板材の開発とその製造設備の開発が進み，量産体制が構築されつつある．これらの材料は高抗張力・高降伏応力であり，従来仕様の矯正設備では矯正品質が確保できない状況にある．特にローラーレベラーではロールの小径化に限界があるため適正な曲げが付与できず，要求される矯正品質を達成できていない．この薄板の矯正には強い曲げを与える小径ロールと大張力ブライドルロールを装備した高い剛性を有するテンションレベラー装置が有効である．テンションレベラーのロール構成はC反りとL反りが安定して矯正できる図 9.19 の Type C が必要である．さらに板面内の材料の機械的性質の偏差値が普通鋼より大きいので，形状安定化のために塑性伸び率 1%以上が達成できる大張力設備が要求される．**図 9.31** は板厚 0.4 ～ 1.5 mm，降伏応力 1 600 MPa，ブライドル張力 1 000 kN の設備例である．なお，高強度薄板材をテンションレベリングすると材料特性が無視できない程度に変化する事例[12)]があるので，テンションレベラーの設備仕様と操業

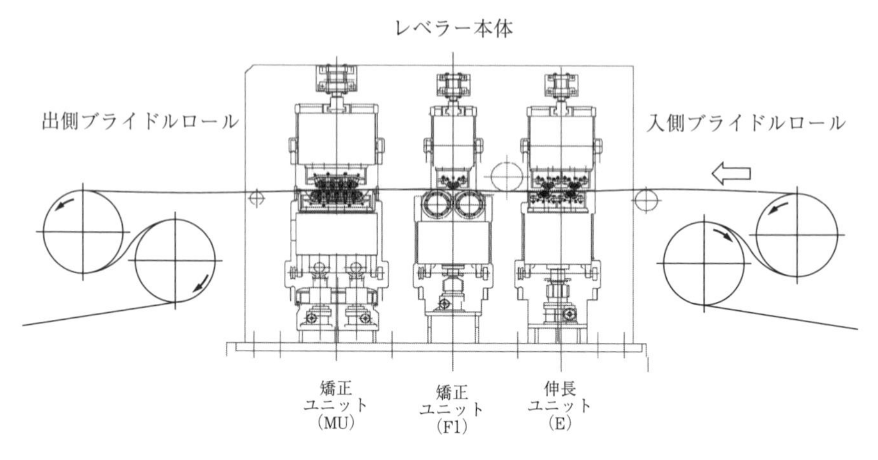

図 9.31　高強度材用テンションレベラー

条件の確定には事前の確認試験を行うことが重要である.

9.4 形 材 の 矯 正

プレスあるいは引張りによる矯正も行われるが，ここでは量産的なローラー矯正について記す.

9.4.1 ローラー矯正機の概要

ローラー矯正機の一例を**図 9.32** に示す．対象製品の形状に合わせた特有の孔型を有するロールを上下ジグザグに配列し，上または下のいずれか一方を駆動し，他方は無駆動としている．ロール数は 7 または 8 個であるが，ガイドロールを前後に取り付け，出側に縦ロールを配置している場合が多い．矯正孔型ロールは断面の形状に合わせた一体型と**図 9.33** に示す割りロールが用いられており，山形鋼や Z 型鋼矢板用の孔型は傾けてある．また，ロール組替え時間短縮のため，あらかじめスリーブにロールを組み込んだ状態で組替えする方式も採用されている.

矯正機の構造（ロールの支持形態）としては片持式と両持式に分類される

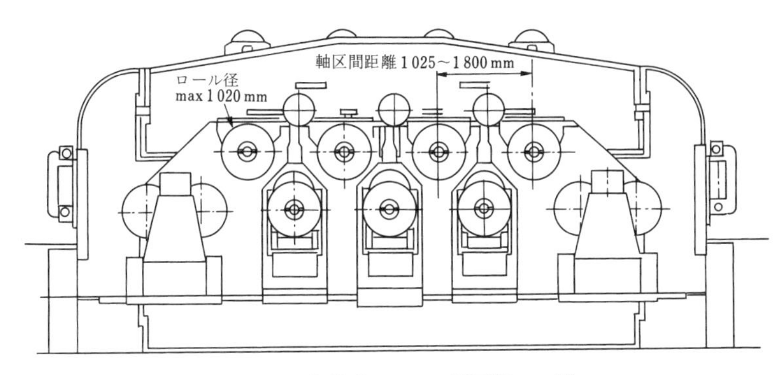

図 9.32　片持式ローラー矯正機の一例

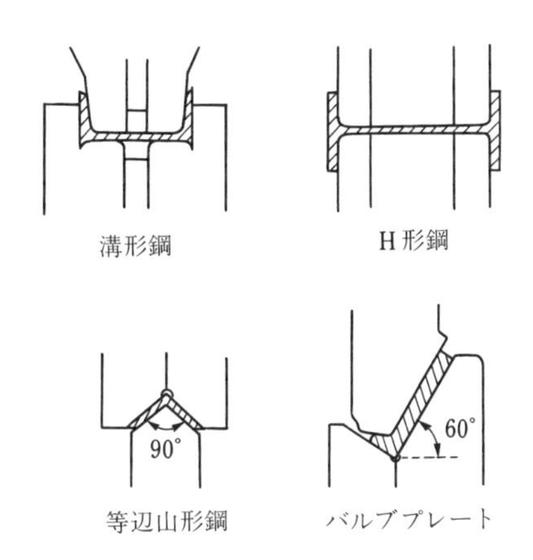

図 9.33　割りロールによる矯正孔型の例 [16)]

が，ロール交換と作業の容易さから前者が一般的であり，形材の断面係数に応じてロールピッチを変えることができるロールピッチ可変式が広く利用されている．しかしながら，ウェブ高さの大きい H 形鋼のような大形形鋼では，矯正時の片持軸の傾きにより，駆動側と操作側とで変形差が生じ，製品精度に影響を与える．このため両持式のローラー矯正機が新しく開発され，使用されるようになった．また，ロールの組替え作業をできる限り少なくするために，幅可変ロールが開発された．

最新のローラー矯正機での技術改善内容を**表 9.2** に示す．

表 9.2　最新のローラー矯正機での技術改善

項　目		対　応　策
性　能	矯正精度	•高剛性（上下フレームの連結） •矯正チョックがた殺し •圧下精度アップ •両持化
	高品質	•下ロールの補助駆動
	広矯正範囲	•可変ピッチ •機械全体の昇降
	高速化	•全ロール駆動
操作性および保守性		•圧下操作の自動設定 •ワークロール組替えの迅速化 •スケール処理の自動化 •幅可変ロール

〔1〕 両持式ローラー矯正機

両持式ローラー矯正機は剛性が高く，駆動側，作業側を支持することで，矯正軸の傾き防止のみならず，駆動側と作業側でほぼ均等に荷重をかけることが可能となる．この荷重の均等化により，矯正材のクラック，ねじれの発生などを防止，抑制することが可能となる．

また剛性が高くなることにより，安定した矯正作業を実現することができる．両持式ローラー矯正機の例を**図 9.34** に示す．

図 9.34　両持式ローラー矯正機

〔2〕 **H 形鋼用幅可変ロール**

H 形鋼用矯正ロールは 2 枚のロールとロールスリーブで構成される．幅可変ロールとは片側のロールをロールスリーブ上で移動させ，2 枚のロール間隔を変更して矯正サイズに対応し，ロール組替えを行わずに矯正できるようにしたものである．H 形鋼用幅可変ロールの例を**図 9.35** に示す．

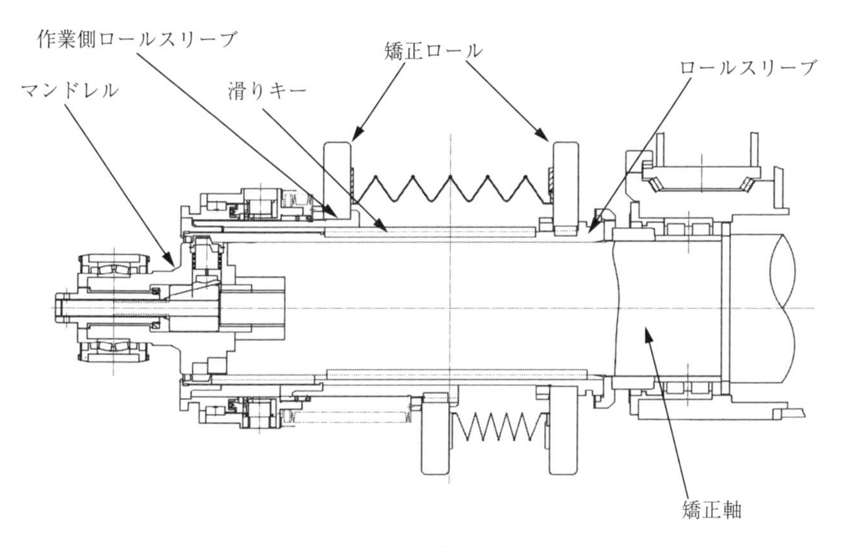

図 9.35　H 形鋼用幅可変ロール

9.4.2 ローラー矯正機の主要諸元

良好な矯正精度を得るには，機械自体が矯正荷重に耐えうるものであるとともに，十分な剛性を有することが必要であり，また形鋼全体に十分な曲げ加工を行うことが重要である．形鋼は複雑な形状を有しており，その変形状態についての十分な理解が必要である．以下矯正機の設計に重要な諸元について述べよう．

〔1〕 **矯 正 荷 量**

ロール 1 本当りの荷重 W は次式で与えられる．

$$W = \frac{8\lambda Z \sigma_e}{L}$$

ここで，Z は形鋼の断面係数，σ_e は降伏応力，L はロールピッチであり，λ は形鋼の形状により決まる定数で，表 4.1 にその値を示した．

〔2〕 矯 正 動 力

矯正に必要な動力 P は次式で計算できる．

$$P = P_1 + P_2 + P_3$$

P_1 は矯正材の塑性変形に必要な動力であり，次式で計算できる．

$$P_1 = \frac{4(K-1.5)KZ{\sigma_e}^2 v}{HE}$$

ここで，K は表面曲げひずみ ε_b と降伏ひずみ ε_e（$=\sigma_e/E$）の比で，通常 3～4，v は矯正速度，H は形鋼の高さ，E はヤング率である．

P_2 はロールと矯正材の摩擦による動力で，すべり部に加わる荷重 W_i に対する滑り摩擦仕事の合計として次式で計算できる．

$$P_2 = \sum_i \mu W_i \Delta v_i$$

ここで，μ は摩擦係数，W_i はすべり部の荷重，Δv_i はすべり速度である．

一般に形鋼はロールの半径方向にかなりの接触面をもつため，大きな滑りが発生する．例えば大形の H 形鋼ではこの摩擦動力が正味矯正動力 P_1 と同程度の大きさとなる．また P_3 は矯正機本体および駆動機の損失分である．

〔3〕 ロールピッチ

良好な矯正精度を得るには，矯正材全体に十分な曲げ変形を与えることが必要である．例えば H 形鋼や溝形鋼は図 9.33 にあるように，ウェブに加わる荷重によりフランジ部を曲げるため，ときにウェブのみが変形して，フランジ部が曲がらなくなり矯正効果が得られなくなる．このように H 形鋼ではこのウェブの変形を考慮してロールピッチを決めている．そのために**図 9.36** に示すパラメータ $\xi = bH^2/(Lh^2)$ は 6 以下が望ましく，超大形材では 6～8 になるようにロールピッチ L が設定される．

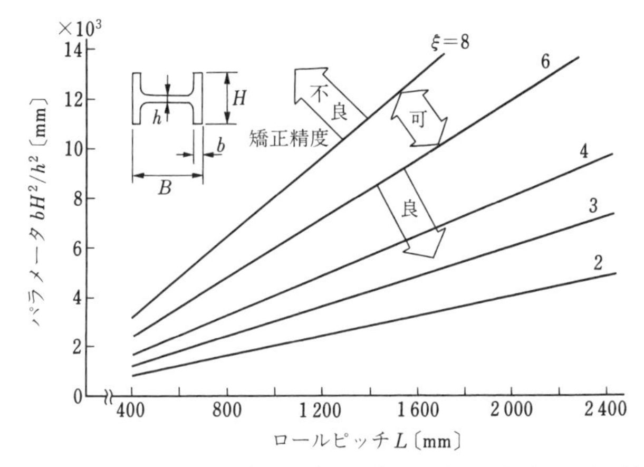

矯正精度：良（1 mm/m 以下），可（2 mm/m 以下），不良（2 mm/m 以上）

図 9.36　H 形鋼の矯正における適正ロールピッチ

9.4.3　形材の矯正作業

矯正作業は単独の作業工程としてではなく，前後工程との関わりで考えることが重要である．特に，精整工程の簡素化を図り，能率を向上させるという観点から形材製造法を考えると，① 加熱時の偏熱防止，② 仕上げ圧延機（押出し機）出側におけるガイドなどの取付け，③ 圧延時および圧延後の部分的な加速冷却による不良変形発生防止，④ 搬送時の局部的な変形の防止，などが必要である．

つぎに，各種形材の矯正作業について述べる．

〔1〕　ローラー矯正

（a）　H 形 鋼　剛性の小さなウェブの圧下を介して間接的にフランジを曲げ変形するので，矯正過程で断面形状変形を生じる．フランジの繰返し曲げと同様に，断面も繰返し変形をするので，矯正後，断面の形状が整うような矯正条件が必要である．矯正条件は圧下量とロールギャップ（図 4.32 参照）とであるが，フランジの曲げ変形に対して，両者は同様の効果を有する．つまり，ロールギャップを小さくすると圧下量を大きくしたことに等しく，ロールギャップを大きくするとその逆になるので，曲がり矯正上および矯正後の断面形状を整えるうえでも両者の調整が必要である．

図 9.37 に矯正前の曲率と矯正後の曲率との関係を示すが，圧下条件を厳しくするほど矯正後の曲率は小さな範囲に収束する．しかしながら，圧下条件が厳しくなるほど，矯正後に矯正過程で生じた過度の断面形状変化が残るので，矯正前の初期曲率変動に応じた適正な圧下条件を決めなければならない．

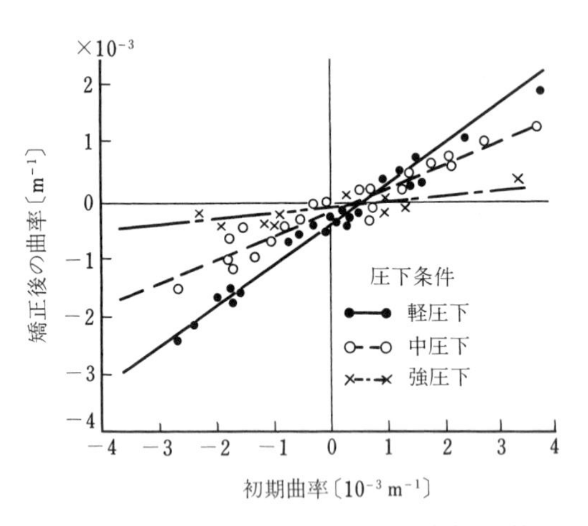

図 9.37　曲がり収束性に及ぼす圧下条件の影響（鋼種：SS 400，ロールピッチ：1 800 mm，供試材：H300×300×10/15）

（b） U形鋼矢板　打設性が重視されるので，U形鋼矢板は矯正後の真直性とともに，**図 9.38** に示す全幅の誤差が製品の全長にわたって小さいことが望ましい．ところが，矯正前の曲がり量が大きい場合には，両端部からロールピッチの 1/2 の位置で屈曲を生じ，全幅が局部的に変化して，両端部の全幅の拡大や縮小も生じやすいので，製品のサイズに応じた圧延姿勢と適正な鋸断温度の選択が重要である．

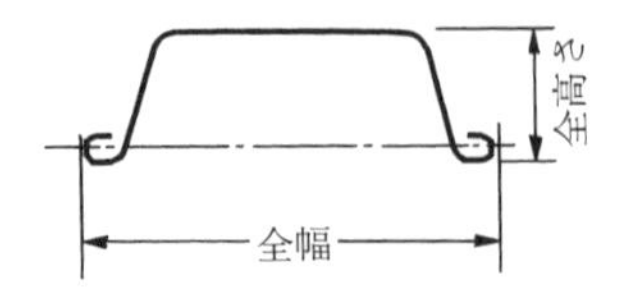

図 9.38　U形鋼矢板

（c） 軌　　条　車両の高速化に伴い真直性が厳しく要求されている．特に，両端部の端曲がりはローラー矯正機では矯正不可能であるので，ローラー矯正後プレス矯正機で矯正される．

〔2〕 **プ レ ス 矯 正**

作業能率は低いが，あらゆる形材の矯正に用いられる．当て金で押さえる場合，形材の種類によっては局部的な形状破壊を生じるおそれがあるので，当て金の工夫や形状破壊防止治具の使用が望ましい．

〔3〕 **引張矯正（熱間押出し材）**

- 鋼，ステンレス形材：アルミニウム合金に比較して押出し温度が高く，しかも変形抵抗が大きいので，ダイスの摩耗や変形が生じ，押し出された材料の曲がりやねじれの原因となる．さらに，素材の偏熱，押出し速度もそれらに影響を与えるので，矯正前工程の管理が大切である．伸び率は5%以下で作業が行われ，ねじれ矯正とともに断面寸法の修正も行われる．
- アルミニウム合金：アルミニウム合金は押出しのままでも断面の寸法精度は非常に高い．したがって，引張率が高くなると，むしろ寸法精度が低下するとともに断面形状の破壊を生じる．一般に1%以下の引張率で作業が行われる．断面形状の整形を必要とするものは，その後，ロール整形が行われる．

9.5　丸棒と管材の矯正

丸棒と管材の矯正には,傾斜ローラー式の矯正機（ロータリストレートナー）が一般的に用いられる．この矯正法は材料に回転送りにより曲げを多数回与え，真直度を得るものである．傾斜ローラー矯正機の中で最も基本的な形式は7ロール式（2-2-2-1型）である．**図9.39**は通過材に回転送り曲げが与えられていく状態を示している．

実機の設計では，矯正の原理に基づく安定した矯正効果を得るために，以下に示すことを考慮しなければならない．

〔1〕 **材料の安定拘束**

拘束度は矯正中の素材の振れに影響し，振れが少ないほど矯正効果が大きい．この拘束に影響するロール配列の決定が設計上重要となる．**図9.40**（a）

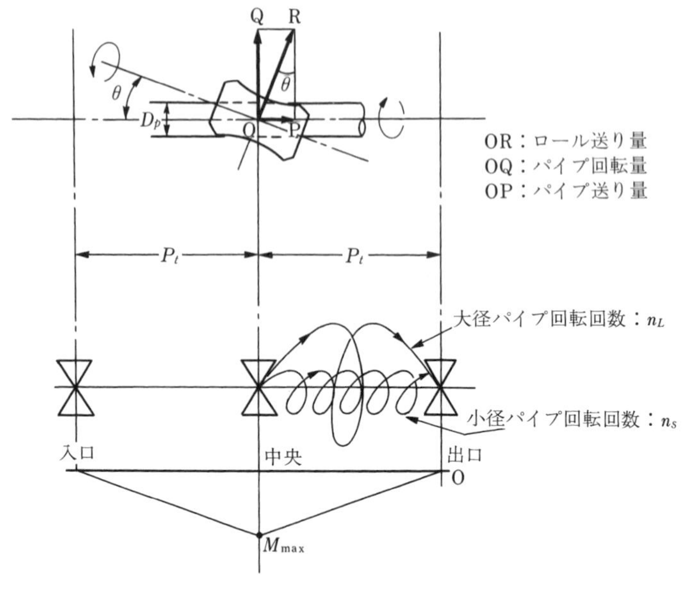

M：曲げモーメント，$n = \dfrac{P_t}{\pi D_p \tan\theta}$〔回〕

図 9.39　回転送り曲げ状態

に 2-2-2 型のロール配列の場合の振れを示す．実線が材料の安定状態で，破線が振れた状態である．出側の材料が振れた場合，中央部もその影響を受け，**図 9.41** に示すように，凹底の安定位置から移動しようとし，矯正効果が低下する．これを解決しているのが図 9.40（b）の 2-2-2-1 型のロール配列である．2-2-2 型の出側にガイドロールを加えることにより出側部の振れを規制し，中央ロール部での振れを少なくしている．2-1-2-1 型の千鳥配列（図 9.40（c））は 2-2-2-1 型の配列によく似ているが，曲げを加えている中央ロールが 1 個であるため，中央部での軸方向の拘束力が弱く，振れの影響が出やすい．

〔2〕　ロールピッチ

ロール間で逆曲げを加えて曲がりを除くメカニズムが基本であるため，曲げスパンと素材の初期曲がり状態が関係する．ロールピッチが小さいほど小さな曲がりまで矯正できるが，一方，ロール反力の増大およびロール間での繰返し

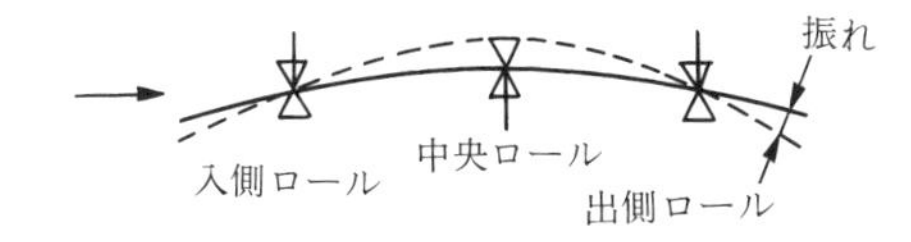

（通常は上から下に力が加えられる）

（a）振れによる不安定変形（2-2-2 型）

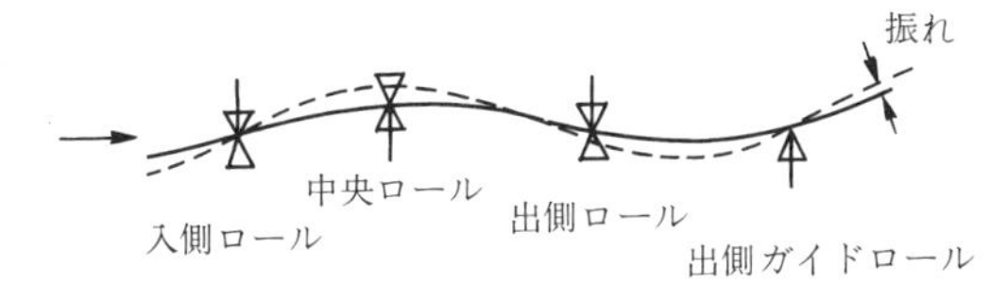

（b）出側ロールによる振れ規制（2-2-2-1 型）

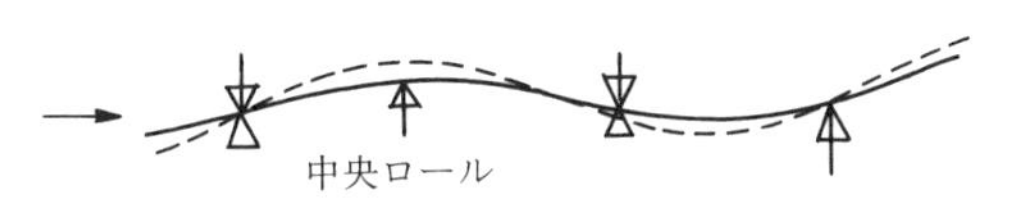

（c）中央ロールにおける振れ増加（2-1-2-1 型）

図 9.40　ロール配列と振れ

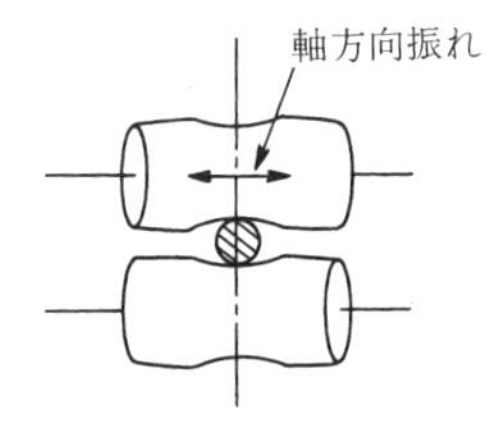

図 9.41　振れの発生

曲げ回数減少による矯正効果の低下にもなる．ロール配列 2-2-2-1 型（図 9.40（b））では，出側に加えたガイドロールまでの間隔を長短 2 種類とし，繰返し曲げ回数の確保および小スパンによる曲げ変形で矯正効果を向上させている．

〔3〕 **端曲がり矯正**

ロールスパンに相当する素材先端と後端部の端曲がりはそのロール間では矯正できない．端曲がりを少なくするには，ロールスパンが小さいほど有利である．なお，端曲がりは対向ロール間でも改善はされる．丸棒矯正に多く使用される 2 ロール式は，繰返し曲げのピッチが短いので端曲がりはよくとれる．

〔4〕 **ロールマーク対策**

薄肉管および真円度の悪い丸棒では，特にロールマークが付きやすい．ロールマークには，千鳥式ロール配列などの対向ロールが少ない型式の方が有利である．油井管のように降伏点の高い素材では，ロールに加わる力も大きい．したがってロールとの接触面圧に留意する必要がある．また，ロールにかかる負荷は駆動方式によっても異なり，負荷を均一に分配するためには，対向ロールは全駆動が望ましい．

矯正機のロール配列は**図 9.42** に示したが，それらの特徴は**表 9.3** のようである．また**図 9.43** は実機のロール構成部の一例である．

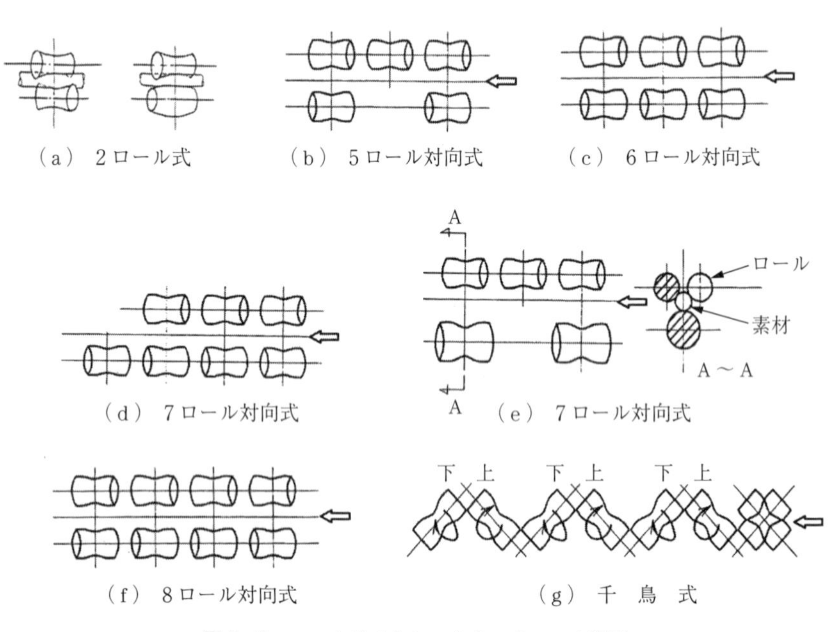

図 9.42 ロータリストレートナーのロール配列

表 9.3 ロータリストレートナーのロール配列と特徴

2ロール式	図 9.41（a）	丸棒向き，小曲がり・端曲がり除去，高速用はロール角度が大きい
5ロール対向式	図（b）	めっきパイプ・低降伏点向き
6ロール対向式	図（c）	降伏点 300 ～ 400 N/mm^2 程度向き
7ロール対向式	図（d）	最も一般的，高降伏点材にも使用
	図（e）	大径管用・薄肉・低降伏点向き
8ロール対向式	図（f）	鍛接管などの高速（200 ～ 300 m/min）処理向き
千鳥式	図（g）	ロールマークが生じにくい

図 9.43　7ロール式（2-2-2-1型）ロール構成部外観

なお，最近の動向を以下に記そう．

- EUEパイプ（external upset end pipe）の矯正：油井管用アップセットパイプの矯正用として管端通過時，各ロールが上下方向に開閉する機能をもった矯正機が作られている．
- 温間矯正：従来は製管時，冷却後に矯正していたが，近年油井管などで残留応力を少なくする目的で，熱処理後温間域で矯正する使用法も出てきた．
- 2ロール矯正機の高速化：材料の横移動を防ぐガイドシューの寿命改善で，従来の矯正速度40 m/minの倍以上の速度も実用されてきた．
- ロール位置（昇降・角度）の電動化および自動設定も導入されている．

引用・参考文献

1)　阿部敬三：産業機械，725（2011），28–32.
2)　住友重機械工業：住友重機械技報，**34**–101（1986），93.
3)　梶原哲雄・古元秀昭・田浦良治・山本国雄・森田壽朗：三菱重工技報，**25**–4（1988），321–326.
4)　阿部敬三・青山亨・草薙豊・吉村信幸・森下素司：塑性と加工，**56**–659（2015），1014–1018.

5) 益居健・橋爪藤彦・後藤久夫・吉松幸敏・牛尾邦彦：塑性と加工，**29**-333 (1988)，1010-1016.

6) 阿部敬三・青山亨：特許第 5797011 号.

7) 阿部敬三：第 129 回塑性加工講座—板形状矯正設備の最前線，(2013)，1-19.

8) 阿部敬三・山本啓二・閑浩之：軽金属，51 (2001)，297-309.

9) 益居健・渡辺清治・長野博文・五十嵐靖和：鉄と鋼，**74**-11 (1988)，2137-2144.

10) 河合三郎・高橋則夫・桑野博明：石川島播磨技報，**21**-1 (1981)，63-70.

11) 浜地一孝・西村邦雄・藤井正・富永勝彦・山内慎治：第 67 回圧延理論部会資料，**67**-14 (1980).

12) 西本忠博・安田豊治・杉野隆・佃宣和・中村照久：日新製鋼技報，66 (1992)，93-100.

13) 山本啓二・阿部敬三：伸銅技術研究会誌，31 (1992)，24-31.

14) 是川公毅・益居健・中井尚・衛藤博之・熊坂清：住友金属，**28**-1 (1976)，1.

15) 高木一三：特公昭 42-024690.

16) 日本鉄鋼協会編：わが国における最近の大型形鋼製造技術の進歩，(1972)，123-137.

付録　弾完全塑性板に繰返し曲げを付与した際の曲げモーメント，残留曲率と，残留応力の板厚方向分布

初期曲率係数 K_0 を有する降伏応力 σ_Y の弾完全塑性板に曲率係数 K_1 の第1回曲げ（$K_1>0$，かつ $K_1>K_0$ とする）を付与すると，応力 $\sigma_1(u)$ は式（A.1）のようになる．なお，ここでは，表層側が引張り，裏層側が圧縮を受ける場合の曲率および曲げモーメントを正と定義する．

$$\sigma_1(u)=\begin{cases}\sigma_Y & (u_1<u\leqq 1)\\ (K_1-K_0)\cdot u\cdot\sigma_Y & (0\leqq u\leqq u_1)\end{cases} \tag{A.1}$$

ここで，u は板厚中心からの無次元化した板厚方向距離を示し，板表面で1，裏面で-1となる．また，応力 $\sigma_1(u)$ は板厚中心に対し点対称となることから，表層側（$0\leqq u\leqq 1$）のみを記した．なお，u_1 は第1回曲げが作用した場合の弾塑性境界位置（**図 A.1** 参照）であり，式（A.2）で与えられる．

$$u_1=\frac{1}{K_1-K_0} \tag{A.2}$$

これより，第1回曲げを付与した際に生じる曲げモーメント M_1 は式（A.3）で求められる．ここで w は板幅である．

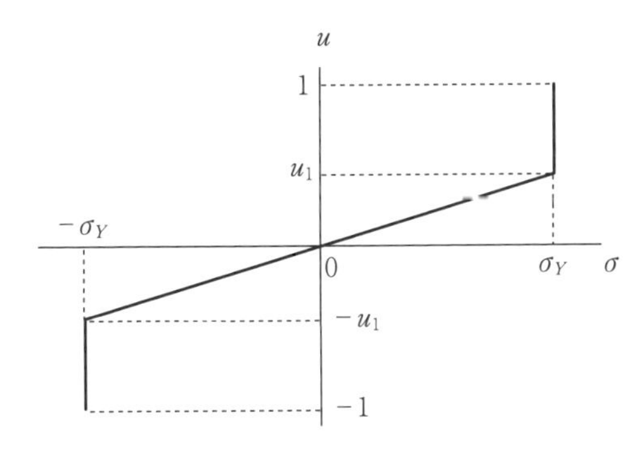

図 A.1　応力 σ の板厚方向分布と弾塑性境界位置 u

$$M_1=\frac{wt^2}{4}\cdot 2\int_0^1\sigma_1(u)\cdot u\cdot du$$
$$=\frac{wt^2}{4}\left\{\int_0^{u_1}(K_1-K_0)\cdot\sigma_Y\cdot u^2\cdot du+\int_{u_1}^1\sigma_Y\cdot u\cdot du\right\}$$
$$=\frac{wt^2\sigma_Y}{2}\left\{(K_1-K_0)\frac{u_1^3}{3}-\frac{u_1^2}{2}+\frac{1}{2}\right\} \tag{A.3}$$

式（A.3）に式（A.2）を代入すると，式（A.4）を得る．

$$M_1=\frac{wt^2\sigma_Y}{6}\left\{\frac{3}{2}-\frac{1}{2(K_1-K_0)^2}\right\} \tag{A.4}$$

さて，無次元化曲げモーメント m を導入すると，式（A.4）は式（A.5）のようになる．

$$m_1=\frac{3}{2}-\frac{1}{2(K_1-K_0)^2} \tag{A.5}$$

曲率係数と無次元化曲げモーメントとの関係の弾性域における傾きは1となることから，残留曲率係数 K'_1 は式（A.6）で得られる．

$$K'_1=K_1-m_1$$
$$=K_1-\frac{3}{2}+\frac{1}{2(K_1-K_0)^2} \tag{A.6}$$

残留応力 $\sigma'_1(u)$ は，第1回曲げを付与されたときの応力 $\sigma_1(u)$ から（$K_1-K'_1$）なる曲率に相当する弾性応力を差し引いたものとなる．

$$\sigma'_1(u)=\sigma_1(u)-(K_1-K'_1)\cdot\sigma_Y\cdot u$$
$$=\begin{cases}\{1+(K'_1-K_1)\cdot u\}\cdot\sigma_Y & (u_1<u\leqq 1)\\ (K'_1-K_0)\cdot u\cdot\sigma_Y & (0\leqq u\leqq u_1)\end{cases} \tag{A.7}$$

さらに，第2回曲げとして，$|K_1|\geqq|K_2|\geqq 1$ の曲率係数 K_2（<0）を付与する．ここで，この曲げにおいて曲率は K'_1 から K_2 へ変化すること，$K_2<0$ なので板表層側が圧縮変形を受けていることを踏まえると，応力 $\sigma_2(u)$ は式（A.8）で表される．

$$\sigma_2(u)=\sigma'_1(u)+(K_2-K'_1)\cdot u\cdot\sigma_Y$$
$$=\begin{cases}-\sigma_Y & (u_2<u\leqq 1)\\ \{1+(K_2-K_1)\cdot u\}\cdot\sigma_Y & (u_1<u\leqq u_2)\\ (K_2-K_0)\cdot u\cdot\sigma_Y & (0\leqq u\leqq u_1)\end{cases} \tag{A.8}$$

このとき，第2回曲げにおける弾塑性境界位置 u_2 は式（A.9）で与えられる．

$$u_2 = \frac{2}{K_2 - K_1} \tag{A.9}$$

また，第２回曲げを付与した際に生じる曲げモーメント M_2 は式（A.10）で求められる．

$$\begin{aligned} M_2 &= \frac{wt^2}{4} \cdot 2\int_0^1 \sigma_2(u) \cdot u \cdot du \\ &= \frac{wt^2 \sigma_Y}{2} \left\{ \int_0^{u_1} (K_2 - K_0) \cdot u^2 \cdot du + \int_{u_1}^{u_2} \{1 + (K_2 - K_1) u\} u \cdot du + \int_{u_2}^1 (-u) \cdot du \right\} \\ &= \frac{wt^2 \sigma_Y}{2} \left\{ (K_1 - K_0) \frac{u_1^3}{3} + (K_2 - K_1) \frac{u_2^3}{3} - \frac{u_1^2}{2} + u_2^2 - \frac{1}{2} \right\} \end{aligned} \tag{A.10}$$

ここで，式（A.10）に式（A.2），（A.9）を代入すると，式（A.11）を得る．

$$M_2 = \frac{wt^2 \sigma_Y}{6} \left\{ -\frac{3}{2} - \frac{1}{2(K_1 - K_0)^2} + \frac{4}{(K_2 - K_1)^2} \right\} \tag{A.11}$$

式（A.11）を無次元化曲げモーメントで表現すれば，式（A.12）になる．

$$m_2 = -\frac{3}{2} - \frac{1}{2(K_1 - K_0)^2} + \frac{4}{(K_2 - K_1)^2} \tag{A.12}$$

残留曲率係数 K'_2 は式（A.13）で得られる．

$$K'_2 = K_2 + \frac{3}{2} + \frac{1}{2(K_1 - K_0)^2} - \frac{4}{(K_2 - K_1)^2} \tag{A.13}$$

残留応力の板厚方向分布 $\sigma'_2(u)$ は，第２回曲げを付与されたときの応力 $\sigma_2(u)$ から（$K_2 - K'_2$）なる曲率に相当する弾性応力を差し引いたものとなる．

$$\sigma'_2(u) = \begin{cases} \{-1 + (K'_2 - K_2) \cdot u\} \cdot \sigma_Y & (u_2 < u \leqq 1) \\ \{1 + (K'_2 - K_1) \cdot u\} \cdot \sigma_Y & (u_1 < u \leqq u_2) \\ (K'_2 - K_0) \cdot u \cdot \sigma_Y & (0 \leqq u \leqq u_1) \end{cases} \tag{A.14}$$

同様に，第３回曲げとして，$|K_2| \geqq |K_3| \geqq 1$ の曲率係数 K_3（> 0）を付与する．応力 $\sigma_3(u)$ は式（A.15）で表される．

$$\sigma_3(u) = \begin{cases} \sigma_Y & (u_3 < u \leqq 1) \\ \{-1 + (K_3 - K_2) \cdot u\} \cdot \sigma_Y & (u_2 < u \leqq u_3) \\ \{1 + (K_3 - K_1) \cdot u\} \cdot \sigma_Y & (u_1 < u \leqq u_2) \\ (K_3 - K_0) \cdot \sigma_Y \cdot u & (0 \leqq u \leqq u_1) \end{cases} \tag{A.15}$$

ここで，第3回曲げにおける弾塑性境界位置 u_3 は式（A.16）で与えられる．

$$u_3=\frac{2}{K_3-K_2} \tag{A.16}$$

第3回曲げを付与した際に生じる曲げモーメント M_3 は式（A.17）で求められる．

$$\begin{aligned}M_3&=\frac{wt^2}{4}\cdot 2\int_0^1\sigma_3(u)\cdot u\cdot du\\&=\frac{wt^2\sigma_Y}{2}\left\{\int_0^{u_1}(K_3-K_0)\cdot u^2\cdot du+\int_{u_1}^{u_2}\{1+(K_3-K_1)u\}\,u\cdot du\right.\\&\quad\left.+\int_{u_2}^{u_3}\{-1+(K_3-K_2)u\}\,u\cdot du+\int_{u_3}^{1}u\cdot du\right\}\\&=\frac{wt^2\sigma_Y}{2}\left\{(K_1-K_0)\frac{u_1^3}{3}+(K_2-K_1)\frac{u_2^3}{3}+(K_3-K_2)\frac{u_3^3}{3}-\frac{u_1^2}{2}+u_2^2-u_3^2+\frac{1}{2}\right\}\end{aligned} \tag{A.17}$$

ここで，式（A.17）に式（A.2），（A.9），（A.16）を代入すると，式（A.18）を得る．

$$M_3=\frac{wt^2\sigma_Y}{6}\left\{\frac{3}{2}-\frac{1}{2(K_1-K_0)^2}+\frac{4}{(K_2-K_1)^2}-\frac{4}{(K_3-K_2)^2}\right\} \tag{A.18}$$

無次元化曲げモーメントを導入すれば，式（A.19）が得られる．

$$m_3=\frac{3}{2}-\frac{1}{2(K_1-K_0)^2}+\frac{4}{(K_2-K_1)^2}-\frac{4}{(K_3-K_2)^2} \tag{A.19}$$

残留曲率係数 K'_3 は式（A.20）で得られる．

$$K'_3=K_3-\frac{3}{2}+\frac{1}{2(K_1-K_0)^2}-\frac{4}{(K_2-K_1)^2}+\frac{4}{(K_3-K_2)^2} \tag{A.20}$$

残留応力の板厚方向分布 $\sigma'_3(u)$ は式（A.21）で与えられる．

$$\sigma'_3(u)=\begin{cases}\{1+(K'_3-K_3)\cdot u\}\cdot\sigma_Y & (u_3<u\leqq 1)\\\{-1+(K'_3-K_2)\cdot u\}\cdot\sigma_Y & (u_2<u\leqq u_3)\\\{1+(K'_3-K_1)\cdot u\}\cdot\sigma_Y & (u_1<u\leqq u_2)\\(K'_3-K_0)\cdot u\cdot\sigma_Y & (0\leqq u\leqq u_1)\end{cases} \tag{A.21}$$

以上の結果から，初期曲率係数 K_0 を有する板に式（A.22）で示されるような正負交互の漸減曲げ

$$|K_1|\geqq|K_2|\geqq\cdots\geqq|K_{n-1}|\geqq|K_n|\geqq 1 \tag{A.22}$$

を付与した場合（第 n 回目までの曲げがすべて塑性的に行われた場合），第 n 回曲げにおける無次元化曲げモーメント m_n は式（A.23）で求められる．

$$m_n = (-1)^{n-1} \cdot \frac{3}{2} - \frac{1}{2(K_1 - K_0)^2} - \sum_{i=1}^{n-1} (-1)^i \frac{4}{(K_{i+1} - K_i)^2} \tag{A.23}$$

また，除荷後の残留曲率係数 K'_n は式（A.24）で与えられる．

$$K'_n = K_n - (-1)^{n-1} \cdot \frac{3}{2} + \frac{1}{2(K_1 - K_0)^2} + \sum_{i=1}^{n-1} (-1)^i \frac{4}{(K_{i+1} - K_i)^2} \tag{A.24}$$

さらに，残留応力の板厚方向分布 $\sigma'_n(u)$ は式（A.25）で与えられる．

$$\sigma'_n(u) = \begin{cases} \{(-1)^{n-1} + (K'_n - K_n) \cdot u\} \cdot \sigma_Y & (u_n < u \leqq 1) \\ \{(-1)^{n-2} + (K'_n - K_{n-1}) \cdot u\} \cdot \sigma_Y & (u_{n-1} < u \leqq u_n) \\ \quad \vdots & \\ \{(-1)^{i-1} + (K'_n - K_i) \cdot u\} \cdot \sigma_Y & (u_i < u \leqq u_{i+1}) \\ \quad \vdots & \\ \{-1 + (K'_n - K_2) \cdot u\} \cdot \sigma_Y & (u_2 < u \leqq u_3) \\ \{1 + (K'_n - K_1) \cdot u\} \cdot \sigma_Y & (u_1 < u \leqq u_2) \\ (K'_n - K_0) \cdot u \cdot \sigma_Y & (0 \leqq u \leqq u_1) \end{cases} \tag{A.25}$$

ここで

$$\begin{cases} u_n = (-1)^{n-1} \cdot \dfrac{2}{(K_n - K_{n-1})} \\ u_{n-1} = (-1)^{n-2} \cdot \dfrac{2}{(K_{n-1} - K_{n-2})} \\ \quad \vdots \\ u_i = (-1)^{i-1} \cdot \dfrac{2}{(K_i - K_{i-1})} \\ \quad \vdots \\ u_3 = \dfrac{2}{K_3 - K_2} \\ u_2 = -\dfrac{2}{K_2 - K_1} \\ u_1 = \dfrac{1}{K_1 - K_0} \end{cases} \tag{A.26}$$

索　　引

【い】

一様接触曲げ　141
インターメッシュ　144

【う】

ウェッジ式ベンディング装置　204
ウェットレベリング　218, 219

【お】

送り速度　141
押しきず　206, 218
押込み量　144
オフセット　160, 161, 166
温間矯正　187
温間引張矯正　147

【か】

回転角　155
回転ブレード矯正機　151
加工硬化指数　132
荷　量　225
加速冷却装置　200

【き】

軌　条　228
キャンバー　210
急峻度　11, 33, 116, 221
矯正荷量　225
矯正限界　145
矯正動力　226
矯正太り　139
矯正ユニット　213
曲　率　131
曲率係数　13, 41
曲率半径　131

【く】

クラッシュ　160, 164
繰返し曲げ　137
クリープ　177

【こ】

コイル形状　145
降伏曲率　41
降伏点伸び　183
降伏曲げモーメント　43
鋼矢板　228
コールドレベラー　201, 206

【さ】

サイドガイド　141
差動装置　213
残留応力　27, 130, 190, 209
残留応力分布　33

【し】

軸方向ひずみ　140
自　転　146
耳　波　203
シヤーピンカップリング　203
条切り　209
伸長ユニット　213, 214
真直度　128

【す】

ストレッチャー　29
ストレッチャーストレイン　30, 183
ストレッチャーレベラー　198, 210
スピナーノズル矯正機　151
スリッターひずみ　183
スリットモデル　91
スリップクラッチ　203

【せ】

せん断矯正　132

【そ】

塑性変形率　136
塑性率　41, 136

【た】

多ロール式矯正　143
弾完全塑性体　40
弾性限オフセット　170
弾性限クラッシュ　170

【ち】

調質圧延　30

【て】

逓減曲率法　152
テーパーロール　220
転写きず　218
テンションアニーリング　175
テンションレベラー　210, 212, 214, 215, 219, 221, 222

【と】

等辺山形鋼　223
動　力　226

トーションストレッチャー 198, 200
トルク循環 59, 203

【な】

中伸び 203

【ね】

ねじれ 128
熱処理レベラー 201

【の】

ノックダウンロール 201
伸び差率 4, 116

【は】

ハイドロテンション
　レベラー 215, 217
バウシンガー効果 132
バックアップロール 201, 202
ばねモデル 130
バルブプレート 223

【ひ】

ひずみ時効 184
引張矯正 132

【ふ】

ブライドル 214
ブライドルロール 212
ブランク反り 213
プリレベラー 200, 206
プレス矯正 23, 229
プレス矯正機 201, 207
振れ回り 141

【へ】

平坦度 10, 30
平坦度計 208

【ほ】

ホットストレッチング 175
ホットレベラー 200, 205
ホールドダウンロール 201

【ま】

曲げ矯正 132

【み】

ミーゼスの相当応力 132
溝形鋼 223

【ゆ】

油圧式ベンディング装置 204

【り】

両端太り 141

【ろ】

ロータリー式矯正機 157, 159
ロータリストレートナー 229, 232
ローラーレベラー 201, 210, 214
ローラーレベラー矯正 143
ロール圧下量 74, 84
ロール押込み量 37
ロール噛込み量 36, 37
ロール交差角 135
ロールピッチ 223, 226, 227
ロールプロフィール 135
ロールベンディング
　装置 203, 211
ロール本数 206
ロールマーク 231

【数字】

2 ロール矯正 134
3 点接触曲げ 141

【英字】

C 反り 213
H 形鋼 223
L 反り 213
U 形鋼矢板 228

矯正加工——**板・棒・線・形・管材矯正の基礎と応用**——
Straightening Process
—— Foundation and Application of Sheet, Plate, Bar, Wire, Shape and Pipe Straightening ——

2018 年 10 月 5 日 初版第 1 刷発行

検印省略	編 者	一般社団法人 日本塑性加工学会
	発行者	株式会社 コロナ社 代表者 牛来真也
	印刷所	萩原印刷株式会社
	製本所	有限会社 愛千製本所

112-0011 東京都文京区千石 4-46-10
発行所 株式会社 **コロナ社**
CORONA PUBLISHING CO., LTD.
Tokyo Japan
振替 00140-8-14844・電話(03)3941-3131(代)
ホームページ http://www.coronasha.co.jp

ISBN 978-4-339-04381-5 C3353 Printed in Japan (三上)

新塑性加工技術シリーズ

(各巻A5判)

■日本塑性加工学会 編

配本順	書名	(執筆代表)	頁	本 体
1.	塑性加工の計算力学 ―塑性力学の基礎からシミュレーションまで―	湯 川 伸 樹		
2.(2回)	金　属　材　料 ―加工技術者のための金属学の基礎と応用―	瀬 沼 武 秀	204	2800円
3.	プロセス・トライボロジー ―塑性加工の摩擦・潤滑・摩耗のすべて―	中 村　保		
4.(1回)	せ ん 断 加 工 ―プレス切断加工の基礎と活用技術―	古 閑 伸 裕	266	3800円
5.(3回)	プラスチックの加工技術 ―材料・機械系技術者の必携版―	松 岡 信 一	304	4200円
6.(4回)	引　抜　き ―棒線から管までのすべて―	齋 藤 賢 一	358	5200円
7.(5回)	衝 撃 塑 性 加 工 ―衝撃エネルギーを利用した高度成形技術―	山 下　実	254	3700円
8.(6回)	接 合・複 合 ―ものづくりを革新する接合技術のすべて―	山 﨑 栄 一	394	5800円
9.	鍛　造 ―目指すは高機能ネットシェイプ―	北 村 憲 彦		近 刊
10.	粉 末 成 形 ―粉末加工による機能と形状のつくり込み―	磯 西 和 夫		近 刊
11.(7回)	矯 正 加 工 ―板・棒・線・形・管材矯正の基礎と応用―	前 田 恭 志	256	4000円
12.	回 転 成 形 ―転造とスピニングの基礎と応用―	川 井 謙 一		近 刊
	圧　延 ―ロールによる板・棒線・管・形材の製造―	宇都宮　裕		
	板材のプレス成形 ―曲げ・絞りの基礎と応用―	桑 原 利 彦		
	押 出 し ―基礎から高機能付加成形まで―	星 野 倫 彦		
	チューブフォーミング ―軽量化と高機能化の管材二次加工―	栗 山 幸 久		

定価は本体価格+税です。
定価は変更されることがありますのでご了承下さい。

図書目録進呈◆